"十三五"全国统计规划教材

普通高等教育"十一五"国家级规划教材

（第五版）

非参数统计

吴喜之
赵博娟　编著

U0313625

中国统计出版社

China Statistics Press

图书在版编目(CIP)数据

非参数统计 / 吴喜之,赵博娟编著.--5 版.--北京:中国统计出版社,2019.12(2021.12 重印)
ISBN 978-7-5037-8974-8

Ⅰ.①非… Ⅱ.①吴… ②赵… Ⅲ.①非参数统计—高等学校—教材 Ⅳ.①O212.7

中国版本图书馆 CIP 数据核字(2019)第 202602 号

非参数统计(第五版)

作　　者/吴喜之　赵博娟
责任编辑/杨映霜
封面设计/张　冰
责任印制/王建生
出版发行/中国统计出版社
通信地址/北京市丰台区西三环南路甲 6 号　　邮政编码/100073
电　　话/邮购(010)63376909　书店(010)68783171
网　　址/http://zgtjcbs.com/
印　　刷/河北鑫兆源印刷有限公司
经　　销/新华书店
开　　本/710×1000mm　1/16
字　　数/240 千字
印　　张/13.75
印　　数/9001—14000 册
版　　别/2019 年 12 月第 5 版
版　　次/2021 年 12 月第 3 次印刷
定　　价/46.00 元

版权所有。未经许可,本书的任何部分不得以任何方式在世界任何地区以任何文字翻印、拷贝、仿制或转载。
中国统计版图书,如有印装错误,本社发行部负责调换。

国家统计局
全国统计教材编审委员会第七届委员会

主 任 委 员： 宋跃征

副主任委员： 叶植材　许亦频　赵彦云　邱　东　徐勇勇　肖红叶
　　　　　　　耿　直

常 务 委 员（按姓氏笔画排序）：
　　　　万东华　叶植材　许亦频　李金昌　杨映霜　肖红叶
　　　　邱　东　宋跃征　陈　峰　周　勇　赵彦云　耿　直
　　　　徐勇勇　徐　辉　郭建华　程维虎　曾五一

学 术 委 员（按姓氏笔画排序）：
　　　　方积乾　冯士雍　刘　扬　杨　灿　肖红叶　吴喜之
　　　　何书元　汪荣明　金勇进　郑京平　赵彦云　柯惠新
　　　　贺　铿　耿　直　徐一帆　徐勇勇　蒋　萍　曾五一

专 业 委 员（按姓氏笔画排序）：
　　　　万崇华　马　骏　王汉生　王兆军　王志电　王　彤
　　　　王学钦　王振龙　王　震　尹建鑫　石玉峰　石　磊
　　　　史代敏　冯兴东　朱启贵　朱建平　朱　胜　向书坚
　　　　刘玉秀　刘立丰　刘立新　米子川　苏为华　杜金柱
　　　　李　元　李金昌　李　勇　李晓松　李　萍　李朝鲜
　　　　杨仲山　杨　军　杨汭华　杨贵军　吴海山　吴德胜
　　　　余华银　宋旭光　张　波　张宝学　陈　峰　林华珍
　　　　罗良清　周　勇　郑　明　房祥忠　郝元涛　胡太忠
　　　　洪永淼　夏结来　徐国祥　郭建华　唐年胜　程维虎
　　　　傅德印　虞文武　薛付忠

出 版 说 明

全国统计教材编审委员会成立于 1988 年，是国家统计局领导下的全国统计教材建设工作的最高指导机构和咨询机构。自编审委员会成立以来，分别制定并实施了"七五"至"十三五"全国统计教材建设规划，共组织编写和出版了"七五"至"十二五"六轮"全国统计教材编审委员会规划教材"，这些规划教材被全国各院校师生广泛使用，对中国的统计和教育事业作出了积极贡献。自本轮规划教材起，"全国统计教材编审委员会规划教材"更名为"全国统计规划教材"，将以全新的面貌和更积极的精神，继续服务全国院校师生。

《国家教育事业发展"十三五"规划》指出，要实行产学研用协同育人，探索通识教育和专业教育相结合的人才培养方式，推动高校针对不同层次、不同类型人才培养的特点，改进专业培养方案，构建科学的课程体系和学习支持体系。强化课程研发、教材编写、教学成果推广，及时将最新科研成果、企业先进技术等转化为教学内容。加快培养能够解决一线实际问题、宽口径的高层次复合型人才。提高应用型、技术技能型和复合型人才培养比重。

《"十三五"时期统计改革发展规划纲要》指出，"十三五"时期，统计改革发展的总体目标是：形成依靠创新驱动、坚持依法治统、更加公开透明的统计工作格局，逐步实现统计调查的科学规范，统计管理的严谨高效，统计服务的普惠优质，统计运作效率、数据质量和服务水平明显提升，建立适应全面建成小康社会要求的现代统计调查体系，保障统计数据真实准确完整及时，为实现统计现代化打下坚实基础。

围绕新时代中国特色社会主义教育事业和统计事业新特点，全国统计教材编审委员会将组织编写和出版适应新时代特色、高质量、高水平的优秀统计规划教材，以培养出应用型、复合型、高素质、创新型的统计人才。

2015 年 9 月，经李克强总理签批，国务院印发了《促进大数据发展行动纲要》

系统部署大数据发展工作，我国各项工作进入大数据时代，拉开了统计教育和统计教材建设的大数据新时代。因此，在完成以往传统统计专业规划教材的编写和出版外，本轮规划教材要把编写大数据内容统计规划教材作为重点工作，以培养新一代适应大数据时代需要的统计人才。

为了适应新时代对统计人才的需要，组织编写出版高质量、高水平教材，本轮规划教材在组织编写和出版中，将坚持以下原则：

1. 坚持质量第一的原则。本轮规划教材将从内容编写、装帧设计、排版印刷等各环节把好质量关，组织编写和出版高质量的统计规划教材。

2. 坚持高水平原则。本轮规划教材将在作者选定、选题编写内容确定、编辑加工等环节上严格把关，确保规划教材在专业内容和写作水平等各方面，保证高水平高标准，坚决杜绝在低水平上重复编写。

3. 坚持创新的原则。无论是对以往规划教材进行修订改版，还是组织编写新编教材，本轮规划教材将把统计工作、统计科研、统计教学以及教学方法、方式的新内容融合在教材中，从规划教材的内容和传播方式上，实行创新。

4. 坚持多层次、多样性规划的原则。本轮规划教材将组织编写出版专科类、本科类、研究生和职业教育类等不同层次的统计教材，并可以考虑根据需要组织编写社会培训类教材；对于同一门课程，鼓励教师编写若干不同风格和适应不同专业培养对象的教材。

5. 坚持教材编写与教材研讨并重的原则。本轮规划教材将注重帮助院校师生学习和使用这些教材，使他们对教材中一些重要概念进一步理解，使教材内容的安排与学生的认知规律相符，发挥教材对统计教学的指导作用，进一步加强统计教材研讨工作，对教材进行分课程的研讨，以促进统计教材的向前发展。

6. 坚持创品牌、出精品、育经典的原则。本轮规划教材将继续修订改版已经出版的优秀规划教材，使它们成为精品，乃至经典，与此同时，将有意识地培养优秀的新作者和新内容规划教材，为以后培养新的精品教材打下基础，把"全国统计规划教材"打造成国内具有巨大影响力的统计教材品牌。

7. 坚持向国际优秀统计教材学习和看齐的原则。不论是修订改版教材还是新编教材，本轮规划教材将坚持与国际接轨，积极吸收国内外统计科学的新成果和统计教学改革的新成就，把这些优秀内容融进去。

8. 坚持积极利用新的教学方式和教学科技成果的原则。本轮规划教材将积极利用数据和互联网发展成果，适应院校教学方式、教学方法以及教材编写方式的重大变化，立体发展纸介质和利用数据、互联网传播方式的统计规划教材内容，适应新时代发展需要。

总之，全国统计教材编审委员会将不忘初心，牢记使命，积极组织各院校统计专家学者参与编写和评审本轮规划教材，虚心听取读者的积极建议，努力组织编写出版好本轮规划教材，使本轮规划教材能够在以往的基础上，百尺竿头，更进一步，为我国的统计和教育事业作出更大贡献。

国家统计局
全国统计教材编审委员会

第五版前言

　　本书在第四版的基础上,对书中有些内容和结构做了调整,并对书中有些难于理解的内容做了文字修改,增加一些精确分布的分布图,纠正了书中存在的错误和不当之处.针对历往学生学习中容易忽视或难以掌握的统计方法,书中做了更细致的阐述.为了强调非参数统计的基本思想,在习题中还添加了练习题.

　　借此书再版之际,我们感谢广大师生使用本教材,同时非常感谢中国统计出版社对于本书再版的持续支持.

吴喜之　赵博娟

2019 年 6 月

第四版前言

此书自出版至今得到了广大师生的大力支持, 在许多学校被选为 "非参数统计" 课程的教科书或参考书. 通过使用, 不少师生对本书提出了宝贵的意见和建议. 针对书中错误和不妥之处, 本书第二版对许多内容进行了调整和重写, 还对例题和习题都做了一些修订和增减. 第三版增加了作者, 完善了书中的 R 程序和书后附录表, 纠正了在第二版中发现的错误和不妥之处. 第三版还去掉了第二版中与非参数统计关系不大的第二章, 以减少教学负担.

为了更加系统地介绍非参数统计方法, 本书第四版对第三版中的内容进行了补充. 在第四版的第三章添加了 McNemar 和 Cohen's Kappa 检验, 第四章添加了 Cochran 精确检验的 R 程序, 第六章添加了 Kendall's τ_b, Kendall's τ_c (也称 Stuart's τ_c), Goodman-Kruskal's γ, Somers' $d(C|R)$, Somers' $d(R|C)$ 和 Somers' d 等度量两个有序变量相关性或关联性 (association) 的方法. 我们还更新了第四章的一些程序和有关精确检验附录表, 在第八章介绍了胜算比 (Odds ratio), 相对风险 (Relative Risk) 和 Cochran-Mantel-Haenszel 估计等在生物统计中比较常用的列联表分析方法.

延续前几版的做法, 第四版增添的各节内容都从分析相关例子入手, 根据具体的数据结构, 引进将要介绍的检验方法, 给出分析结论. 在每节末都有软件使用注解, 给出了如何分别用 R、SPSS 和 SAS 等软件对例子数据进行分析的具体步骤. 每章末都有相关的练习题, 以便读者练习使用有关检验方法. 对于对第三版中存在的错误和不妥之处, 也进行了修正.

第四版保留了对第三版某些章节所加的星号 (*), 包括: §1.6、§1.7、§2.3、§3.3、§4.2、第五章、第九章及第十章. 教师可以根据实际教学需要, 介绍性地或选择地讲, 也可以完全不讲.

最后, 借此书再版之际, 我们再次对使用本教材的广大师生表示感谢. 感谢他们提出的宝贵意见和建议, 他们的建议和要求是推动本书再版的主要动力. 同时, 我们非常感谢中国统计出版社对于本书再版的大力支持.

希望读者继续对本书予以宝贵的支持和批评指正.

吴喜之　赵博娟

2013 年 8 月

第三版前言

　　根据作者和许多非参数统计课教师的实践，我们觉得有必要出本书的第三版。第三版首先纠正了在第二版中发现的错误和不妥之处，并且对内容作了部分的修订。这一版还去掉了第二版中与非参数统计关系不大的第二章，以减少教学的负担。我们保留了第二版中广受欢迎的使用 R、SPSS 或 SAS 等统计软件来分析有关数据的程序语句和各种选项的说明。

　　这里仍然强调，对于初学的或实际应用部门的读者，可以略去打星号 (*) 的章节，这些章节至少包括：§ 1.6、§ 1.7、§ 2.3、§ 3.3、§ 4.2、第五章、第九章及第十章。第一章主要是用于介绍、回顾或参考的，可以由教师有选择地根据情况选择地讲，也可以完全不讲。实际上，对于任务课程，应该完全由任课教师来决定讲哪些内容以及如何讲，教学大纲都应该服务于实际教学的需要，而不应成对教师的束缚。教科书应该留给教师以较大的余地和自由。

　　这里必须对所有使用本教材的广大师生表示感谢，他们提出了不少宝贵的建议和意见，是推动并鼓励本书再版的主要动力，同时也要对中国统计出版社对于本书第三版的支持表示感谢。

　　希望各方面的读者继续对本书予以宝贵的支持，并提出批评和建议。

作　者

2008 年 10 月

第二版前言

本书的第一版发行以来，在许多学校被选为"非参数统计"课程的教科书或参考书。各个学校的师生对本书提出许多宝贵的意见，并且指出了很多错误和不妥之处。没有他们的支持和鼓励，本书的第二版不可能面世。

和第一版相比较，第二版对许多内容完全重新写过，还进行了一些调整，同时加强了对概念和方法的解释，使得该书更加容易理解。第二版还对例题和习题都做了一些修订和增减，并且都在光盘中给出了数据。此外，还增加了一些内容，特别是关于如何通过编程来理解方法，以及用软件来实现数值计算的内容。本书在课文中关于计算方法的叙述中主要使用了免费的，功能强大，需要自己动手写程序的 R 软件；力图清楚地用 R 语句来描述计算的细节。这也是一些"黑匣子"式的傻瓜软件所无法比拟的。R 软件是使用 S 语言来编程的（和 S plus 的编程语言一样）；在其问世的不到 10 年的时间，已经成为国外统计研究生的首选软件。它有强大的网上支持系统。多数最新的统计计算方法，在进入商业软件之前，就已经以 R 语言的形式在 R 网站上免费提供了。使用本书的师生最好也使用 R 语言。掌握 R 软件对其他统计方向的学习和研究都会有很大的帮助，甚至会有一种到了自由天地的感觉。

为了适应分析实际数据的各种需要，本书还在每一节（除了少数介绍性章节之外）的最后加入了使用 R、SPSS 或 SAS 等统计软件分析有关数据的程序语句和各种选项的说明。这里要指出的是，编者尽量使本书提供的 R 程序是直接根据公式或定义写成的；这里的 R 程序没有按照专业化编写软件所通常遵循的高效率和漂亮输出的原则；这是因为那将使得显示基本公式和概念的语句淹没在为了形式和效率而加入的大量其他语句之中，而使得有关程序难以读懂。希望本书在编程上起着一个抛砖引玉的作用，鼓励读者编出更加高效、更加漂亮的程序。

本书选择的与内容有关的 SPSS 软件选项和 SAS 软件语句（或选项）的原则

是容易理解和掌握；当然，由于编者知识有限，对于有些方法，没有找到（因此也无法提供）合适及方便的 SPSS 或 SAS 方法；希望读者提出建议，使得再版时予以弥补。

由于使用软件比查表更加方便和可靠，有人说，你自己都不查表，为什么要教学生去查表呢？的确，编者除了在最初等的统计课教学过程中曾经涉及到少数统计表之外，从来都是使用软件。"己所不欲，勿施于人"，本书原本不想再提供任何统计分布表，但为了部分没有计算条件的读者易于理解，还是提供了少数最常用的表格，以备不时之需。希望有条件的读者尽量使用计算机，而不去查表。实际上，如果没有计算机的支持，很难对有一定规模的数据在任何统计方向进行较深入的分析。

一些读者提出，本书内容对于每周两学时的课程似乎太多。我觉得，对于初学者或者实际应用部门的人来说，可以略去不讲的章节（打 * 号的）至少包括：§ 1.6、§ 1.7（正态记分部分）、§ 3.3、§ 4.3、§ 5.2、第六章、第十章及第十一章注意：第二版和第三版章节不尽相同。总的来说，第一章主要是用于介绍、回顾或参考的，可以有选择地在需要时讲、也可以完全不讲，这应该根据学生的需要由老师自己安排。实际上，对于任何课程，应该由任课教师来决定讲哪些内容以及如何讲，因为他们最了解他们所面对的学生。教科书编者的思维方式不见得和老师的一致，而老师最好按照自己的理解来讲述。一个好的教科书，应该给教师以较大的余地和自由。

希望读者继续对本书予以宝贵的支持和批评指正。

吴喜之
2006 年 4 月

第一版前言

本书的目的是用简明的语言, 不多的数学工具并通过大量例子来尽可能直观地介绍非参数统计的基本方法. 它可以作为统计学专业本科一学期 (2 学时) 的应用非参数统计课程的教材, 也可以作为实际工作者自学或查阅的参考书. 所需要的预备知识为统计学教程中的最基本的内容. 读者只要知道总体和样本, 随机变量及分布, 统计量, 检验和估计的基本概念等即可以看懂本书. 虽然计算机并不是学会本书内容所必需的, 但是不能想象, 一个不会用计算机的统计工作者如何在实践中生存.

本书在引进每一个方法时, 都通过数据例子来说明该方法的意义和使用过程. 所有例题的计算和绘图都是由笔者完成的. 笔者还核算了每一章后面的所有习题. 由于这些习题都只涉及基本概念和方法。相信读者完全可以独立完成。由于本书的基本原理和方法广泛适用于许多不同的领域, 这里的例子和习题尽量取自不同的领域和学科, 以扩展读者的思路.

本书的第一章引言部分包含以下几类内容: (1) 对统计和非参数统计以及计算机软件应用的一般论述; (2) 对一些初等统计内容, 特别是对本书常遇见的问题作了回顾; 这些问题有一般的检验与置信区间问题, 特别的 χ^2 检验问题, 探索性数据分析问题等; (3) 初等统计不一定有的问题, 比如渐进相对效率 (ARE) 和局部最优势 (LMP) 检验, 顺序统计量, 秩, 线性秩统计量和线性记分问题. 这里的 (1) 和 (2) 可以根据使用者的情况酌情处理, 最好先浏览一下, 而在需要时再读. 第 (3) 部分内容在书中多次涉及; 但由于仅与理论推导和对方法的评价有关, 可作为有兴趣的人的参考.

从第二章到第七章依次序为关于位置的单样本, 两样本和多样本模型, 尺度问题, 相关与回归问题以及分布及一些 χ^2 检验问题. 这些一般都可以讲; 但是如果时间安排不开, 可以对正态记分部分, 仅作举一反三的式的介绍. 这并不是它不常用,而是因为其思想仅仅是别的统计量的推广. 最后两章为非参数密度估计和回归与稳健统计简介. 这两部分中每一部分都可以构成数倍于本书厚度的专著. 它们在统计中占有重要的地位, 这里的内容仅打算让读者作一初步了解.

　　本书在编写过程中始终得到国家统计局教育中心的关心和帮助. 苏州大学的汪仁官教授极其认真地审阅了全书, 并提出了宝贵的意见; 自然, 所有的意见都是非常合理的而且均被采纳了; 这使我回忆起 36 年前敬爱的汪老师为我们仔细批改数学分析作业的感人情景. 本书的大部分内容和例子曾在中国人民大学讲过, 在此也对积极参与课堂教学的中国人民大学统计学院 1996 级同学一并表示感谢.

　　编者水平有限; 欢迎各方面能对本书的错误和不当之处予以批评指正.

吴喜之

1999 年 11 月 20 日

目　录

第一章 引 言

第一节 统计的实践

虽然 "统计学 (statistics)" 的定义在当今世界的百科全书和统计教科书中于文字、侧重点或描述方式有所出入, 但就其所包含的总体内容和应用领域来说则差不多. 比如 "不列颠百科全书 (Encyclopædia Britannica)" (2008) 把统计定义为: "收集、分析、展示和解释数据的科学" [1]. 以 Kotz 和 Johnson(1983) 主编的 13 卷 "统计科学百科全书 (Encyclopedia of Statistical Sciences)" 是迄今最完整的关于统计的具有权威性的百科全书. 它说 "统计学" 这个术语表示 "涉及收集、展示和分析数据的普遍方法和原理的领域". 它还列举了四十多个运用统计的领域, 它们包括: 精算, 农业, 动物学, 人类学, 考古学, 审计学, 晶体学, 人口统计学, 牙医学, 生态学, 经济计量学, 教育学, 选举预测和策划, 工程, 流行病学, 金融, 水产渔业研究, 遗传学, 地理学, 地质学, 历史研究, 人类遗传学, 水文学, 工业, 法律, 语言学, 文学, 劳动力计划, 管理科学, 市场营销学, 医学诊断, 气象学, 军事科学, 核材料安全管理, 眼科学, 制药学, 物理学, 政治学, 心理学, 心理物理学, 质量控制, 宗教研究, 社会学, 调查抽样, 分类学, 博彩和气象改善.

统计在每一个应用领域都有它自己的目标和特点, 有的还有自己的名字, 比如生物统计和商务统计. 各个应用统计领域既有个性又有共性. 多数普遍应用的统计方法最初是为某一个应用领域而发展的, 然后为其它领域所利用. 这些统计方法和原理逐渐形成统计学的基础.

统计作为一门科学, 随着其应用的发展和深入, 涉及大量的数据及复杂的模型, 因而也需要先进的计算机和越来越多的数学. 事实表明, 数学和计算机的大量运用加速了统计学的发展, 也更新了统计学的面貌. 当前, 统计是计算机数值计算的最重要的用户. 今天的统计学如果没有计算机是不可想象的.

统计应用的广泛性既造就了一批为各个具体应用领域服务的, 并懂得该领域内容的统计学家, 同时也造就了一些相对独立于某一两项具体应用, 从事于研究具有普遍性的统计方法或原理的统计学家. 后者所研究的内容有时也被称为 "数理统

---

[1] 原文为: The science of collecting, analyzing, presenting, and interpreting data.

计". 他们对目前广泛应用的大量的统计模型有着重要的贡献. 然而这些似乎 "脱离" 某一两个具体应用领域的表面现象以及他们所使用的复杂的数学工具, 使得有些人认为统计 (或数理统计) 就是数学或数学的一个分支. 实际上, 也的确有许多人把统计学当成数学来研究. 这些自然要引起一些争论. 这没有关系, 在数学和许多其它科学领域之间都不可能划出明确的界限.

从思维方式来说, 统计和数学在研究目标和思想方法上是有差异的, 数学是以公理系统为基础, 以演绎为基本思想方法的逻辑体系. 它属于少数可以和世界具体事物无关的自成体系的学科. 数学可以完全脱离实际而存在. 而其它科学均是以实际事物为研究对象的. 统计是为各个领域服务的, 它以归纳为其基本思维方式, 而且归纳和演绎并用. 统计是仅有的系统地研究推断的科学 (Efron, 1990). 统计学科也仅有在实际应用中才能得到发展和提高. 如果没有应用, 统计没有存在的必要 (Box, 1990). 多年来, 统计作为一个学科之所以如此硕果累累, 就是因为它有一个比数学还要广阔的思维基础 (Shafer, 1990).

虽然大多数现代统计方法是由统计学家根据实际问题发展出来的, 但是绝大多数的统计应用是由那些没有专业统计背景的实际工作者来实施的. 新的统计问题一般也是由他们提出的. 世界上有无数涉及统计的问题需要解决, 问题在于是否有人知道这是统计问题. 不能要求每一个统计学家都了解某一实际领域的细节. 也不能要求实际工作者精通统计的所有方法. 理想的情况是: 实际工作者有统计的基本常识, 当他们遇到问题时, 能够识别该问题是否涉及统计. 如果是统计问题而他们又解决不了, 他们可以找到愿意了解该领域实践的统计学家去寻求支援. 由此, 应在实际工作者中尽可能地普及统计的基本知识, 而统计学家应该对至少一个或几个实际领域有较深入的了解.

第二节　假设检验及置信区间的回顾

为了简单回顾假设检验的基本概念, 我们考虑连续变量的位置参数的检验问题. 通常把潜在的作为随机变量的观察值用大写字母 $X_1, X_2, \cdots, X_n$ 来表示, 而用小写字母 $x_1, x_2, \cdots, x_n$ 来记这个观测值的一个实现 (这是具体数值, 而不是随机的)[2]. 假定我们要用这些观察值来对均值或某位置参数 θ 进行推断. 当人们觉得该数据可能成为 θ 大于 (小于时也类似) 某值 θ_0 的证据时, 就可以进行假设检验了. 在这种情况下, 零假设 H_0 要用人们希望拒绝的 $\theta = \theta_0$, 而备选假设 (亦称备择假设)H_1(或等价地写成 H_a) 用数据所可能支持的 $\theta > \theta_0$. 这是个单边检验问

---

[2] 注意, 当不会发生误解时, 为了叙述方便, 我们并不一定总是强调观察值及其实现的区别.

题 [3]. 类似地, 还有另外一个方向的单边检验问题 ($H_1 : \theta < \theta_0$) 和双边检验问题 ($H_1 : \theta \neq \theta_0$).

有了零假设和备选假设之后, 就要寻求和检验目的有关的检验统计量 $T = T(X_1, X_2, \cdots, X_n)$. 它是观测值的函数. 由于潜在的观测值本身是随机变量, 因而, 作为观测值函数的检验统计量也是随机变量. 但是, 当已经获得观测值的具体数目 $x_1, X_2, \cdots, x_n$ 之后, 就可以得到 T 的一个数值实现 (realization)$t = T(x_1, x_2, \cdots, x_n)$. 我们必需能够 (通过查表、计算器或统计计算软件) 计算在零假设下, 作为随机变量的 T 落入和该值有关的某区间 [4] 的精确概率或近似概率. 显然, 检验方法是由检验统计量 T 决定的. 在正态连续变量均值的 t 检验中, 如果备选假设为 $H_1 : \mu > \mu_0$, 那么检验统计量 $T = \sqrt{n}(\bar{x} - \mu_0)/s$ 的实现值大就说明实际的均值 μ 较大. 但到底多大才能够拒绝零假设 ($H_0 : \mu = \mu_0$) 呢? 这就要计算在零假设下的概率 $P(T > t)$, 它称为 p 值. 如果 p 值很小, 说明这里的观测值实现在零假设下属于小概率事件范畴. 如果拒绝零假设的话, 犯第一类错误 (H_0 正确时拒绝它) 的概率也很小 (等于 p 值). 这时的 p 值可以作为 (观测的) 显著性水平. 如果问题涉及检验, 统计软件的输出往往就给出有关检验的 p 值.

反之, 如果 p 值很大, 则拒绝零假设可能犯错误的概率也大, 因此不能拒绝. 但是, 不能拒绝也可能犯第二类错误 (H_1 正确时不拒绝 H_0). 第二类错误无法用零假设下的概率来解释, 一定要考查 H_1 下的概率. 在 H_1 正确时拒绝 H_0 的概率称为检验的势 (power). 强势的检验比弱势的检验更容易拒绝零假设. 势和检验统计量的选择很有关系. 势依赖于许多因素, 其中包括显著性水平, 参数的真值, 样本大小及检验统计量的选择. 一般来说, 利用信息越多的检验统计量, 势越大. 在其它条件一样的情况下, 势越大, 则该检验越有效. 例如, 对于同样大的对称样本, 本书将要介绍的的符号检验就不如 Wilcoxon 符号秩检验势大, 因为后者利用了更多的信息. 但如果符号检验运用比其它检验更大的样本, 则它可以比其它检验有更强的势.

许多传统的问题事先给定一个显著性水平 α, 这时, 就要拿它和 p 值比较. 如果 p 值小, 就可以拒绝零假设了, 否则不能拒绝. 统计软件一般都不给出 α, 仅仅给出 p 值. 由用户自己决定显著性水平 [5]. 因此, p 值也称为观测的显著性水平.

在不能拒绝零假设时, 要避免 "在水平 α 时, 接受零假设" 之类的说法. 在拒

---

[3] 注意, 这里的零假设也可以写成 $H_0 : \theta \leqslant \theta_0$, 这是因为, 对于 $H_1 : \theta > \theta_0$, 如果在 $\theta = \theta_0$ 时都能拒绝零假设, 那在 $\theta < \theta_0$ 时更可以拒绝. 但在计算 p 值时, 必须在 $\theta = \theta_0$ 时计算. 因此, 实际上的零假设应该为 $H_0 : \theta = \theta_0$.

[4] 在单边检验问题中, 这通常是背离零假设方向的以该实现值 (t) 为一个端点的向更极端方向伸展的区间. 比如, 在正态连续变量均值的 t 检验中, 如果数据倾向于支持 $H_1 : \mu > \mu_0$, 则该区间则为 (t, ∞).

[5] 有些软件标出小于某些诸如 $0.01, 0.05$ 等显著性水平的 p 值.

绝零假设时, 要认识到可能犯第一类错误的概率 α. 而在提及 "接受零假设" 时, 一定要涉及 (在备选假设正确时) 犯第二类错误的概率. 然而, 在实践中, 犯第二类错误的概率多不易得到. 在无法得到第二类错误的概率时, 说 "接受零假设" 是不负责任的, 容易产生误导. 实际上, 不能拒绝零假设的原因很多, 可能是证据不足 (比如样本太少), 也可能是检验效率低, 换一个更有效的检验之后就可以拒绝了, 当然也可能零假设本身就是对的.

在哲学上, 可以说 "接受" 和 "拒绝" 这两个概念是对称的. 但是在统计的实践中, 零假设和备选假设一般是不对称的. 因此一般对零假设用 "拒绝" 或 "不能拒绝" 零假设; 而对于备择假设用 "接受" 或 "不能接受" 备择假设.

就单变量位置参数来说, 置信区间一般来说是和双边检验有联系. 比如我们有均值 μ 的估计量 $\hat{\mu}$, 并用它来构造检验统计量去检验 $H_0 : \mu = \mu_0$; $H_1 : \mu \neq \mu_0$. 这时, 如果显著性水平为 α, 则存在所谓 "临界值" C_α 使得在零假设下不拒绝的概率为 $P(|\hat{\mu} - \mu_0| < C_\alpha) = 1 - \alpha$. 由不等式 $|\hat{\mu} - \mu_0| < C_\alpha$ (或 $\hat{\mu} - C_\alpha < \mu_0 < \hat{\mu} + C_\alpha$) 导出了 μ 的 $100(1-\alpha)\%$ 置信区间的公式 $(\hat{\mu} - C_\alpha, \hat{\mu} + C_\alpha)$. 虽然这里没有检验问题 (没有给出具体的某个 μ 的值), 但是可以认为, 如果此区间包含 μ_0, 则对于水平 α 不能拒绝零假设 $\mu = \mu_0$ (在双边检验的意义上). 仅仅在置信区间的两个端点是随机的 (是样本的函数) 意义上, 人们才能够说 (必须在零假设正确的条件下) "该随机区间包括 μ 的概率是 $1 - \alpha$." 而当置信区间的端点由实际样本数据计算出来之后, 它就成为一个固定的区间, 比如区间 $(23.5, 27.4)$, 它或者包含 μ, 或者不包含 μ, 没有任何概率可言. 因此, 诸如 "置信度为 95% 的置信区间 $(23.5, 27.4)$ 以 0.95 的概率覆盖均值 μ" 的说法是不妥的. 严格说来. "置信度 $100(1-\alpha)\%$" 意味着, 在大量类似的重复抽样中, 用这种统计量根据这些样本计算出来的大量置信区间中有大约 $100(1-\alpha)\%$ 的区间覆盖均值 μ, 但具体哪个覆盖, 哪个不覆盖, 可能永远也不知道. 当然, 在贝叶斯统计中, 作为随机变量的参数和置信区间的概念是和这里不同的.

关于连续性修正的注. 应用中对于离散分布, 常用连续性修正 (continuity corrections). 以相邻点间距离为 1 的离散变量为例, 想象每一个点与相邻的点以它们的中点为界, 这样每个点 x 就用区间 $\left(x - \dfrac{1}{2}, x + \dfrac{1}{2}\right)$ 来代替 (每个点都变成了一个区间, 和邻近点的区间接壤). 这样, 就可以对一个离散分布的点的概率 $P(X = x)$ 用连续 (如正态) 分布的相应的区间的概率 $P\left(x - \dfrac{1}{2} \leqslant X \leqslant x + \dfrac{1}{2}\right)$ 来近似. 相应的离散点的概率就变换成连续分布密度函数曲线下面在一个单位区间上的面积. 而离散分布的概率 $P(X \leqslant x)$ 则用连续分布的概率 $P\left(X \leqslant x + \dfrac{1}{2}\right)$ 来近似. 这种对 x 加或减部分邻域范围的调整就称为连续性修正 (continuity corrections). 比如对于二项分布 $Bin(n,p)$ 随机变量 X, 概率 $P(X \leqslant x)$ 由

$$\Phi\left\{\frac{x + \dfrac{1}{2} - np}{\sqrt{np(1-p)}}\right\}$$

来近似.

如果离散变量相邻点之间的距离不是 1(甚至不是等间隔的), 也可适当合理划分两个点之间的区间, 使每个点为一个区间所代表. 连续修正的方法并不唯一. 实践中各种统计软件在连续性修正上, 也有自己的选择.

第三节　关于非参数统计

在初等统计学中, 最基本的概念是总体, 样本, 随机变量, 分布, 估计和假设检验等. 其很大一部分内容是和正态理论相关的. 在那里, 总体的分布形式或分布族往往是给定的或者是假定了的. 所不知道的仅仅是一些参数的值或他们的范围. 于是, 人们的任务就是对一些参数, 比如均值和方差 (或标准差), 进行点估计或区间估计. 或者对一些参数进行各种检验, 比如检验正态分布的均值是否相等或等于某特定值等等, 也有对于拟合好坏进行的各种检验. 最常见的检验为对正态总体的 t 检验, F 检验, χ^2 和最大似然比检验等.

然而, 在实际生活中, 那种对总体的分布的假定并不是能随便作出的. 实际上, 数据往往并不是来自所假定分布的总体, 或者数据根本不是来自一个总体, 此外, 数据也可能因为种种原因被严重污染. 这样, 经典统计中在假定总体分布的情况下进行推断的做法就可能产生不适当的, 或者错误的、甚至灾难性的结论. 于是, 人们希望在不假定总体分布的情况下, 尽量从数据本身来获得所需要的信息. 这就是非参数统计的宗旨. 因为非参数统计方法不利用关于总体分布的知识, 所以, 即使在缺乏数据背后的总体信息的情况下, 它也能很容易而又较可靠地获得结论. 这时, 非参数方法往往优于参数方法. 然而, 在总体的分布族已知的情况下, 不利用任何先验知识就成为它的缺点, 这时, 因为它没有充分利用已知的总体信息, 就不如传统的参数方法效率高.

在不知总体分布的情况下如何利用数据所包含的信息呢? 一组数据的最基本的信息就是数据的大小次序. 如果可以把数据点按大小次序排队, 每一个具体数目都有它的在整个数据中 (一般从最小的数起, 或按升幂排列) 的位置或次序, 称为该数目在数据中的秩 (rank). 数据有多少个观察值, 就有多少个秩. 在一定的假定下, 这些秩和它们的统计量的分布是求得出来的, 而且和原来的总体分布无关. 这样就可以进行所需要的统计推断了. 这是本书所涉及的非参数统计的一个基本思想. 当然, 本书中还有一些方法没有 (或者没有明显地) 利用秩的性质. 广义地说, 只要和总体分布无关的方法, 都可以称为非参数统计方法.

注意, 非参数统计的名字中的 "非参数 (nonparametric)" 意味着其方法不涉及描述总体分布的有关参数, 它被称为 "与分布无关 (distribution-free)", 是因为其推断方法多数是基于有关秩或秩的统计量的精确分布或渐近分布而作出的, 与数据所源于的总体分布无关. 对于非参数密度估计和非参数回归等内容, 本书仅仅做简单的介绍, 它们应该属于现代非参数回归, 并且可以另写成一大本书.

第四节　精确检验、统计模拟和标准渐近分布

本书中介绍的许多检验统计量都可用精确检验方法 (exact test method) 给出统计量的精确分布或所得观测数据的精确 p 值. 当样本量较大且用精确检验方法计算时间过长时, 可用统计模拟方法 (Monte Carlo method) 或标准渐近方法 (standard asymptotic method) 给出统计量的近似分布或所得观测数据的近似 p 值.

精确检验通常在样本量比较小、数据稀疏或几个子样本量相差很大等不适合用标准渐近分布方法的情况下使用. 本书介绍的非参数统计方法利用数据的秩构造统计量, 在零假设下给出所有排列组合的秩顺序所对应的统计量取值, 并将这些数值从小到大排序, 按取值的频率给出零假设下的分布, 进而给出所得观测数据对应的 p 值. 在某些情况下, 在零假设下所有排列组合的数量会很大, 计算零假设下的分布会用很长时间, 此时也可以考虑用统计模拟. 也就是, 通过随机抽样生成一定数量的样本, 先计算这些样本所对应的统计量并按从小到大顺序排序, 再计算观测数据所对应的统计量在这个排序中的位置偏小或偏大程度, 即 p 值, 此值为精确 p 值的无偏估计.

常用的标准渐近分布有 χ^2 分布和 F 分布等, 比如后面章节介绍的 Kruskal-Wallis 检验, Friedman 检验, Spearman 秩相关检验, Pearson 拟合优度检验, 似然比检验, Cochran 检验和在流行病学中常用的 Mantel-Haenszel 检验等在大样本情况

都用 χ^2 分布近似. 其中, Pearson 拟合优度统计量的表达式为

$$Q = \sum_{i=1}^{r} \frac{(O_i - E_i)^2}{E_i},$$

它度量了在 r 个不可兼的类中所观察到的频数 $O_1, O_2, \cdots, O_r$ 和在零假设下各类的期望频数 $E_1, E_2, \cdots, E_r$ 的差距. 在零假设下, Q 近似地服从有 $(r-1)$ 个自由度的 χ^2 分布, 但是如果这些期望是基于对 p 个未知参数的渐近有效估计而得到的, Q 服从 $(r-p-1)$ 个自由度的 χ^2 分布.

与很多其他统计量一样, Pearson 拟合优度检验统计量的大样本近似分布的推导基于多元正态中心极限定理. 事实上, 对于非正态总体, 在样本量足够大的情况下, 在零假设正确的假设下通过多元正态中心极限定理来保证相应的检验统计量有渐近的 χ^2 分布. 尽管有各种不同的情况, 实践中所用的检验统计量大都等价于一个形为

$$Q = Q(\mathbf{x}) = \mathbf{x}' V^{-1} \mathbf{x}$$

的二次型, 这里 $\mathbf{x}$ 为一个 k 维 (相当于 $k \times 1$ 矩阵) 的随机向量, 它有近似的多元正态分布 $N(\mathbf{0}, V)$, 这里 V 是一个 $k \times k$ 维的正定协方差矩阵. 如果 Q 可以表示成 k 个独立的 $N(0,1)$ 正态随机变量之平方和, 则它服从有 k 个自由度的 χ^2 分布.

第五节　顺序统计量、分位数和秩

因为非参数统计方法并不假定总体分布. 因此, 观测值的顺序及其性质则作为研究的对象. 对于样本 $X_1, X_2, \cdots, X_n$, 如果按照升幂排列, 并重新标记, 得到

$$X_{(1)} \leqslant X_{(2)} \leqslant \cdots \leqslant X_{(n)},$$

这就是顺序统计量 (order statistics). 其中 $X_{(i)}$ 为第 i 个顺序统计量. 对它的性质的研究构成非参数统计的理论基础之一. 本书并不试图在理论证明上作深入的推导. 但是了解顺序统计量的基本性质对了解非参数方法的思维方式是有益处的.

许多初等的统计概念是基于顺序统计量的, 比如分位数 (percentiles)、四分位点 (quartiles) 和中位数 (median) 等关于位置的度量. $\pi (0 \leqslant \pi \leqslant 1)$ 分位数是数据中有 $\pi \times 100\%$ 小于或等于此数, $(1-\pi) \times 100\%$ 大于或等于此数的数值. π 分位数 Q_π 是 n 个样本中的第 $[n\pi]$ 位或第 $[n\pi]+1$ 位数值, 即当 $n\pi$ 为整数时, 取 $n\pi$, 当 $n\pi$ 不是整数时, 取大于 $n\pi$ 的最小的整数. 四分位点有三个, 25% 分位数 (下四分

位点), 50% 分位数 (中位数) 和 75% 分位数 (上四分位点). 特别地, 中位数定义为

$$M = \begin{cases} X_{(\frac{n+1}{2})} & n\text{为奇数}; \\ \frac{1}{2}(X_{(\frac{n}{2})} + X_{(\frac{n}{2}+1)}) & n\text{为偶数}. \end{cases}$$

而极差 (range) 定义为 $W = X_{(n)} - X_{(1)}$, 是关于尺度的度量.

如果总体分布函数为 $F(x)$, 则顺序统计量 $X_{(r)}$ 的分布函数为

$$\begin{aligned} F_r(x) &= P(X_{(r)} \leqslant x) = P(\text{至少 } r \text{ 个 } X_i \text{ 小于或等于 } x) \\ &= \sum_{i=r}^{n} \binom{n}{i} F^i(x)[1 - F(x)]^{n-i}. \end{aligned}$$

如果总体分布密度 $f(x)$ 存在, 则顺序统计量 $X_{(r)}$ 的密度函数为

$$f_r(x) = \frac{n!}{(r-1)!(n-r)!} F^{r-1}(x) f(x)[1 - F(x)]^{n-r}.$$

顺序统计量 $X_{(r)}$ 和 $X_{(s)}$ 的联合密度函数为

$$f_{r,s}(x,y) = C(n,r,s) F^{r-1}(x) f(x)[F(y) - F(x)]^{s-r-1} f(y)[1 - F(y)]^{n-s},$$

其中

$$C(n,r,s) = \frac{n!}{(r-1)!(s-r-1)!(n-s)!}.$$

由此联合密度函数可以导出许多常用的顺序统计量的函数的分布. 比如极差 $W = X_{(n)} - X_{(1)}$ 的分布函数为

$$F_W(w) = n \int_{-\infty}^{\infty} f(x)[F(x+w) - F(x)]^{n-1} dx.$$

因为本书所采用的方法主要是以秩为基础的. 自然要介绍讨论秩的有关分布. 如果用 R_i 来代表独立同分布样本 $X_1, X_2, \cdots, X_n$ 中 X_i 的秩, 它为小于或等于 X_i 的样本点个数, 即 $R_i = \sum_{j=1}^{n} I(X_j \leqslant X_i)$. 记 $R = (R_1, R_2, \cdots, R_n)$, 可以证明: 对于 $(1, 2, \cdots, n)$ 的任意一个排列 $(i_1, i_2, \cdots, i_n)$, $R_1, R_2, \cdots, R_n$ 的联合分布为

$$P(R = (i_1, i_2, \cdots, i_n)) = \frac{1}{n!}.$$

还有, 对于任意固定的 $i, j(j \neq i)$

$$P(R_i = r) = \frac{1}{n}, \quad (r = 1, 2, \cdots, n);$$

$$P(R_i = r, R_j = s) = \frac{1}{n(n-1)}, \ (r \neq s, r = 1, 2, \cdots, n, s = 1, 2, \cdots, n).$$

由上面这两个式子可以推出 (作为练习, 请读者自己验证)

$$\mathrm{E}(R_i) = \frac{n+1}{2}, \quad \mathrm{Var}(R_i) = \frac{(n+1)(n-1)}{12}, \quad \mathrm{Cov}(R_i, R_j) = -\frac{n+1}{12}.$$

类似地, 可以得到 $R_1, R_2, \cdots, R_n$ 的各种可能的联合分布及有关的矩. 对于独立同分布样本来说, 秩的分布和总体分布无关.

第六节　渐近相对效率 (ARE)、局部最优势 (LMP) 检验[*]

如何来比较两种统计检验方法的优劣呢? 下面简单地介绍一下 Pitman 效率 (Pitman efficiency), 又称为渐近相对效率 (asymptotic relative efficiency), 简称 ARE (Pitman, 1948).

假定 α 表示犯第一类错误的概率, 而 β 表示犯第二类错误的概率 (势为 $1-\beta$). 对于任意的检验 T, 理论上总可以找到样本量 n 使该检验满足固定的 α 和 β. 显然, 为达到这种条件, 需要样本量大的检验就不如需要样本量小的检验效率高. 如果为达到同样的 α 和 β, 检验 T_1 需要 n_1 个观测值, 而 T_2 需要 n_2 个观测值, 则可用 n_1/n_2 来定义 T_2 对 T_1 的相对效率 (relative efficiency). 当然, 相对效率高的检验是较好的. 如果固定 α 而让 $n_1 \to \infty$(这时势 $1-\beta$ 不断增加), 则相应检验的样本量 n_2 也一定要增加 (趋向于 ∞) 以保持两个检验的势一样. 在一定的条件下, 相对效率 n_1/n_2 存在极限. 这个极限就称为 T_2 对 T_1 的渐近相对效率 (ARE).

在实践中, 小样本占很大的比例. 人们必然会考虑用 ARE 是否合适. 实际上, 虽然 ARE 是在大样本时导出的, 但是在比较不同检验时, 小样本的相对效率一般都接近 ARE. 在比较非参数检验方法和传统方法时, 往往小样本的相对效率要高于 ARE, 因此, 如果非参数方法的 ARE 较高, 则自然不应忽略它.

前面说过, 传统的统计检验方法主要是以正态分布理论为基础的检验, 其中 t 检验是有代表性的. 当总体的确是正态分布时, t 检验的效率自然要比非参数检验方法要高. 但是, 如果总体分布不是正态, 或总体分布有污染, 结果又怎样呢? 下表列出了四种不同的总体分布以及在这些分布下, 属于非参数检验范畴的符号检验 (用 S 代表) 和 Wilcoxon 符号秩检验 (用 W^+ 代表)(这两个检验将在后面有关章节介绍) 相对于传统的基于正态总体假定的 t 检验 (用 t 代表) 的渐近相对效率, 分别用 $\mathrm{ARE}(S, t)$ 和 $\mathrm{ARE}(W^+, t)$ 来表示. 从这两个 ARE 很容易算出 Wilcoxon 对符号检验的渐近相对效率 $\mathrm{ARE}(S, W^+)$.

总体分布和 密度函数	$U(-1,1)$ $\frac{1}{2}I(-1,1)$	$N(0,1)$ $\frac{1}{\sqrt{2\pi}}e^{-x^2/2}$	logistic $e^{-x}(1+e^{-x})^{-2}$	重指数 $\frac{1}{2}e^{-|x|}$
$\text{ARE}(W^+,t)$	1	$3/\pi(\approx 0.955)$	$\pi^2/9(\approx 1.097)$	$3/2$
$\text{ARE}(S,t)$	$1/3$	$2/\pi(\approx 0.637)$	$\pi^2/12(\approx 0.822)$	2
$\text{ARE}(W^+,S)$	3	$3/2$	$4/3$	$3/4$

可以看出, 当总体是正态分布时, t 检验最好, 但相对于 Wilcoxon 检验的优势也不大 ($\pi/3 \approx 1.047$). 但当总体不是正态分布时, Wilcoxon 检验就优于或等于 t 检验了. 在重指数分布时, 符号检验也优于 t 检验.

下面再看标准正态总体 $\Phi(x)$ 有部分污染的情况. 这里假定它被尺度不同的正态分布 $\Phi(x/3)$ 作了部分 (比例为 ϵ) 的污染. 污染后的总体分布函数为 $F_\epsilon(x) = (1-\epsilon)\Phi(x) + \epsilon\Phi(x/3)$. 这时, 对于不同的 ϵ, Wilcoxon 对 t 检验的 ARE 为

ϵ	0	0.01	0.03	0.05	0.08	0.10	0.15
$\text{ARE}(W^+,t)$	0.955	1.009	1.108	1.196	1.301	1.373	1.497

这只是特别情况下的 ARE 的值, 对于一般的情况是否有个范围呢? 下表列出了 Wilcoxon 检验, 符号检验和 t 检验之间的 ARE 的范围.

$\text{ARE}(W^+,t)$	$\text{ARE}(S,t)$	$\text{ARE}(W^+,S)$
$\left(\frac{108}{125},\infty\right) \approx (0.864,\infty)$	$\left[\frac{1}{3},\infty\right)$; 非单峰时为 $(0,\infty)$	$(0,3]$; 非单峰时为 $(0,\infty)$

从上面的关于 ARE 的讨论可以看出, 在不知道总体分布的情况下, 非参数统计检验方法有不小的优势. Pitman 效率不仅可以应用到假设检验, 而且可以用于参数估计. 具体的过程这里就不介绍了.

第七节　线性秩统计量和正态记分检验*

为了对本书的一些问题加深理解, 下面介绍线性符号秩统计量, 线性秩统计量及它们的一些性质, 读者可参见 Hájek 和 Zbyněk(1967). 这些内容可以留到以后遇到问题时再看.

首先, 引进一般的线性符号秩统计量, 并不加证明地给出它们在零假设下的期望和方差. 有了这些, 就可以进行大样本近似. 假定 R_i^+ 为 $|X_i|$ 在 $|X_1|,|X_2|,\cdots,|X_n|$ 中的秩. 如果 $a_n^+(\cdot)$ 为定义在整数 $1,2,\cdots,n$ 上的非降函数且满足 $0 \leqslant a_n^+(1) \leqslant$

$\cdots \leqslant a_n^+(n),\ a_n^+(n) > 0$, 线性符号秩统计量为

$$S_n^+ = \sum_{i=1}^n a_n^+(R_i^+) I(X_i > 0).$$

如果, $X_1, X_2, \cdots, X_n$ 为独立同分布的连续随机变量并有关于 0 的对称分布. 则

$$\mathrm{E}(S_n^+) = \frac{1}{2}\sum_{i=1}^n a_n^+(i); \quad \mathrm{Var}(S_n^+) = \frac{1}{4}\sum_{i=1}^n \{a_n^+(i)\}^2.$$

第三章的 Wilcoxon 符号秩统计量 W^+ 和符号统计量 S^+ 都是线性符号秩统计量的特例. 比如, 在 $a_n^+(i) = i$ 时, S_n^+ 为 Wilcoxon 符号秩统计量 W^+, 而在 $a_n^+(i) \equiv 1$ 时, S_n^+ 为符号统计量 S^+.

更一般的为线性秩统计量. 它有形状

$$S_n = \sum_{i=1}^n c_n(i) a_n(R_i),$$

这里 R_i 为观测值 X_i 的秩 $(i = 1, 2, \cdots, n)$, $a_n(\cdot)$ 为一元函数, 不一定非负, 它和前面的 $a_n^+(\cdot)$ 都称为记分函数 (score function) 或记分 (score), 而 $c_n(\cdot)$ 称为回归常数 (regression constant). 如果 $X_1, X_2, \cdots, X_n$ 为独立同分布的连续随机变量, 即 $R_1, R_2, \cdots, R_n$ 在 $1, .., n$ 上有均匀分布, 有

$$\mathrm{E}(S_n) = n\bar{c}\bar{a}; \quad \mathrm{Var}(S_n) = \frac{1}{n-1}\sum_{i=1}^n (c_n(i) - \bar{c})^2 (a_n(i) - \bar{a})^2,$$

这里 $\bar{a} = \frac{1}{n}\sum_{i=1}^n a_n(i)$, $\bar{c} = \frac{1}{n}\sum_{i=1}^n c_n(i)$. 当 $N = m + n$, $a_N(i) = i$, $c_N(i) = I(i > m)$, 则 S_n 为两样本 Wilcoxon 秩和统计量. 另外, 如果把线性秩统计量中的记分 $a_n(i)$ 换为正态分位点 $\Phi^{-1}(i/(n+1))$, 称为正态记分 (normal score). 而形为

$$S_n = \sum_{i=1}^n \Phi^{-1}\left(\frac{R_i}{n+1}\right)$$

的线性秩统计量称为 Van Der Waerden(Van Der Waerden, 1957) 正态记分. 和这些基于正态记分关联的检验称为正态记分检验.

上面一般线性统计量的一个特例为

$$S_n = \sum_{i=1}^n a_n^+(R_i^+)\mathrm{sign}(X_i), \quad \text{这里符号函数 } \mathrm{sign}(x) = \begin{cases} 1 & \text{当 } x > 0; \\ 0 & \text{当 } x = 0; \\ -1 & \text{当 } x < 0. \end{cases}$$

可以证明 (Hajek & Sidak, 1967), 在 $X_1, X_2, \cdots, X_n$ 为独立同分布的对称连续随机变量时,

$$\mathrm{E}(S_n) = 0; \quad \mathrm{Var}(S_n) = \sum_{i=1}^{n} \{a_n^+(i)\}^2.$$

这也是一种线性符号秩统计量, 和前面的不同之处在于, 它的每一项会带有 X_i 的符号 $\mathrm{sign}(X_i)$.

第八节　用 R、SPSS 和 SAS 熟悉手中的数据

本书在介绍非参数统计理论同时, 力求介绍如何用统计学领域最常用三种计算机软件 R, SPSS 和 SAS, 实现对数据的分析.

在这三种软件中, R 是免费的, 由新西兰 Auckland 大学统计系的 Robert Gentleman 和 Ross Ihaka 于 1995 年用 S 编程语言开始开发, 因此 R 的用法与 S-plus 一样. 它目前由国际志愿者组成的 R 核心发展团队维护. R 的资源和代码是公开的, 既不是黑盒子, 也不是吝啬鬼, 人们可以按照自己的需要更改 R 的程序. R 可以在 UNIX, Windows 和 Macintosh 运行. R 有优秀的内在帮助系统及优秀的画图功能. R 语言有一个强大的, 容易学习的语法, 有许多内在的统计函数. 通过用户自编程序, R 语言很容易延伸和扩大. 目前没有哪一个软件像 R 一样更新得那么快 (可以在 R 网站上自由下载), 也没有哪个软件在网站上提供那么多反映世界上最新统计计算方法的程序 (函数). 实际上, 国际上多数新创造的统计方法的计算程序早在被一些著名商业软件吸收之前就已经在 R 网站上以 R 语言的形式提供了. 熟练的编程者会觉得该语言非常容易. 而对计算机初学者, 学习 R 语言使得学习下一步的其他编程语言不那么困难. 当然, 学生能够轻松地从 R 程序转到商业支持的 S-Plus 程序 (如果需要使用 "傻瓜式" 的功能的话). R 的一个缺点是没有 (利用鼠标的) "傻瓜化", 但这对于统计专业的师生理解统计方法不无好处, 因为编写 R 程序就和写数学公式一样简单明了.

SPSS 旨在面对社会科学统计, 因其友好的界面, 广泛的功能, 合理的价格, 不大的体积, 而得到广泛的应用. SPSS 也是在我国比较流行的软件, 其 "傻瓜性" 使得没有使用过任何软件的人都能很快学会. 有一本介绍 SPSS 软件的书声称: "只要粗通统计分析原理和算法, 即可得到统计分析结果." 这句话一方面说明了 SPSS 的确十分容易使用, 但另一方面, 这句话也暗含着 "粗通" 统计的使用者 "迷路" 的可能性.

SAS 软件被美国和世界上众多机构使用, 特别是美国医药界长期使用它, 这主

要是由于美国 FDA(食品及药物管理局) 的一些官员习惯于该软件而造成其 (人为的) 权威性及垄断地位. SAS 的方法齐全, 不断更新. 它的计算, 报表和画图功能十分强大. 是一个十分优秀的软件. 由于其模块化的特性及一些历史原因, 它有使用繁琐, 程序不透明等缺点. SAS 已经在努力创造用户友好的操作 ("傻瓜化"), 但 "傻瓜度" 远远不如 SPSS. 由于费用高, 体积大等种种原因限制了 SAS 目前在中国的发展.

本章练习中给出了用 R 软件画图 1.1 的语句. 包括直方图, 盒形图 (又称箱线图), 茎叶图和 Q-Q 图等, 看该分布是否呈现出对称性, 是否有很长的尾部, 是否有远离数据主体的点等等.

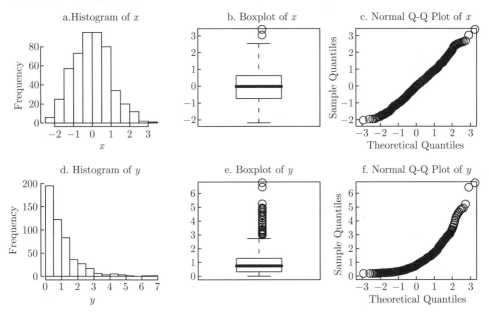

Figure 1.1　变量 x 和 y 的直方图、盒形图及其相对于正态分布的 Q-Q 图.

所谓的 Q-Q 图 (quantile-quantile plots), 这是用按升幂重新排列的原始数据的样本点和标准正态分布的分位点 (通常用 $\Phi^{-1}[(i-3/8)/(n+1/4)]$) 来作散点图. 如果原来的样本是正态的, 该图应该大致成一条直线, 反之, 它将在一端或两端有摆动, 说明其总体分布与正态分布有差别. 此外, Q-Q 图还可以用来比较不同样本的分布是否一样. 图 1.1 有 6 个小图, 第一行和第二行分别表示了对样本 x 和样本 y 的直方图、盒形图及相对于正态分布的 Q-Q 图. 其中 x 来自标准正态分布, 而 y 来自参数为 1 的指数分布. 显然, 由于 x 来自正态分布, 它的关于正态分布的 Q-Q

图近乎与一条直线, 而 y 的 Q-Q 图则有较大的弯曲. 如果画 y 相对于 x 的 Q-Q 图, 则它应该和最后一个图 (f) 一样,

所有这些图形都能够很容易地用 R、SPSS 和 SAS 画出. 本章习题中有用 R 进行画图的例子, 如果读者手中恰好有 SPSS 和 SAS, 也可以练习画出同样的图形

第九节 习 题

1. 搜寻到 R 网站 (http://www.r-project.org/), 并在 CRAN(The Comprehensive R Archive Network) 的镜像网站 (CRAN mirror) 下载 R 的基本软件 (Base). 在你的计算机上完全安装 R 软件. 最好在文字选项中选择中文, 使得在路径中引用中文文件名或文件夹时, 软件可以识别. 然后阅读 "帮助" 中的手册 (PDF 文件). 你就可以试着一步一步地自学 R 软件的使用了. 前面图 1.1 的绘图程序为:

```
x=rnorm(500)
y=rexp(500,1)
par(mfrow=c(2,3))
hist(x,main="a. Histogram of x")
boxplot(x,main="b. Boxplot of x")
qqnorm(x,main="c. Normal Q-Q Plot of x")
hist(y,main="d. Histogram of y")
boxplot(y,main="e. Boxplot of y")
qqnorm(y,main="f. Normal Q-Q Plot of y")
```

请自己琢磨这些命令的意义. 这里每个函数都可以在手册中或者 R 软件中找到解释. 比如使用命令 "?rnorm" 或 "help(rnorm)" 可知 "rnorm()" 函数的用法和意义.

2. 考虑下面检验问题:

(1) 如果 X 有 $N(0,1)$ 分布. 作对均值 μ 的假设检验 $H_0 : \mu = 0; H_1 : \mu = 1000$. 可以知道对于水平 $\alpha = 0.05$ 的似然比检验, 如果 $X > 1.645$, 则将会拒绝 H_0, 而且按照 Neyman-Pearson 引理, 该检验是最优的. 现在, 如果我们观察到 $X = 2.1$, 对于水平 $\alpha = 0.05$ 的最优检验告诉我们拒绝 $\mu = 0$ 的零假设. 我们能够接受 $\mu = 1000$ 的备选假设吗? 问题在哪里? **计算提示:** 在 R 中, 利用命令 "pnorm(2.1,1000,1)" 计算在 H_1 为真时, $X < 2.1$ 的概率, 并利用命令 "pnorm(2.1,low=F)" 计算在 H_0 为真时, $X > 2.1$ 的概率. 进行比较. 当然, 问题不在计算, 而在概念.

(2) 我们有两组学生的成绩. 第一组为 10 名, 成绩为 $x : 100, 99, 99, 100, 100, 100, 100$ 99, 100, 99, 第二组为两名, 成绩为 $y : 50, 0$. 我们对这两组数据作同样的水平 $\alpha = 0.05$ 的 t 检验 (假设总体均值为 μ): $H_0 : \mu = 100; H_1 : \mu < 100$. **计算提示:** 在 R 中, 为得到上面两个 t 检验的结果, 利用命令

```
x=c(rep(100,6), rep(99,4))+;
y=c(50,0);t.test(x,mu=100,alt="less")
t.test(y,mu=100,alt="less")
```

有人给出了以下结论:

(a) 对第一组数据的结果为: $df = 9$, t 值为 -2.4495, 单边的 p 值为 0.0184, 结论为 "拒绝 $H_0 : \mu = 100$"(注意: 该组均值为 99.6).

(b) 对第二组数据的结果为: $df = 1$, t 值为 -3, 单边的 p 值为 0.1024, 结论为 "接受 $H_0 : \mu = 100$"(注意: 该组均值为 25).

你认为该问题的这些结论合理吗? 进行讨论, 并说出理由.

(3) 写出上面所用的 t 检验的检验统计量的公式及 p 值的定义. 解释水平 $\alpha = 0.05$ 的意义 (注意, 这里是一般情况, 不要联系 (b) 中的具体数据例子). 如果没有给定水平, 请用 p 值来说明如何作结论?

(4) 如果 $X_1, X_2, \cdots, X_n$ 有正态分布 $N(\mu, \sigma^2)$, 这里 μ 未知. 在 σ 已知和未知的两种情况下, 写出关于均值 μ 的 $100(1-\alpha)\%$ 置信区间的公式. 在分布未知的情况下, 这些公式还有效吗?

(5) 在正态假定下, 如果上面 (4) 中的置信区间不能大于某指定的宽度 B, 能否用选择 n 来达到目的, 用公式说明.

3. 利用统计软件随机产生 100 个 $N(0,1)$ 分布的观测值和 20 个 $N(3,3)$ 分布的观测值.

(1) 画出这 120 个数目的直方图, 盒子图及 Q-Q 图并解释图上表现出的特征.

(2) 利用这 120 个数据检验 $H_0 : \mu = 0; H_1 : \mu > 0$. 你用的什么检验? 检验统计量的值是多少? p 值是多少? 你的结论是什么?

(3) 只利用前 100 个观测值, 重复 (2).

4. 随机产生一个 100 个数的 $N(20,1)$ 观测值. 对它们作各种指数和对数变换 (如课文所作) 并画出相应的直方图. 解释你所观察到的结果.

5. 通过敲入光盘中的文件 ch1R.txt 中提供的语句尝试 R 软件. 每敲入一两行, 观察输出, 再思考一下. 自己体会其中的规律. 注意, 每一行完了敲入 "Enter", 在数据行后敲入两次 "Enter". 这些语句看上去不系统, 但很能够让人熟练. 好, 慢慢品尝 R 的奥妙吧! (注: # 号后面是注释, 不参与计算)

6. 请写出 1.5 节要求的验证练习的推导.

第二章　单样本位置检验

在经典统计中, 人们关心总体均值的大小, 根据数据进行各种估计和检验等推断方法, 试图了解均值的情况. 那里的均值就是一个位置变量, 描述总体的 "中心" 位置. 此外, 在经典统计中也有诸如方差、标准差和极差等关于数据散布的参数, 这些就是描述总体 "尺度" 的变量. 在非参数统计中, 我们当然也关心数据所包含的关于总体的位置和尺度的信息.

在有了一组样本 $X_1, X_2, \cdots, X_n$ 之后, 在非参数统计中可用中位数、上下四分位点和分位点 (数) 等描述总体的位置信息. 例如, 在对人们的收入进行了抽样之后, 就自然要涉及因为收入的重尾分布特性, 不宜用 "人均收入" 度量位置参数, 否则会出现 "我的工资被增长的问题", 需要考虑对总体的分位点做统计推断. 比如有人声称自己是 "中等收入", "中上等收入", "中下等收入" 或 "最富的百分之五" 等, 那么, 在知道此人收入和代表总体收入的一组样本后, 如何对此人的收入分位数声明做出合理的推断? 除了位置之外, 对于一串数目, 我们希望知道总体的趋势或走向, 或者想看一下这些数目是否完全是随机的. 这些都是本章要介绍的内容.

第一节　广义符号检验和分位数的置信区间

符号检验虽然是最简单的非参数检验, 但它体现了非参数统计的一些基本思路. 首先看一个例子.

例 2.1 (数据: ExpensCities.txt, ExpensCities.xls, ExpensCities.sav)　下面是世界上 71 个大城市的花费指数 (包括租金) 按递增次序排列如下 (这里上海是 44 位, 其指数为 63.5):

27.8 27.8 29.1 32.2 32.7 32.7 36.4 36.5 37.5 37.7 38.8 41.9 45.2 45.8 46.0 47.6 48.2

49.9 51.8 52.7 54.9 55.0 55.3 55.5 58.2 60.8 62.7 63.5 64.6 65.3 65.3 65.3 65.4 66.2

66.7 67.7 71.2 71.7 73.9 74.3 74.5 76.2 76.6 76.8 77.7 77.9 79.1 80.9 81.0 82.6 85.7

86.2 86.4 89.4 89.5 90.3 90.8 91.8 92.8 95.2 97.5 98.2 99.1 99.3 100.0 100.6 104.1

104.6 105.0 109.4 122.4

可以假定这个样本是从世界许多大城市中随机抽样而得的. 所有大城市的指数组

成了总体. 有人说 64 应该是这种大城市花费指数的中位数 (median), 而另外有人说, 64 顶多是下四分位数 (first quantile), 即在指数总体中有四分之一的指数小于它. 由于样本中位数为 67.7(大于 64), 而样本下四分位点为 50.85(小于 64), 这里就出现了对分位点进行假设检验和求分位点的 $100(1-\alpha)\%$ 置信区间问题.

在总体分布为正态的假定下, 关于总体均值的假设检验和区间估计是用与 t 检验有关的方法进行的. 然而, 在本例中, 总体分布是未知的. 图 2.1 为该数据的直方图. 从图中很难说这是什么分布.

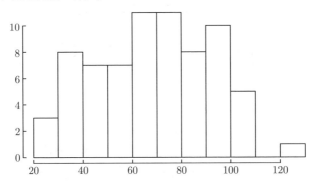

Figure 2.1　世界上 71 个大城市的生活指数的直方图.

根据 π 分位点的定义, 记 Q_π 是总体的 π 分位点, 那么就意味着总体中约有比例 π 那么多的个体小于 Q_π. 显然, 关于 π 分位点的推断等价于关于比例 π 的推断. 因此, 这里看上去有下面两个关于位置参数的不同检验问题:

(1) 中位数 $Q_{0.5}$ 是否大于 64. 等价地说, 是否指数小于 64 的城市的比例少于 $1/2$ (或指数大于 64 城市的比例是否大于 $1/2$).

(2) 下四分位点 $Q_{0.25}$ 是否小于 64. 等价地说, 是否指数小于 64 的城市的比例大于 0.25(或指数大于 64 城市的比例是否小于 0.75).

下面通过与分位点相关的 Bernoulli 试验及二项分布的性质得到关于 π 分位点 Q_π 的假设检验并给出分位点 Q_π 的 $100(1-\alpha)\%$ 置信区间.

一、广义符号检验: 对分位点进行的检验

这里所谓的广义符号检验是对连续变量 π 分位点 Q_π 进行的检验, 而狭义的符号检验则是仅针对中位数 (或 0.5 分位点)$M=Q_{0.5}$ 进行的检验. 假定检验的零假设是

$$H_0: Q_\pi = q_0; H_1: Q_\pi > q_0(\text{或}H_1: Q_\pi < q_0\text{或双边}H_1: Q_\pi \neq q_0).$$

我们记样本中小于 q_0 的点数为 S^-, 而大于 q_0 的点数为 S^+, 并且用小写的 s^- 和 s^+ 分别代表 S^- 和 S^+ 的实现值. 记 $n = s^+ + s^-$. 按照零假设, s^- 应该在 $n\pi$ 附近 (等价于 s^+ 在 $n(1-\pi)$ 附近). 如果 s^- 与 $n\pi$ 相差得很远, 那么零假设就可能有问题, 因为在零假设 $H_0 : Q_\pi = q_0$ 下, S^- 应该服从二项分布 $Bin(n,\pi)$. 下面是计算 p 值的一个表.

对 $H_0 : Q_\pi = q_0$ 的检验: 下面变量 K 的分布为 $Bin(n,\pi)$, $\hat{Q}_\pi$ 为样本 π 分位点

备选假设	p 值	使检验有意义的条件 *
$H_1 : Q_\pi > q_0$	$P_{H_0}(K \leqslant s^-)$	$\hat{Q}_\pi > q_0$
$H_1 : Q_\pi < q_0$	$1 - P_{H_0}(K \leqslant s^- - 1)$	$\hat{Q}_\pi < q_0$
$H_1 : Q_\pi \neq q_0$	$2\min\{P_{H_0}(K \leqslant s^-), 1 - P_{H_0}(K \leqslant s^- - 1)\}$	

* 如果条件不满足, 不用计算也知道检验结果不会显著.

这类检验之所以叫做 "符号检验", 是因为 S^+ 为所有样本点减去 q_0 之后, 差为正的个数, 而 S^- 为所有样本点减去 q_0 之后, 差为负的个数. 由于 $n = s^- + s^+$. 在所有样本点都不等于 q_0 时, n 就等于样本量, 而如果有些样本点等于 q_0, 那么这些样本点就不能参加推断 (因为它们对判断分位点在哪里不起作用), 应该把它们从样本中除去, 这时, n 就小于样本量了. 不过对于连续变量, 样本点等于 q_0 的可能很小 (注意, 由于四舍五入, 连续变量的样本实际上还是取离散的值).

对于 $\pi = 0.5$, $Q_\pi = Q_{0.5}$ 为中位数, 通常记为 M, 则前表有下面的特例.

前表的特例: 对 $H_0 : M(= Q_{0.5}) = M_0$ 的检验变量 $K = \min(S^+, S^-)$ 的分布为 $Bin(n, 0.5)$

备选假设	p 值 (这里 $k = \min(s^+, s^-)$)
$H_1 : M > M_0$ 或 $H_1 : M < M_0$	$P(K \leqslant k)$
$H_1 : M \neq M_0$	$2P(K \leqslant k)$

例 2.1 (续) 下面讨论例 2.1 的样本下四分位点 (或者 0.25 分位点)$Q_{0.25}$ 是否小于 64 的检验. 形式上, 我们的检验是

$$H_0 : Q_{0.25} = 64; H_1 : Q_{0.25} < 64,$$

这里的 64 就是 q_0. 按照零假设, 小于 64 的样本点个数 S^- 的实现值 s^- 应该大约占样本的 1/4, 或者 S^- 服从 $Bin(n, 0.25)$ 分布. 容易算出 $s^- = 28$, $s^+ = 43$ 和 $n = s^- + s^+ = 71$. 根据上面的说明, 对于这个例子,

$$p \text{ 值} = 1 - P_{H_0}(K \leqslant s^- - 1) = 1 - \sum_{i=0}^{27} \binom{71}{i} 0.25^i 0.75^{71-i} \approx 0.00515.$$

因此, 可以对于显著性水平 $\alpha = 0.01$, 拒绝零假设, 即下四分位点 $Q_{0.25}$ 应该小于 64. 再看关于 64 是否为中位数的检验,

$$H_0 : M(= Q_{0.5}) = M_0; H_1 : M > 64$$

同样, $s^- = 28$, $s^+ = 43$ 和 $n = s^- + s^+ = 71$. 但是这里涉及的零假设下的分布为 $Bin(71, 0.5)$, 而不是刚才的 $Bin(71, 0.25)$. 取 $k = \min(s^-, s^+) = 28$,

$$p \text{ 值} = P_{H_0}(K \leqslant k) = P_{H_0}(K \leqslant 28) = \sum_{i=0}^{28} \binom{71}{i} 0.5^i 0.5^{71-i} \approx 0.04796.$$

因此, 可以对于显著性水平 $\alpha = 0.05$, 拒绝零假设, 即中位数 $M(Q_{0.5})$ 应该大于 64.

大样本正态近似. 在 n 比较小时, 可以用二项分布的公式来计算精确 p 值. 但是当 n 较大时, 也可以用正态分布来近似. 如果在零假设 $H_0 : Q_\pi = q_0$ 下, K 服从二项分布 $Bin(n, \pi)$, 那么当 n 较大时, 则可认为 $Z = (K - n\pi)/\sqrt{n\pi(1-\pi)}$ 近似服从正态 $N(0, 1)$ 分布. 因为正态分布是连续分布, 所以在对离散的二项分布的近似中, 可以用连续性修正量 (continuity correction).

本节软件的注

利用三种软件通过公式得到符号检验结果. 假定要检验 $H_0 : Q_\pi = q_0; H_1 : Q_\pi > q_0$ (或 $H_1 : Q_\pi < q_0$ 或者 $H_1 : Q_\pi \neq q_0$). 对于样本量 $n = s^+ + s^-$, 我们用下面的程序计算 p 值. 在下面程序中 k 代表 s^-, n 代表 n, p 代表 π.

利用二项分布求 p 值的函数, $H_0 : Q_\pi = q_0$

H_1	R 软件	SPSS	SAS
$Q_\pi > q_0$	pbinom(k,n,p)	CDF.BINOM(k,n,p)	CDF('BINOMIAL',k,p,n)
$Q_\pi < q_0$	1-pbinom(k-1,n,p)	1-CDF.BINOM(k-1,n,p)	1-CDF('BINOMIAL',k-1,p,n)
$Q_\pi \neq q_0$	见下面语句 (a)	见下面语句 (b)	见下面语句 (c)

(a) 2*min((pbinom(k,n,p),1-pbinom(k-1,n,p))

(b) 2*MIN(CDF.BINOM(k,n,p),1-CDF.BINOM(k-1,n,p))

(c) 2*MIN(CDF('BINOMIAL',k,p,n),1-CDF('BINOMIAL',k-1,p,n))

用 R 软件直接从数据得到符号检验结果. 一个根据数据自动识别有意义的单边备选假设, 并计算出单边和双边 p 值的 R 函数为

```
sign.test=function(x,p,q0)
{s1=sum(x<q0);s2=sum(x>q0);n=s1+s2
```

```
p1=pbinom(s1,n,p);p2=1-pbinom(s1-1,n,p)
if (p1>p2)m1="One tail test: H1: Q>q0"
    else m1="One tail test: H1: Q<q0"
p.value=min(p1,p2);m2="Two tails test";p.value2=2*p.value
if (q0==median(x)){p.value=0.5;p.value2=1}
list(Sign.test1=m1, p.values.of.one.tail.test=p.value,
p.value.of.two.tail.test=p.value2)}
```

这里变元 "(x,p,q0)" 分别代表数据向量、何种分位点 (即比例 π) 和零假设的分位点 q_0. 对例 2.1 的两个检验, 只要敲入 "sign.test(x,0.25,64)"(对 $H_1 : Q_{0.25} < 64$) 及 "sign.test(x,0.5,64)"(对 $H_1 : M(= Q_{0.5}) > 64$) 即可. 相信读者可以写出更漂亮的程序.

用 SPSS 软件直接从数据得到符号检验结果. 以例 2.1 数据为例, 假定数据已经输入 (ExpensCities.sav). 直接使用 SPSS 选项 Analyze-Nonparametric Tests-Binomial, 再把变量 Index 选入 Test Variable List, 然后在下面 Define Dichotomy 的 Cut point 输入 64, 在下面 Test Proportion 输入 p0=0.25; 还可以点击 Exact 来选择精确检验, 渐近检验和 Monte Carlo 方法等, 然后 OK 即可得到和前面一样的结果.

关于中位数的符号检验的 SAS 程序. 对于数据 ExpensCities.txt, 可以用下面语句:

```
data gs;infile "D:/ExpensCities.txt";input x;run;
proc univariate mu0=8;var x;run;
```

输出有多种 (双边) 检验的统计量和 p 值, 其中包括 t 检验, 符号检验和 Wilcoxon 符号秩检验 (渐近) 结果.

二、 基于符号检验的中位数和分位点的置信区间

有时不仅需要估计位置, 也想知道它的 $100(1-\alpha)\%$ 置信区间. 这里所说的置信区间的两个端点是用样本中的观测点来表示的.

中位数 $M(= Q_{0.5})$ 的对称置信区间. 首先我们考虑关于中位数 $M(= Q_{0.5})$ 的基于符号检验的 $100(1-\alpha)\%$ 置信区间. 它定义为: 对于显著性水平为 α 的中位数的双边符号检验 $H_0 : M = M_0; H_1 : M \neq M_0$, 不会使 H_0 被拒绝的那些零假设点 M_0 的集合.

假定样本按照升幂排列 (即顺序统计量) 为 $X_{(1)}, X_{(2)}, \cdots, X_{(n)}$. 假定 S^-(或者等价地 S^+) 在等于 0 或 n 的时候被拒绝, 那么这等价于作为零假设的 M_0 至

少在开区间 $(X_{(1)}, X_{(n)})$ 之外的位置时被拒绝. 类似地, 如果 S^- 在等于 1(或者等价地 S^+ 在等于 n-1) 的时候被拒绝, 这等价于作为零假设的 M_0 至少在开区间 $(X_{(2)}, X_{(n-1)})$ 之外会被拒绝. (注意, 在检验中的零假设被拒绝时的 S^- 的数目 (比方说等于 $k-1$) 和相应的被拒绝的作为在 M_0 附近的 $X_{(k)}$ 的下标差 1.)

总而言之, 不失一般性, 假定 $S^- < S^+$. 如果在 $S^- = k-1$ 时可以拒绝零假设, 而在 $S^- > k-1$ 时不能拒绝零假设, 或者说 $S^- = k-1$ 是最大的能够拒绝零假设的 S^- 的数目 (或等价地, $S^+ = n-k+1$ 为最小的能够拒绝零假设的 S^+ 的数目), 那么, 零假设 M_0 在开区间 $(X_{(k)}, X_{(n-k+1)})$ 之外时会被拒绝, 而 M_0 在该开区间内则不会被拒绝. 因此, 开区间 $(X_{(k)}, X_{(n-k+1)})$ 则为所求的置信区间. 如果把置信区间端点限于样本点, 那么这个区间也可以写为闭区间 $[X_{(k+1)}, X_{(n-k)}]$.

区间估计的大样本近似. 上面所说的基于符号检验的区间估计完全是基于二项分布的. 根据上一章对二项分布的大样本正态近似的叙述, 读者完全可以自己推出相应的结论.

分位点 Q_π 的置信区间[1]. 前面谈了中位数的基于符号检验的置信区间. 而分位点的置信区间也可以完全类似地得到. 不同的是, 在求中位数的置信区间时, 相关的符号检验是对称的, 只要考虑双边检验的情况即可, 那时候 S^+ 和 S^- 的地位相同. 而在求分位数的置信区间时, 必须考虑两个单边检验. 也就是说, 既要考虑备选假设为 $Q_\pi < q_0$ 时的 S^+ 情况, 也要考虑备选假设为 $Q_\pi > q_0$ 时的 S^- 的情况. 这比对称的中位数情况要麻烦. 但由于这里的区间不必对称, 因此可以得到令人满意的结果. 下面用数据例子说明如何求中位数和分位点的置信区间.

下面用数据例子说明如何求中位数的置信区间.

例 2.2(数据: tax.txt)　下面是随机抽取的 22 个企业的纳税额 (单位: 万元). 数据已经按照升幂排列.

1.00 1.35 1.99 2.05 2.06 2.10 2.30 2.61 2.86 2.95 2.98 3.23 3.73 4.03 4.82 5.24 6.10 6.64 6.81 6.86 7.11 9.00

我们希望得到中位数和下四分位点的 95% 置信区间.

先考虑中位数的对称置信区间. 由于概率为 0.5 的密度分布函数具有对称性, 即

$$\sum_{i=0}^{r}\binom{22}{i}0.5^i 0.5^{22-i} = \sum_{i=22-r}^{22}\binom{22}{i}0.5^i 0.5^{22-i}, \quad r = 0, 1, \cdots, 22.$$

我们计算出下面结果:

---

[1] 求分位点 Q_π 的置信区间的这一段虽然有意思, 但可以略去不讲.

基于符号检验计算的例 2.2 中位数的置信区间

实际置信度	置信区间
$1 - 2 \times \sum_{i=0}^{0} \binom{22}{i} 0.5^i 0.5^{22-i} = 0.9999995$	$(1, 9)$
$1 - 2 \times \sum_{i=0}^{1} \binom{22}{i} 0.5^i 0.5^{22-i} = 0.9999890$	$(1.35, 7.11)$
$1 - 2 \times \sum_{i=0}^{2} \binom{22}{i} 0.5^i 0.5^{22-i} = 0.9998789$	$(1.99, 6.86)$
$1 - 2 \times \sum_{i=0}^{3} \binom{22}{i} 0.5^i 0.5^{22-i} = 0.9991446$	$(2.05, 6.81)$
$1 - 2 \times \sum_{i=0}^{4} \binom{22}{i} 0.5^i 0.5^{22-i} = 0.9956565$	$(2.06, 6.64)$
$1 - 2 \times \sum_{i=0}^{5} \binom{22}{i} 0.5^i 0.5^{22-i} = 0.9830995$	$(2.10, 6.10)$
$1 - 2 \times \sum_{i=0}^{6} \binom{22}{i} 0.5^i 0.5^{22-i} = 0.9475212$	$(2.30, 5.24)$

中位数的 95% 置信区间为 $(2.10, 6.10)$, 实际上 $(2.10, 6.10)$ 的置信度高于 98.3%, 但再窄一点的区间 $(2.30, 5.24)$ 的置信度仅为 94.75%, 差一点达到 95%. 如果不要求对称性, 置信区间 $(2.30, 6.10)$ 和 $(2.10, 5.24)$ 的置信度均为 $1 - \sum_{i=0}^{6} \binom{22}{i} 0.5^i 0.5^{22-i} - \sum_{i=0}^{5} \binom{22}{i} 0.5^i 0.5^{22-i} = 0.9653103$, 此时的置信度更接近 95%, 置信区间的宽度更窄些.

由于下四分位点的分布不是对称的, 考虑二项分布 $Bin(22, 025)$ 的如下累计概率

$$\sum_{i=0}^{1} \binom{22}{i} 0.25^i 0.75^{22-i} = 0.014865; \quad \sum_{i=0}^{2} \binom{22}{i} 0.25^i 0.75^{22-i} = 0.060649;$$

$$\sum_{i=11}^{22} \binom{22}{i} 0.5^i 0.5^{22-i} = 0.0099744; \quad \sum_{i=10}^{22} \binom{22}{i} 0.5^i 0.5^{22-i} = 0.0295089$$

可见下四分位点的 95% 置信区间为 $(x_{(2)}, x_{(11)}) = (1.35, 2.98)$, 其实际置信度为 97.516%. 由于上 (或下) 四分位点的置信区间不要求对称, 更接近 95% 的置信区间为 $(1.35, 2.95)$, 其实际置信度为 95.56%.

利用程序 qci(), 可以得到例 2.2 要求的下四分位点 $Q_{0.25}$ 的 95% 置信区间. 输入下面给出的 R 程序 qci(x,0.05,0.25)(假定数据在 "x" 中), 则得到实际置信度为 0.9751605 的置信区间 $(1.35, 2.98)$. 由于用 qci() 求得的置信区间是比较保守的, 实际应用中, 可适当增大 α 的值, 看看能否得到一个较小的置信区间, 而它的实际置信度能大于 $1 - \alpha$. 本例中, 从 qci(x,0.06,0.25) 得到了更接近 95% 的实际置信度为 95.56% 的置信区间 $(1.35, 2.95)$, 因为 $\sum_{i=0}^{1} \binom{22}{i} 0.25^i 0.75^{22-i} + \sum_{i=10}^{22} \binom{22}{i} 0.25^i 0.75^{22-i} = 4.44\%$. 容易看出, 这些置信区间的置信度是跳跃的, 这与符号检验的离散分布特点有关.

本节软件的注

基于符号检验的中位数 $M(=Q_{0.5})$ **置信区间的 R 程序.** 关于中位数 $M(=Q_{0.5})$ 的对称置信区间, 这里有二个 R 程序, 第一个为:

```
mci=function(x,alpha=0.05){
n=length(x);b=0;i=0;while(b<=alpha/2&i<=floor(n/2))
{b=pbinom(i,n,.5);k1=i;k2=n-i+1;a=2*pbinom(k1-1,n,.5);i=i+1}
z=c(k1,k2,a,1-a);z2="Entire range!"
if (k1>=1)out=list(Confidence.level=1-a,CI=c(x[k1],x[k2]))
else out=list(Confidence.level=1-2*pbinom(0,n,.5),CI=z2)
out}
```

要想得到数据 x 的 $100(1-\alpha)\%$ 置信区间, 只要在函数 mci(x,alpha) 变元中输入变量名字 (函数中为 "x") 和 α(函数中为 "alpha") 即可得到结果. 还可用如下程序:

```
mci2=function(x=x1,alpha=0){n=length(x);q=.5
m=floor(n*q);s1=pbinom(0:m,n,q);s2=pbinom(m:(n-1),n,q,low=F);
ss=c(s1,s2);nn=length(ss);a=NULL;for(i in 0:m)
{b1=ss[i+1];b2=ss[nn-i];b=b1+b2;d=1-b;if((b)>1)break
a=rbind(a,c(b,d,x[i+1],x[n-i]))}
if (a[1,1]>alpha) out="alpha is too small, CI=All range" else
for (i in 1:nrow(a)) if (a[i,1]>alpha){out=a[i-1,];break}
out}
```

对这个函数, 如果不给出第二个变元 (α), 它就输出各种可能置信度的置信区间, 每一行是一组, 次序是: 双边尾概率 (α)、置信度、置信区间的两个端点. 而如果输入 (α) 的值, 比如 $\alpha = 0.05$, 则只输出置信度刚好大于 (等于)$1 - \alpha$ 的置信区间的那一行. 这个程序除了结果之外和上面的 mci 完全不同, 各有利弊. 相信读者能够写出更好的程序.

分位点 Q_π 置信区间. 可以把上面第二个程序改成求分位点 Q_π 置信区间的程序. 要注意, 得到的区间即使在 $\pi = 0.5$ 时也可能不对称, 但只可能更好 (宽度更窄) 些. 下面就是这个程序:

```
qci=function(x,alpha=0.05,q=.25){
x<-sort(x);n=length(x);a=alpha/2;r=qbinom(a,n,q);
s=qbinom(1-a,n,q);CL=pbinom(s,n,q)-pbinom(r-1,n,q)
```

```
if (r==0) lo<-NA else lo<-x[r]
if (s==n) up<-NA else up<-x[s+1]
list(c("lower limit"=lo,"upper limit"=up,
        "1-alpha"=1-alpha,"true conf"=CL)) }
```

这个求分位点 Q_π 的 $100(1-\alpha)\%$ 置信区间的程序需要输入的变元依次序是数据名, α 和 π, 输出为置信下限, 上限, $1-\alpha$ 和实际置信度 (它不小于 $1-\alpha$).

第二节　中位数的 Wilcoxon 符号秩检验、点估计 和区间估计

一、 中位数的 Wilcoxon 符号秩检验

符号检验利用了观测值和零假设的中心位置之差的符号来进行检验, 但是它并没有利用这些差的大小 (体现于差的绝对值的大小) 所包含的信息. 因此, 在符号检验中, 每个观测值点相应的正号或负号仅仅代表了该点在中心位置的哪一边, 而并没有表明该点距离中心的远近. 如果再把各观测值距离中心远近的信息考虑进去, 自然比仅仅利用符号要更有效. 这也是下面要引进的 Wilcoxon 符号秩检验 (Wilcoxon signed-rank test) 的宗旨 (Wilcoxon, 1945). 它把观测值和零假设的中心位置之差的绝对值的秩分别按照不同的符号相加作为其检验统计量.

注意, 该检验仅适用于对中位数进行检验, 而且要假定观测值和零假设的中心位置之差来自于连续对称总体分布, 即样本点 $X_1, X_2, \cdots, X_n$ 来自连续对称总体分布, 符号检验不需要这个假设. 在这个假定下总体中位数等于均值. 它的检验目的和符号检验是一样的, 即要检验 $H_0 : M = M_0$(相对于各种单双边的备选假设). 下面我们用一个例子来说明 Wilcoxon 符号秩检验步骤.

例 2.3 (数据: euroalc.sav)　下面是 10 个欧洲城镇每人每年平均消费的酒类相当于纯酒精数 (单位: 升). 数据已经按照升幂排列.

$$4.12 \quad 5.81 \quad 7.63 \quad 9.74 \quad 10.39 \quad 11.92 \quad 12.32 \quad 12.89 \quad 13.54 \quad 14.45$$

人们普遍认为欧洲各国人均年消费酒量的中位数相当于纯酒精 8 升. 我们希望用上述数据来检验这种看法. 也就是设 $M_0 = 8$, 即零假设为 $H_0 : M = 8$. 对上述数据的计算得到中位数为 11.160. 因此, 我们的备选假设为 $H_1 : M > 8$.

Wilcoxon 符号秩检验步骤如下:·

(1) 对 $i = 1, 2, \cdots, n$, 计算 $|X_i - M_0|$, 它们代表这些样本点到 M_0 的距离. 对

于例 2.3 数据, 计算 $|X_i - 8|$, $i = 1, 2, \cdots, 10$, 得到

$$3.88 \ 2.19 \ 0.37 \ 1.74 \ 2.39 \ 3.92 \ 4.32 \ 4.89 \ 5.54 \ 6.45.$$

(2) 把上面的 n 个绝对值排序, 并找出它们的 n 个秩. 对于例 2.3 数据, 这些秩为

$$5 \ 3 \ 1 \ 2 \ 4 \ 6 \ 7 \ 8 \ 9 \ 10$$

(3) 令 W^+ 为 $X_i - M_0 > 0$ 的 $|X_i - M_0|$ 的秩的和. 而 W^- 为 $X_i - M_0 < 0$ 的 $|X_i - M_0|$ 的秩的和, $W^+ + W^- = n(n+1)/2$. 对于例 2.3 数据, 加上符号的秩为

$$-5 \ -3 \ -1 \ 2 \ 4 \ 6 \ 7 \ 8 \ 9 \ 10$$

因此, $W^+ = 2 + 4 + 6 + 7 + 8 + 9 + 10 = 46; W^- = 5 + 3 + 1 = 9$.

(4) 在零假设下, W^+ 和 W^- 应差不多. 因而, 当其中之一很小时, 应怀疑零假设. 在此, 对于双边备择 $H_1 : M \neq M_0$, 取检验统计量 $W = \min(W^+, W^-)$. 类似地, 对于单边备择 $H_1 : M > M_0$, 取 $W = W^-$; 对单边备择 $H_1 : M < M_0$, 取 $W = W^+$. 对于例 2.3 的问题, 取 $W = W^- = 9$.

(5) 根据得到的 W 值, 利用统计软件或查 Wilcoxon 符号秩检验的分布表以得到在零假设下的 p 值. 比如对于例 2.3 的问题, 用 R 软件中的 psignrank(W,10) 得到 p 值为 0.032. 如果 n 很大要用正态近似: 得到一个与 W 有关的正态随机变量 Z 的值, 再用软件或查正态分布表得到 p 值.

(6) 如果 p 值较小 (比如小于或等于给定的显著性水平, 譬如 0.05) 则可以拒绝零假设. 如果 p 值较大则没有充分证据来拒绝零假设, 但不意味着接受零假设. 对于例 2.3 的问题, 对于给定的 $\alpha = 0.05$, 由于 p 值 (=0.032) 小于 α, 我们可以拒绝零假设, 认为欧洲人均酒精年消费多于 8 升.

当然, 在学习了下一章内容后, 上面例子的检验在 R 软件中用一个语句就可以得出结果 (假定数据向量为 y): wilcox.test(y-8,alt="greater").

前面提到的 Wilcoxon 符号秩检验的精确分布表是如何得到的呢? 我们先考虑样本量 $n = 3$ 时的情况, 对于中位数为 8, 这三个观测的位置可以都小于 8, 也可以有一个、二个或三个大于 8. 比如有一个大于 8, 它与 8 的绝对距离可以最短、排第二或最长. 此时绝对值的秩只有 1, 2 和 3, 下表列出了这些可能的情况以及在每种情况下 W^+ 的值, 在零假设下, 每种排列都是等概率的. 可以看出, $W^+ = 3$ 出现了两次, 其余 W^+ 为 0, 1, 2, 4, 5 和 6 等 6 个数中之一的概率为 1/8.

秩	符号的 8 种组合							
1	−	+	−	−	+	+	−	+
2	−	−	+	−	+	−	+	+
3	−	−	−	+	−	+	+	+
W^+	0	1	2	3	3	4	5	6
概率	$\frac{1}{8}$	$\frac{1}{8}$	$\frac{1}{8}$	$\frac{1}{8}$	$\frac{1}{8}$	$\frac{1}{8}$	$\frac{1}{8}$	$\frac{1}{8}$

注意这里 W^+ 的取值为整数, 最小值为 0, 最大值为 $n(n+1)/2$, 且密度分布是对称的. 此密度分布是当样本量 $n=3$ 时 W^+ 在零假设下的精确密度分布. 作为练习, 读者可以给出样本量 $n=4$ 时 W^+ 在零假设下的精确密度分布.

为了展现 W^+ 的精确密度分布随样本量的变化情况, 我们画出了 $n=3,4,5,10$ 四种情况的密度分布图 (见图 2.2). 从这四个图可以看出 Wilcoxon 符号秩检验统计量的精确密度分布具有对称性且当样本量比较大时图像比较象正态密度. 从右下角 $n=10$ 时 Wilcoxon 符号秩检验统计量的精确密度分布的数值上看 $W^+=46$ 算是比较极端大的情况, 与 p 值 0.032 相符合.

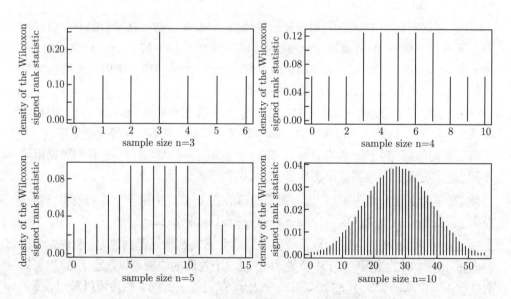

Figure 2.2　Wilcoxon 符号秩检验统计量的密度分布图.

当然, 前面介绍的算法细节在样本大时不方便实现. 因此在样本量大时, 可以考虑 W^+ 的母函数, 其形式为

$$M(t) = \frac{1}{2^n} \prod_{j=1}^{n}(1 + e^{tj}).$$

把它展开, 可得到

$$M(t) = a_0 + a_1 e^t + a_2 e^{2t} + \cdots,$$

按照母函数的性质, 有 $P_{H_0}(W^+ = j) = a_j$. 利用指数相乘的性质, 可以编一个小程序来计算 W^+ 的分布表 (有兴趣的读者不妨可以试一试). 注意 W^+ 和 W^- 的 Wilcoxon 分布有关系

$$P(W^+ \leqslant k) + P(W^- \leqslant n(n+1)/2 - k - 1) = 1.$$

为了说明 Wilcoxon 符号秩检验和符号检验的不同, 下面比较两个检验问题 $H_0 : M = 8; H_1 : M > 8$ 和 $H_0 : M = 12.5; H_1 : M < 12.5$. 之所以如此比较, 是因为 8 在该数据按升幂排列的第三和第四个观测值之间, 而 12.5 在该数据按照降幂排列的第三和第四个观测之间. 因此这两个检验对于符号检验是对称的. 我们先比较用 Wilcoxon 符号秩检验的步骤和结果, 见下表.

例 2.3 的两个不同方向的 Wilcoxon 符号秩检验

\multicolumn{4}{c}{$H_0 : M = 8; H_1 : M > 8$}				\multicolumn{4}{c}{$H_0 : M = 12.5; H_1 : M < 12.5$}			
X_i	$\|X_i - M_0\|$	秩	符号	X_i	$\|X_i - M_0\|$	秩	符号
4.12	3.88	5	$-$	4.12	8.38	10	$-$
5.81	2.19	3	$-$	5.81	6.69	9	$-$
7.63	0.37	1	$-$	7.63	4.87	8	$-$
9.74	1.74	2	$+$	9.74	2.76	7	$-$
10.39	2.39	4	$+$	10.39	2.11	6	$-$
11.92	3.92	6	$+$	11.92	0.58	3	$-$
12.32	4.32	7	$+$	12.32	0.18	1	$-$
12.89	4.89	8	$+$	12.89	0.39	2	$+$
13.54	5.54	9	$+$	13.54	1.04	4	$+$
14.45	6.45	10	$+$	14.45	1.95	5	$+$

\multicolumn{4}{c}{$W^- = 9, W^+ = 46$}				\multicolumn{4}{c}{$W^- = 44, W^+ = 11$}			
\multicolumn{4}{c}{检验统计量 $W = W^- = 9$}				\multicolumn{4}{c}{检验统计量 $W = W^+ = 11$}			
\multicolumn{4}{c}{psignrank(9,10)=0.03223}				\multicolumn{4}{c}{psignrank(11,10)=0.05273}			
\multicolumn{4}{c}{或用 `wilcox.test(y-8,alt="greater")`}				\multicolumn{4}{c}{或用 `wilcox.test(y-12.5,alt="less")`}			
\multicolumn{4}{c}{p 值 =0.03223, 对 $\alpha = 0.05$ 拒绝零假设}				\multicolumn{4}{c}{p 值 =0.05273, 对 $\alpha = 0.05$ 不能拒绝零假设}			

注: 表中的 "秩" 为 $|X_i - M_0|$ 的秩; 表中的 "符号" 为 $X_i - M_0$ 的符号.

例 2.3 的两个不同方向的符号检验 (作为对照)

$H_0 : M = 8; H_1 : M > 8$	$H_0 : M = 12.5; H_1 : M < 12.5$
$S^- = 3, S^+ = 7$	$S^- = 7, S^+ = 3$
检验统计量 $K = S^- = 3$	检验统计量 $K = S^+ = 3$
pbinom(3,10,0.5)=0.171875	pbinom(3,10,0.5)=0.171875
p 值 = 0.171875, 对 $\alpha = 0.05$, 不能拒绝 H_0	p 值 = 0.171875, 对 $\alpha = 0.05$, 不能拒绝 H_0

从表中可以看出, 这两个 Wilcoxon 符号秩检验的结果并不对称, p 值不相等; 而这两个符号检验的结果完全对称, p 值完全相等. 可以看出, Wilcoxon 符号秩检验不但利用了符号, 还利用了数值本身大小所包含的信息. 8 和 12.5 虽然都是与其最近端点间隔 3 个数 (这也是符号检验结果相同的原因), 但 8 到它这边的 3 个数的秩之和 (为 $W = 9$) 小于 12.5 到它那边的 3 个数的秩之和 (为 $W = 11$). 这些区别也使得结果有所区别. 当然, Wilcoxon 符号秩检验需要关于总体分布的对称性和连续性的假定, 因此只适用于对中位数做假设检验. 在这样的假定之下, Wilcoxon 符号秩检验比符号检验更加有效.

在大样本的情况, 可利用正态近似. 正如在第一章所说的, Wilcoxon 符号秩检验是线性符号秩统计量, 其期望和方差分别为

$$E(W) = \frac{n(n+1)}{4}; \quad Var(W) = \frac{n(n+1)(2n+1)}{24}.$$

由此可以用于构造大样本渐近正态统计量, 其公式为 (在零假设下):

$$Z = \frac{W - n(n+1)/4}{\sqrt{n(n+1)(2n+1)/24}} \to N(0, 1).$$

计算出 Z 值后, 可由正态分布表查出 p 值. 如果我们总选 $W = \min(W^+, W^-)$, 则 Z 总是小于 0, 即 p 值对单边检验为 $\Phi(z)$ 对双边检验为 $2\Phi(z)$. 在使用相应的计算机统计软件时, 也有计算精确 p 值和用 Z 近似的问题, 只不过有的自动转换, 有的需要人工选项. 是否需要连续性修正, 在有些软件包中也是选项.

作为比较, 现在利用正态近似对例 2.3 再作一次单边和双边的 Wilcoxon 符号秩检验

例 2.3 的 Wilcoxon 符号秩检验 (单边和双边检验) 的正态近似结果

	$H_0 : M = 8; H_1 : M > 8$	$H_0 : M = 8; H_1 : M \neq 8$
检验统计量	$z = -1.8857$	$z = -1.8857$
p 值	$\Phi(z) = 0.0297$	$2\Phi(z) = 0.0593$
检验结果	对 $\alpha \geqslant 0.05$, 拒绝零假设	对 $\alpha < 0.05$, 不拒绝零假设

我们以下表来总结 Wilcoxon 符号秩检验:

零假设: H_0	备选假设: H_1	检验统计量 (W)	p 值
$H_0 : M = M_0$	$H_1 : M \neq M_0$	$W = \min(W^+, W^-)$	$2P(W \leqslant w)$
$H_0 : M \leqslant M_0$	$H_1 : M > M_0$	$W = W^-$	$P(W \leqslant w)$
$H_0 : M \geqslant M_0$	$H_1 : M < M_0$	$W = W^+$	$P(W \leqslant w)$
大样本时, 用近似正态统计量 (加连续性修正时)		$Z = \dfrac{W + 0.5 - n(n+1)/4}{\sqrt{n(n+1)(2n+1)/24}}$	
对水平 α, 如果 p 值 $< \alpha$, 拒绝 H_0, 否则不能拒绝			

需要说明的是, 这里看上去是按照备选假设的方向选 W^+ 或 W^- 作为检验统计量. 但是实际上往往是按照实际观察的 W^+ 和 W^- 的大小来确定备选假设. 因为只有数据 (通过一些统计量) 显现出某些和原模型不相容的特征时, 人们才会怀疑零假设, 并考虑进行假设检验的. 对于不同的备选假设 $M > M_0$(或 $M < M_0$), 我们在这里分别选 W^-(或 W^+) 作为检验统计量, 是因为它们是 W^- 及 W^+ 中较小的一个, 因而在计算或查表 (表只有一个方向) 时要方便些. 如果利用大样本正态近似, 则选哪一个都没有关系. 当然, 如果利用软件, 则根本不用考虑这个问题.

打结的情况. 在许多情况下, 数据中有相同的数字, 称为结 (tie). 结中数字的秩为它们按升幂排列后位置的平均值. 比如 2.5, 3.1, 3.1, 6.3, 10.4 这五个数的秩为 1, 2.5, 2.5, 4, 5. 也就是说, 处于第二和第三位置的两个 3.1 得到秩 $(2+3)/2=2.5$. 这样的秩称为中间秩 (midrank). 如果结多了, 零分布的大样本公式就不准了. 因此, 在公式中往往要作修正. 先通过一个简单例子引进一些记号. 假定有 12 个数, 其值, 秩和结统计量 (用 τ_i 表示第 i 个结中的观测值数量) 为:

观测值	2	2	4	7	7	7	8	9	9	9	9	10
秩	1.5	1.5	3	5	5	5	7	9.5	9.5	9.5	9.5	12
结统计量 τ_i	2			3				4				

该数据一共有 $g = 3$ 个结: $\tau_1 = 2$ (两个 2), $\tau_2 = 3$ (三个 7), $\tau_3 = 4$ (四个 9). 当存在结的情况, 上面的正态近似公式应修正为

$$Z = \frac{W - n(n+1)/4}{\sqrt{n(n+1)(2n+1)/24 - [\sum_{i=1}^{g}(\tau_i^3 - \tau_i)]/48}} \sim N(0,1).$$

注意, 上面 12 个数也可以看成有 6 个结, 除了指出的 3 个之外, 还有 3 个平凡结, 其结统计量均为 1. 显然, 这两种结的概念对该公式的结果没有影响.

实际上, 连续分布变量的观测值在理论上不应该产生结, 但是由于四舍五入效应, 连续变量的观测值实际上都是离散的, 因此会产生打结的现象. 而在存在打结

时, 无法进行精确的 Wilcoxon 检验的计算.

二、 中位数的点估计和置信区间

假设有 n 个观测的样本来自对称分布, 即 $X_1, X_2, \cdots, X_n \sim F(x - \theta)$, 其中 θ 为中心位置参数. 如果要对中心 θ 进行估计, 当然可以用该样本的中位数. 但是为了利用更多的信息, 可以先求每两个数的平均 $(X_i + X_j)/2$, $i \leqslant j$ (一共有 $n(n+1)/2$ 个) 来扩大样本数目, 这样的平均称为 Walsh 平均; 之后用 Walsh 平均的中位数来估计对称中心 θ, 即

$$\hat{\theta} = \text{median}\left\{\frac{X_i + X_j}{2}, \ i \leqslant j\right\}$$

此统计量被称为 Hodges-Lehmann 估计量 (Hodges and Lehmann, 1963).

要检验 $H_0 : \theta = \theta_0$, 其检验统计量可用如下表达式 W^+,

$$W^+ = \#\left\{\frac{X_i + X_j}{2} > \theta_0, \ i \leqslant j\right\}.$$

这里符号 $\#\{\ \}$ 是满足括号 $\{\ \}$ 内条件的表达式的个数 ("$\#$" 相当于英文 "the number of", 后面也会出现这个符号, 意义是一样的). W^+ 的取值范围是 0 到 $n(n+1)/2$, 与样本量为 n 的 Wilcoxon 符号秩检验的分布取值范围相同, 当样本的统计量 W^+ 远离零假设下的对称中心 $n(n+1)/4$ 时, 拒绝零假设.

利用 Walsh 平均还可以得到 θ 的置信区间. 这里先按升幂排列 Walsh 平均, 记为 $W_{(1)}, W_{(2)}, \cdots, W_{(N)}$, $(N = n(n+1)/2)$. 则 θ 的 $(1 - \alpha)$ 置信区间为

$$[W_{(k+1)}, \ W_{(N-k)}),$$

这里整数 k 由 $P(W^+ < k) \leqslant \alpha/2$, $P(W^+ \geqslant n - k) \leqslant \alpha/2$ 来决定.

在大样本时, 用类似于 Wilcoxon 检验的近似得到

$$k \approx \frac{n(n+1)}{4} - Z_{\alpha/2}\sqrt{\frac{n(n+1)(2n+1)}{24}}.$$

注: 这里打结对结果没有多少影响, 因此可不用连续性修正.

再来看例 2.3 欧洲酒精人均消费的例子. Walsh 平均有 $n(n+1)/2 = 55$ 个值 (按升幂排列):

4.120 4.965 5.810 5.875 6.720 6.930 7.255 7.630 7.775 8.020 8.100 8.220 8.505 8.685

8.830 8.865 9.010 9.065 9.285 9.350 9.675 9.740 9.775 9.975 10.065 10.130 10.260

10.390 10.585 10.830 11.030 11.040 11.155 11.315 11.355 11.640 11.640 11.920

11.965 12.095 12.120 12.320 12.405 12.420 12.605 12.730 12.890 12.930 13.185

13.215 13.385 13.540 13.670 13.995 14.450

它的中位数 10.390 是 θ 的 Hodges-Lehmann 估计量. 下面求 θ 的 $(1-\alpha)$ 置信区间. 对于给定的 $\alpha = 0.05$, 按 Wilcoxon 符号秩检验, 用 R 软件的 qsignrank(0.025,10), 得到 $k = 9$; 用 psignrank(8,10) 得到 0.0244. 所以, θ 的 95%(确切地说为 $1 - 2 \times 0.024 = 95.2\%$) 置信区间为 $[W_{(k+1)}, W_{(N-k)}) = [W_{(9+1)}, W_{(55-9)}) = [W_{(10)}, W_{(46)}) = [8.02, 12.73)$.

注意, 由于原始变量是连续变量, 这里的置信区间的端点是否包含在内 (即是否是开区间, 闭区间或半开区间) 并不重要. 而这里得到的结果主要是由于 Wilcoxon 分布的离散性得到的, 希望读者不必过分注意这些细节.

本节软件的注

关于中位数的 Wilcoxon 符号秩检验和相关的置信区间的 R 程序. 以例 2.3 为例. 假定样本数据为 y, 零假设为 8, 则双边检验的命令为 wilcox.test(y-8); 对于右侧单边检验 $H_1 : M > 8$, 用命令 wilcox.test(y-8,alt="greater"). 对称地, 对于单边检验 $H_1 : M < 12.5$, 用命令 wilcox.test(y-12.5,alt="less").

关于样本 y, 按升幂排列的 Walsh 平均, 可以用下面的几个语句得到:

```
walsh=NULL;for(i in 1:10) for(j in i:10)
walsh=c(walsh,(y[i]+y[j])/2);walsh=sort(walsh)
```

对于 $\alpha = 0.05$, 用 qsignrank(0.025,10) 得到 $k = 9$. 中位数的 95% 置信区间为 $[W_{(k+1)}, W_{(N-k)}) = [W_{(10)}, W_{(46)}) = [8.02, 12.73)$, 其中 $N = n(n+1)/2 = 55$.

关于中位数的 Wilcoxon 符号秩检验的 SPSS 程序. 这里数据文件为 euroalc.sav. 点击 "Analyze-Nonparametric Tests-2 Related Samples" 打开对话框, 选中左边列表的 "y"、"m", 移动到右边列表, 点击 "Exact" 按钮打开子对话框, 选中 "Exact" 选项, 点击 "Continue", 再点击 "OK".

关于中位数的 Wilcoxon 符号秩 (渐近) 检验的 SAS 程序. 可以用下面语句:

```
data gs;infile "D:/EuroAlc.txt";input x;run;
proc univariate mu0=8;var x;run;
```

结果中产生了多种 (双边) 检验的统计量和 p 值, 其中包括 t 检验, 符号检验和 Wilcoxon 符号秩检验 (渐近) 结果.

第三节　正态记分检验 *

在 1.7 节引入了线性符号秩统计量, 前面所介绍的符号检验和 Wilcoxon 符号秩检验的统计量都是线性符号秩统计量的特例. 下面要介绍的正态记分 (normal score) 统计量也是线性符号秩统计量的一个特例. 正态记分可以用在许多检验问题中, 有多种不同的形式. 下面简单介绍一下其基本思路. 在各种秩检验中, 检验统计量为秩的函数. 而秩本身 (在没有结时) 是有穷个自然数的一个排列, 它在零假设下有在自然数中的一个均匀分布. 人们自然会想到用其它分布的样本体现来代替秩. 也就是说, 改变上述 "均匀分布" 为其他分布. 这没有什么不可以, 因为谁也说不清为什么我们所关心的空间一定是 "均匀" 的, 而不是什么别的 (也许也是 "均匀" 的) 空间的一种变换. 作为均匀分布的一种自然替代, 人们可能首先考虑到正态分布, 这也就是产生正态记分的动机. 正态记分检验的基本思想就是把升幂排列的秩 R_i 用升幂排列的正态分位点, 比如 $\Phi^{-1}(R_i/(n+1))$, 来代替. 这样形成的记分称为 van der Waerden 型记分 (ven der Waerden, 1957). 在下一章关于两样本的位置检验所用的正态记分就是 van der Waerden 记分. 还有一种称为期望正态记分 (expected normal score), 是用正态分布第 i 个顺序统计量的期望值来代替正态记分. 在实践上它与 van der Waerden 记分得出差不多的结果.

对于本章的单样本检验问题, 考虑从不同出发点构造的两个等价的正态记分检验. 首先回顾第一章 (1.7 节) 所介绍的线性符号秩统计量

$$S_n^+ = \sum_{i=1}^n a_n^+(R_i^+) I(X_i > 0).$$

这里的函数 $a_n^+(\cdot)$ 称为记分. 而 $a_n^+(R_i^+) I(X_i > 0)$ 称为符号记分 (和符号有关的记分). 前面说过, 当 $a_n^+(i) = i$ 时, 该线性符号秩统计量为 Wilcoxon 符号秩统计量, 而当 $a_n^+(i) \equiv 1$ 时, 该线性符号秩统计量为符号统计量.

现在, 考虑 1.7 节所提出的另一个线性秩统计量

$$S_n = \sum_{i=1}^n a_n(R_i^+) \text{sign}(X_i) \equiv \sum_{i=1}^n s_i.$$

要按照正态分布来定义记分函数. 为了使 $a_n^+(i) \geqslant 0$, 我们不用 $\Phi^{-1}(R_i^+/(n+1))$ 作为这里的记分, 而稍微改变一下记分函数使其为

$$a_n^+(i) = \Phi^{-1}\left(\frac{n+1+i}{2n+2}\right) = \Phi^{-1}\left[\frac{1}{2}\left(1 + \frac{i}{n+1}\right)\right], \ i = 1, 2, \cdots, n.$$

这就不会出现负值了. 在检验 $H_0 : M = M_0$ (相对某种单边或双边备选假设) 时, 把上面线性秩统计量中的 X_i 换成 $X_i - M_0$, 把 $|X_i|$ 的秩 R_i^+ 换成 $|X_i - M_0|$ 的秩 r_i. 然后用相应的正态记分来代替这些秩 (称为符号记分). 相应的线性符号秩统计量的第 i 项 (符号正态记分) 为

$$s_i \equiv a_n^+(r_i)\mathrm{sign}(X_i - M_0) = \Phi^{-1}\left[\frac{1}{2}\left(1 + \frac{r_i}{n+1}\right)\right]\mathrm{sign}(X_i - M_0).$$

根据 1.7 节的叙述, 在 $X_i - M_0, (i = 1, 2, \cdots, n)$ 为独立并且对称分布的假设下, $\mathrm{E}(S_n) = 0$, $\mathrm{Var}(S_n) = \sum_{i=1}^{n} s_i^2$. 由此, 把 S_n 标准化, 就得到这里的对单样本位置的所谓正态记分检验统计量

$$T = \frac{S_n - \mathrm{E}(S_n)}{\sqrt{\mathrm{Var}(S_n)}} = \frac{S_n}{\sqrt{\sum_{i=1}^{n} s_i^2}}.$$

如果观测值的总体分布接近于正态, 或者在大样本情况, 可以认为 T 近似地有标准正态分布. 实际上, 这对于很小的样本 (无论是否打结) 也适用. 这样就可以很方便地算 p 值了. 实际上, 如果记 $\Phi_+(x) \equiv 2\Phi(x) - 1 = P(|X| \leqslant x)$, 则有

$$\Phi_+^{-1}\left(\frac{i}{n+1}\right) = \Phi^{-1}\left[\frac{1}{2}\left(1 + \frac{i}{n+1}\right)\right],$$

大约等于 $E|X|_{(i)}$. 也就是说, 它和正态记分的期望相近.

下面对例 2.3 进行正态记分检验, 中间结果在下面表中:

例 2.3 的正态记分检验 (左边 $M_0 = 8$, 右边 $M_0 = 12.5$)

$H_0 : M = 8; H_1 : M > 8$				$H_0 : M = 12.5; H_1 : M < 12.5$			
X_i	$|X_i - M_0|$	r_i	s_i	X_i	$|X_i - M_0|$	r_i	s_i
4.12	3.88	5	-0.6045853	4.12	8.38	10	-1.6906216
5.81	2.19	3	-0.3487557	5.81	6.69	9	-1.3351777
7.63	0.37	1	-0.1141853	7.63	4.87	8	-1.0968036
9.74	1.74	2	0.2298841	9.74	2.76	7	-0.9084579
10.39	2.39	4	0.4727891	10.39	2.11	6	-0.7478586
11.92	3.92	6	0.7478586	11.92	0.58	3	-0.3487557
12.32	4.32	7	0.9084579	12.32	0.18	1	-0.1141853
12.89	4.89	8	1.0968036	12.89	0.39	2	0.2298841
13.54	5.54	9	1.3351777	13.54	1.04	4	0.4727891
14.45	6.45	10	1.6906216	14.45	1.95	5	0.6045853
$S_n = 5.414066$, $T = 1.913559$				$S_n = -4.934602$ $T = -1.744096$			
p 值 $= 1 - \Phi(T) = 0.02783824$,				p 值 $= \Phi(T) = 0.04057115$,			
结论: 可以拒绝 H_0 (对于水平 $\alpha \geqslant 0.03$)				结论: 可以拒绝 H_0 (对于水平 $\alpha = 0.05$)			

后面还要介绍对两样本及多样本的正态记分检验. 正态记分检验有较好的大样本性质. 对于正态总体它比许多基于秩的检验更好. 而对于一些非正态总体, 虽然不如一些基于秩的检验, 但它又比 t 检验要好. 下表列出了上述正态记分 (NS^+) 相对于 Wilcoxon 符号秩检验 (W^+) 对于不同总体分布的 ARE.

总体分布	均匀	正态	Logistic	重指数	Cauchy
$ARE(NS^+, W^+)$	$+\infty$	1.047	0.955	0.847	0.708

可以看出, 凡是用秩的函数作检验统计量的地方都可以把秩替换成正态记分而形成相应的正态记分统计量.

本节软件的注

关于单样本位置参数的正态记分检验 (大样本正态近似) 的 **R** 程序. 函数 ns(x,m0) 的输出为双尾检验的 p 值 (单尾检验的 p 值则为其一半), T 和 s_i. 对于例 2.3, 如果数据变量为 x, 检验 $H_0 : M = 8; H_1 : M > 8$, 只要写入 ns(x,8) 即可得到结果. 该程序原代码为

```
ns=function(x,m0){x1=y-m0;r=rank(abs(x1));
s=qnorm(.5*(1+r/(n+1)))*sign(x1);tt=sum(s)/sqrt(sum(s^2));
list(pvalue.2sided=2*min(pnorm(tt),pnorm(tt,low=F)),T=tt,s=s)}
```

第四节　Cox-Stuart 趋势检验

人们经常要看某项发展的趋势. 但是从图表上很难看出是递增, 递减, 还是大致持平. 请看下面例子.

例 2.4(数据:TJAir.txt)　天津机场从 1995 年 1 月到 2003 年 12 月的 108 个月旅客吞吐量 (人次)

54379 45461 55408 59712 60776 57635 63335 71296 70250 76866 75561 66427 61330
58186 67799 76360 86207 75509 83020 89614 75791 80835 72179 61520 66726 60629
68549 73310 80719 67759 70352 82825 70541 74631 68938 53318 62653 58578 63292
69535 73379 62859 72873 87260 67559 76647 70590 58935 58161 64057 63051 58807
63663 57367 70854 79949 66992 80140 62260 55942 58367 56673 61039 74958 85859
67263 87183 97575 79988 88501 68600 58442 68955 56835 67021 81547 85118 70145
95080 106186 86103 88548 70090 65550 69223 85138 89799 99513 98114 68172

97366 116820 95665 109881 87068 75362 88268 85183 87909 79976 27687 50178

100878 131788 116293 120770 104958 109603

从这个数字, 我们能否说这个差额总的趋势是增长, 还是减少, 还是都不明显呢? 图 2.3 为数据点的连线图. 从图可以看出, 总趋势似乎是增长, 但并不总是增长的, 能否说明总趋势是增长的呢? 我们希望能进行检验.

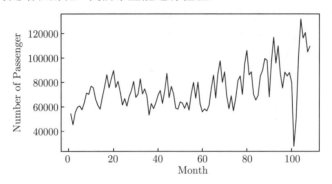

Figure 2.3　天津机场从 1995 年 1 月到 2003 年 12 月的 108 个月旅客吞吐量.

类似于前面的检验, 这里有三种检验:

(1) H_0 : 无增长趋势 ; H_1 : 有增长趋势

(2) H_0 : 无减少趋势 ; H_1 : 有减少趋势

(3) H_0 : 无趋势 ; H_1 : 有增长或减少趋势

形式上, 该检验问题可以重新叙述为: 假定独立观测值 $X_1, X_2, \cdots, X_n$ 分别来自分布为 $F(x - \theta_i)$ 的总体, 这里 $F(\cdot)$ 对称于零点. 上面第一个单边检验为 $H_0 : \theta_1 = \theta_2 = \cdots = \theta_n$ 对 $H_1 : \theta_1 \leqslant \theta_2 \leqslant \cdots \leqslant \theta_n$ (至少一个严格不等式).

怎么进行这些检验呢? 可以把每一个观测值和相隔大约 $n/2$ 的另一个观测值配对比较, 因此大约有 $n/2$ 个对子. 然后看增长的对子和减少的对子各有多少来判断总的趋势. 具体做法为, 取 x_i 和 x_{i+c} 组成一对 (x_i, x_{i+c}). 这里

$$c = \begin{cases} n/2 & \text{如果 } n \text{ 是偶数}; \\ (n+1)/2 & \text{如果 } n \text{ 是奇数}. \end{cases}$$

当 n 是偶数时, 共有 $n' = c$ 对, 而 n 是奇数时, 共有 $n' = c - 1$ 对. 比如, 当样本量 $n = 6$ 时, $n' = c = 6/2 = 3$. 这 3 个对子为

$$(x_1, x_4), (x_2, x_5), (x_3, x_6).$$

而当样本量 $n = 7$ 时, $n' = c - 1 = (7+1)/2 - 1 = 3$. 这 3 个对子为

$$(x_1, x_5), (x_2, x_6), (x_3, x_7).$$

用每一对的两元素差 $D_i = x_i - x_{i+c}$ 的符号来衡量增减. 令 S^+ 为正的 D_i 的数目, 而令 S^- 为负的 D_i 的数目. 显然当正号太多时, 即 S^+ 很大时 (或 S^- 很小时), 有下降趋势, 反之, 则有增长趋势. 在没有趋势的零假设下它们应服从二项分布 $\text{Bin}(n', 0.5)$, 这里 n' 为对子的数目 (不包含差为 0 的对子). 该检验在某种意义上是符号检验的一个特例.

类似于符号检验, 对于上面 1, 2 和 3 三种检验, 分别取检验统计量 $K = S^+, S^-$ 和 $\min(S^+, S^-)$. 这里, $P(K \leqslant k)$ 及 p 值的计算和符号检验中的完全一样, 不再赘述. 在例 2.4 中, $n = 108, n' = c = 54$; 这 108 个数据对的符号为 16 正 38 负, 即 $S^+ = 16$ 和 $S^- = 38$. 由于负号很多, 表明可能有增长的趋势. 因此需要检验

$$H_0 : 没有增长趋势 ; H_1 : 有增长趋势,$$

取 $k = S^+$, p 值为 $P(K \leqslant k) = P(K \leqslant 16) = \frac{1}{2^{n'}} \sum_{i=0}^{k} \binom{n'}{i} = \frac{1}{2^{54}} \sum_{i=0}^{16} \binom{54}{i} = 0.001919133$. 因此在此种检验中, 对于任何显著性水平 $\alpha \geqslant 0.002$, 可以拒绝零假设. 一般来说数据越少, 越难拒绝零假设. 这个检验称为 Cox-Stuart 趋势检验 (Cox 和 Stuart, 1955).

本节软件的注

关于 Cox-Stuart 趋势检验的 R 程序. 对于例 2.4 数据, D_i 的向量可以用语句 D=x[1:54]-x[55:108] 得到, S^+ 可以用语句 sum(sign(D)==1) 得到, S^- 可以用语句 sum(sign(D)==-1) 得到. 就本例而言, 由于 $S^+ = 16$ 较小, 取 $K = S^+$, 这时的 p 值可以用语句 pbinom(16,54,.5) 得到 (即为 0.001919133).

第五节　关于随机性的游程检验

例 **2.5** (数据:run01.txt, run01.sav)　假定我们掷一个硬币, 以概率 p 得正面 (记为 1), 以概率 $1-p$ 得反面 (记为 0). 这是一个 Bernoulli 试验. 如果这个试验是随机的, 则不大可能出现许多 1 或许多 0 连在一起, 也不可能 1 和 0 交替出现得太频繁. 例如, 下面为一例这样的结果:

$$0\,0\,0\,0\,0\,0\,0\,1\,1\,1\,1\,1\,1\,0\,0\,0\,0\,1\,1\,1\,1\,0\,0.$$

如果称连在一起的 0 或 1 为游程 (run), 则上面这组数中有 3 个 0 游程, 两个 1 游程, 一共是 5 个游程 ($R = 5$). 这里 0 的总个数为 $m = 13$, 而 1 的总个数为 $n = 10$. 记总的试验次数为 N, 有 $N = m + n$. 假定在 R 软件中, x 代表上面的数据, 则游程个数可由语句

```
N=length(x);k=1;for(i in 1:(N-1))if (x[i]!=x[i+1])k=k+1
```

得到. 而 "0" 的个数 $m = 13$ 及 "1" 的个数 $n = 10$ 可由下面语句得到:

```
m=sum(1-x);n=sum(x).
```

当然, 出现多少 0 和多少 1, 出现多少游程都与概率 p 有关. 然而, 在已知 m 和 n 时, 游程个数 R 的条件分布就与 p 无关了. Mood(1940) 证明了如果随机性的假设 (称为 H_0) 成立, 任何特别的 m 个 0 和 n 个 1 的一种排列, 在给定 m 和 n 的条件下都是 $1/\binom{N}{n}$ 或 $1/\binom{N}{m}$, 而 R 的条件分布等于

$$P(R = 2k) = \frac{2\binom{m-1}{k-1}\binom{n-1}{k-1}}{\binom{N}{n}};$$

$$P(R = 2k+1) = \frac{\binom{m-1}{k-1}\binom{n-1}{k} + \binom{m-1}{k}\binom{n-1}{k-1}}{\binom{N}{n}}.$$

这两个概率的分子的取法类似, 比如第一个, 考虑 0 先出现, 先在 m 个 0 的 $m-1$ 个空档选出 $k-1$ 个放 1 的空档位置, 再在 n 个 1 的 $n-1$ 个空档插入 $k-1$ 个放 0 的空档位置, 由于 0 和 1 都可以先出现, 要乘以 2. 根据这个公式就可以算出在 H_0(即随机性) 成立时 $P(R \geqslant r)$ 或 $P(R \leqslant r)$ 的值, 也就可以做检验了, 它叫 Wald-Wolfowitz 检验. 在 m 和 n 不大时可以用计算器或查表来进行计算. 通常的表是给出水平 $\alpha = 0.025, 0.05$ 及 m, n 时临界值 c_1 和 c_2 的值, 满足 $P(R \leqslant c_1) \leqslant \alpha$ 及 $P(R \geqslant c_2) \leqslant \alpha$. 本利中, $r = 5, P(R = 2) = 1.748 \times 10^{-6}, P(R = 3) = 1.049 \times 10^{-5}, P(R = 4) = 1.888 \times 10^{-4}, P(R = 5) = 5.192 \times 10^{-4}$, 因此 $P(R \leqslant 5) = 0.00072$.

而当样本很大时, 在零假设下,

$$Z = \frac{R - \mu_R}{\sigma_R} = \frac{R - (\frac{2mn}{m+n} + 1)}{\sqrt{\frac{2mn(2mn-m-n)}{(m+n)^2(m+n-1)}}} \longrightarrow N(0,1).$$

于是可以借助于正态分布表来得到 p 值和检验结果. 这时, 在给定水平 α 后, 可以用此近似分布来得到临界值 c_1 和 c_2.

我们完全按照这些公式写出了一个计算上面概率和 p 值的函数 run.test, 在输入 run.test(x) 之后, 输出了 m, n 以及双边精确的和渐近的 p 值, 还输出涉及 p 值的 $P(R \geqslant r), P(R \leqslant r)$ 的精确值和渐近值. 由于 $r = 5, P(R \leqslant r) = 0.00072, P(R \geqslant r) = 0.99980$, 而相应的渐近值分别为 0.000751 和 0.99925. 双边精确 p 值为 0.00144(渐近的 p 值为 0.00150). 因此可以在水平 $\alpha > 0.0015$ 时, 认为该数串不是随机的 (拒绝零假设).

在实际问题中, 不一定都遇到只有 0 或 1 所代表的二元数据. 但是可以把它转换成二元数据来分析, 正如下面例子试图说明的那样.

例 2.6 (数据:run02.txt, run02.sav) 如在工厂的全面质量管理中, 生产出来的 20 个工件的尺寸按顺序为 $(X_1, X_2, \cdots, X_{20})$(单位 cm)

12.27 9.92 10.81 11.79 11.87 10.90 11.22 10.80 10.33 9.30 9.81 8.85 9.32 8.67
9.32 9.53 9.58 8.94 7.89 10.77

人们想要知道生产出来的工件的尺寸变化是否只是由于随机因素, 还是有其它非随机因素. 先找出它们的中位数为 $X_{med} = 9.865$, 再把大于 X_{med} 的记为 1, 小于的记为 0, 于是产生一串 1 和 0:

$$1 1 1 1 1 1 1 1 1 1 0 0 0 0 0 0 0 0 0 1$$

也就是说, 变成了前面的情况. 这时 $R = 3, m = n = 10$. 而按照上面的公式 (只要算两项), $P(R <= 3) = P(R = 2) + P(R = 3) = 1.083 \times 10^{-5} + 4.871 \times 10^{-5} = 0.00006$, 即 p 值为 0.00006. 于是可以在水平 $\alpha > 0.0001$ 时拒绝零假设. 这里, 算的是 $P(R <= 3)$ 而不是 $P(R >= 3)$ 是因为显然 $R = 3$ 离最小可能的值 2 要比最大可能的值 20 要近. 因此可以说, 在生产过程中有非随机因素起作用. 当然, 把数目转换成 0 和 1 失去了一些信息, 但是此方法对于随机性本身来说还不失为一个简单易行的方法.

根据我们的 R 程序, 对这个例子使用命令 run.test(y,median(y)) 得到精确的双边检验的 p 值为 0.00012, 而相应的渐近的双边 p 值为 0.00024. 精确的 p 值和渐近 p 值差别较大, 显然, 这源于样本量不够大.

关于随机性的游程检验的过程总结于下表之中:

零假设: H_0	备选假设: H_1	检验统计量 (K)	p 值
H_0: 有随机性	H_1: 无随机性 (有聚类倾向)	游程 R	$P(|K| \leqslant k)$

m 和 n 较大时, 用近似正态统计量 $Z = (R - \dfrac{2mn}{m+n} - 1)/\sqrt{\dfrac{2mn(2mn - m - n)}{(m+n)^2(m+n-1)}}$

对水平 α, 如果 p 值 $< \alpha$, 拒绝 H_0, 否则不能拒绝

本节软件的注

关于随机性游程检验的 R 程序. 我们完全按照公式编写了一个函数, 没有任何技巧. 相信读者可以看懂, 并写出更加有效的程序. 下面为这个 R 软件函数:

```
run.test=function(y,cut=0){ if(cut!=0)x=(y>cut)*1 else x=y
N=length(x);k=1;for(i in 1:(N-1))if (x[i]!=x[i+1])k=k+1;r=k;
m=sum(1-x);n=N-m;
P1=function(m,n,k){
      2*choose(m-1,k-1)/choose(m+n,n)*choose(n-1,k-1)}
P2=function(m,n,k){choose(m-1,k-1)*choose(n-1,k)/choose(m+n,n)
            +choose(m-1,k)*choose(n-1,k-1)/choose(m+n,n)}
r2=floor(r/2);if(r2==r/2){pv=0;for(i in 1:r2) pv=pv+P1(m,n,i);
 for(i in 1:(r2-1)) pv=pv+P2(m,n,i)} else {pv=0
 for(i in 1:r2) pv=pv+P1(m,n,i)
 for(i in 1:r2) pv=pv+P2(m,n,i)};if(r2==r/2)
pv1=1-pv+P1(m,n,r2) else pv1=1-pv+P2(m,n,r2);
z=(r-2*m*n/N-1)/sqrt(2*m*n*(2*m*n-m-n)/(m+n)^2/(m+n-1));
ap1=pnorm(z);ap2=1-ap1;tpv=min(pv,pv1)*2;
list(m=m,n=n,N=N,R=r,Exact.pvalue1=pv,
Exact.pvalue2=pv1,Aprox.pvalue1=ap1, Aprox.pvalue2=ap2,
Exact.2sided.pvalue=tpv,Approx.2sided.pvalue=min(ap1,ap2)*2)}
```

还有从下载的软件包 tseries 中 (该软件包需要软件包 quadprog 和 zoo 的支持) 的 runs.test 函数可以进行游程检验, 但仅仅是正态近似. 对于我们的例 2.6, 如果数据在 x 中, 需要用下面的语句:

```
y=factor(sign(x-median(x)));runs.test(y).
```

关于随机性游程检验的 SPSS 程序. 打开 run02.sav, 依次选 Analyze-Nonparametric Tests-Runs, 然后把变量 (这里是 x) 选入 Variable List, 再在下面 Cut Point

选中位数 (Median). 当然, 也可以选其他值, 如均值 (Mean), 众数 (Mode) 或任何你愿意的数目 (放在 Custom). 注意在对前面的由 0 和 1 组成的序列 (run01.sav) 进行随机性检验时, 要选任何 0 和 1 之间的数目 (不包括 0 和 1). 在点 Exact 时打开的对话框中可以选择精确方法 (Exact), Monte Carlo 抽样方法 (Monte Carlo) 或用于大样本的渐近方法 (Asymptotic only). 最后 OK 即可.

第六节 习 题

1. (数据 2.6.1.txt) 根据某县的一项关于乡镇企业工资的调查, 下面是 50 名雇员的月工资按升幂排列的一个样本 (单位: 元):

274 279 290 326 329 341 378 405 436 500 515 541 558 566 618 708 760 867 868
869 888 915 932 942 960 975 976 1014 1025 1095 1118 1166 1193 1194 1243 1277
1304 1327 1343 1398 1407 1409 1417 1467 1477 1512 1530 1623 1710 1921

求该样本所代表的工资总体的中心位置 (中位数 M) 及他们的上下四分位点的 95% 置信区间. 有人认为其中间值应该在 1200 元, 而下四分位点应该不少于 750 元. 请检验这些推测.

2. (数据 2.6.2.txt) 下面是在华外资公司的 35 个职员按升幂排列的 (可纳税) 年收入 (由外币单位换算为人民币元):

80789 86643 103902 105576 106432 107609 122627 125474 130713 133116 143818
144898 145337 153930 153935 165526 170446 177904 178564 182935 185422 194713
200375 206135 237191 248133 271119 279409 299598 316806 323683 341407 371718
379500 385479

点出直方图, 检验其中位数是否等于 200000, 再计算上下四分位点的 95% 置信区间.

3. (数据 2.6.3.txt) 在某保险种类中, 一次关于 1998 年的索赔数额 (单位: 元) 的随机抽样为 (按升幂排列):

4632 4728 5052 5064 5484 6972 7596 9480 14760 15012 18720 21240 22836 52788
67200

已知 1997 年该险种的索赔数额的中位数为 5064 元.

(1) 是否 1998 年索赔的中位数比前一年有所变化? 能否用单边检验回答这个问题?

(2) 利用符号检验来回答 (a) 的问题 (利用精确的和正态近似两种方法).

(3) 找出基于符号检验的 95% 的中位数的置信区间.

4. 利用 Wilcoxon 符号秩检验重复问题 3(把题中的 "符号检验" 换成 "Wilcoxon 检验"). 并找出基于 Walsh 平均的中位数 Hodges-Lehmann 估计. 是否这里的检验需要任何不同于符号检验的假定吗?

5. 利用正态记分检验, 重复问题 3 的检验. 讨论这三个检验所得的结论的异同点.

6. (数据 2.6.6.txt) 下面是某村 1975-2004 年, 每年收入 5000 元以上的户数:

33 32 46 36 40 40 40 36 41 39 43 35 45 39 42

43 47 51 45 45 46 59 47 51 55 42 51 49 69 57

请用 Cox-Stuart 检验来看该村的高于 5000 元的人群是否有增长趋势.

7. (数据 2.6.7.txt) 一个监听装置收到如下的信号:

0 1 0 1 1 1 0 0 1 1 0 0 0 0 1 1 1 1 1 1 1 1 1 0 1 0 0 1 1 1 0 1 0 1 0 1 0 0

0 0 0 0 0 1 0 1 1 0 0 1 1 1 0 1 0 1 0 0 0 1 0 0 1 0 1 0 1 0 0 0 0 0 0 0 0

能否说该信号是纯粹随机干扰?

8. (数据 2.6.8.txt) 一个广告声称其减肥疗法在两个月内可以平均减肥 5kg. 下面是 20 个人接受这种疗法之后两个月所减少的重量 (kg):

4.7 −4.0 1.6 9.4 5.1 −2.2 3.7 9.0 1.5 1.2 4.3 1.9 0.0 7.3 6.6 5.5 −3.1 −0.5 0.9 −3.4

请问有没有证据表明两月减肥 5 公斤这种广告不负责?

9. (数据 2.6.9.txt) 一个住宅小区的夜间噪音长期一直保持在 30dB (分贝). 后来附近有建筑工地施工. 下面是该小区连续 26 天夜间测得的噪声水平 (分贝):

57.9 36.5 43.7 50.9 33.0 52.1 47.7 58.4 30.7 30.5 33.5 41.9 50.6 43.0 38.8 37.4 22.2

25.2 25.7 29.4 26.4 32.8 37.0 40.2 35.3 34.0

请问该建筑工地是否提高了小区夜间噪声水平? 你做了何种假定?

10. (数据 2.6.10.txt) 二氧化硫在空气中最低含量达到 10ppm 时即可使人呼吸道感到不适. 在某街区连续 20 个小时所测的二氧化硫含量为 (单位: ppm):

12.0 8.3 12.3 13.3 13.0 20.1 16.5 11.2 14.2 13.6 8.7 8.8 8.9 15.0 10.4 7.7 9.0 16.4

14.6 14.7

能否说那一天的上呼吸道不适的病人增加和空气中的二氧化硫含量过高有关?

11. (数据 2.6.11.txt) 一个工人加工某零件的尺寸标准应该是 10 cm. 顺序度量了 20 个加工后的零件之后, 得到如下尺寸 (cm):

9.9 8.8 11.3 10.3 10.0 10.5 11.6 9.4 11.9 9.3 9.5 11.7 12.2 9.6 12.8 9.8 10.8 10.9 11.1 10.7

请问零件的尺寸变化是否是随机因素产生的？有没有尺寸增加的趋势？是否有中位数大于 10cm 的可能？

12. (数据 2.6.12.txt) 一个大工厂的管理人员在随机抽样中发现 20 个雇员的年请假天数为：

10.5 30.0 4.0 3.0 36.5 22.5 25.5 19.0 23.0 40.5 25.0 5.5 12.5 0.5 30.5 26.0 5.5 9.5 34.5 19.5

而以前估计的请假天数的中位数为 13 天. 问现在雇员们是否比原来请假的天数多了？用非参数假设检验证你的说法. 你是否用对称性假定？这种假定是否合理？如果假定不成立，你换用什么检验？

13. (数据 2.6.13.txt) 一个气功师声称能治疗高血压. 在 30 个试验者受到其治疗后的收缩压和以前相比减少的数目 (单位: 毫米汞柱, 负数为增加) 为：

−66 −26 35 34 −61 32 −19 −67 −23 12 10 −9 −4 −70 −56 −12 13 7 30 25 −31 33 −13 20 −6 27 −20 −69 −25 39

请问该气功师的治疗是否有效？

14. (数据 2.6.14.txt) 美国商务部发表的 1970 年到 1983 年的汽车形式年平均里程 (单位: 千英里) 为：

轿车	9.8	9.9	10.0	9.8	9.2	9.4	9.5
卡车	11.5	11.5	12.2	11.5	10.9	10.6	11.1
轿车	9.6	9.8	9.3	8.9	8.7	9.2	9.3
卡车	11.1	11.0	10.8	11.4	12.3	11.2	11.2

请对每一种车型检验是否有单调的倾向.

15. (数据 2.6.15.txt) 某自选商场的失窃金额在 12 个月的逐月记录为 (万元)：

3.67 10.56 7.07 20.86 11.33 14.37 12.69 11.96 8.16 16.52 11.58 13.50

请检验是否失窃值如其经理向董事会所说的平均 10 万元以下.

16. (数据 2.6.16.txt) 在白令海所捕捉的 12 岁的某种鱼的长度 (cm) 样本为：

长度 (cm)	64	65	66	67	68	69	70	71	72	73	74	75	77	78	83
数目	1	2	1	1	4	3	4	5	3	3	0	1	6	1	1

请为 12 岁的这种鱼的长度的中位数找到 95% 置信区间.

17. (数据 2.6.17.txt) 某烟厂称其每枝香烟的尼古丁含量在 12 毫克以下. 实验室测定的该烟厂的 12 枝香烟的尼古丁含量分别为 (单位: 毫克):

16.7 17.7 14.1 11.4 13.4 10.5 13.6 11.6 12.0 12.6 11.7 13.7

是否该烟厂所说的尼古丁含量比实际要少?

18. 把 Cox-Stuart 趋势检验的程序 (课文仅给出一些语句) 用 R 语言写成一个完整的检验函数.

19. 仿照书上所给出的样本量 $n = 3$ 时 Wilcoxon 符号秩检验统计量在零假设下的精确密度分布的推导, 给出 $n = 4$ 时 Wilcoxon 符号秩检验统计量的精确密度分布.

第三章 两样本位置检验

在单样本的位置检验问题中, 人们想要检验的是总体的某个分位数是否等于一个已知的值. 在两样本的位置检验问题中, 人们往往假设两样本的总体分布形状类似, 关心比较两个总体的位置参数的大小, 比如, 两种训练方法中哪一种更出成绩, 两种汽油中哪一种污染更少, 两种市场营销策略中哪种更有效等等. 先看一个数据例子.

例 3.1 (数据 salary.txt, salary.sav) 我国两个地区一些 (分别为 17 个和 15 个) 城镇职工的工资 (元):

地区 1: 6864 7304 7477 7779 7895 8348 8461 9553 9919 10073 10270 11581 13472 13600 13962 15019 17244
地区 2: 10276 10533 10633 10837 11209 11393 11864 12040 12642 12675 13199 13683 14049 14061 16079

人们想要知道这两个地区城镇职工工资的中位数是否一样. 这就是检验两个独立总体的位置参数是否相等的问题.

如果记两个独立总体的随机样本分别为 $X_1, X_2, \cdots, X_m$ 和 $Y_1, Y_2, \cdots, Y_n$. 我们的问题归结为检验它们总体的均值 (或中位数) 的差是否等于零, 或是否等于某个已知值. 换言之, 即检验

$$H_0 : \mu_1 - \mu_2 = D_0; H_1 : \mu_1 - \mu_2 \neq D_0,$$

单边备择 $H_1 : \mu_1 - \mu_2 > D_0$ 或 $H_1 : \mu_1 - \mu_2 < D_0$. 在 $D_0 = 0$ 时, 假设检验问题为

$$H_0 : \mu_1 = \mu_2; H_1 : \mu_1 \neq \mu_2,$$

单边备择 $H_1 : \mu_1 > \mu_2$ 或 $H_1 : \mu_1 < \mu_2$.

在两个总体都是正态分布的假定之下, 这种问题通常用 t 检验. 在两个总体方差大致相同的假定下, 检验统计量为

$$t = \frac{(\bar{x} - \bar{y}) - D_0}{s\sqrt{\frac{1}{m} + \frac{1}{n}}},$$

这里

$$s^2 = \frac{\sum_{i=1}^{m}(x_i - \bar{x})^2 + \sum_{j=1}^{n}(y_j - \bar{y})^2}{m + n - 2}.$$

在零假设下, 它有自由度为 $(m + n - 2)$ 的 t 分布, 并可由此作所需要的检验. 在总体分布不是正态时, t 检验并不稳健, 应用 t 检验就可能有风险, 因此可以考虑使用本章将介绍的非参数方法. 本章 3.4 节和 3.5 节是配对数据的位置检验问题, 最后一节介绍了度量两个评估结果一致性的指标.

第一节　两样本和多样本的 Brown-Mood 中位数检验

首先通过例 3.1 来介绍一个简单的非参数检验, 称为 Brown-Mood 中位数检验 (Brown and Mood, 1948).

图 3.1 的三个盒子图 (从左到右) 分别代表了例 3.1 的地区 1 和地区 2 的样本 (分别为 17 个和 15 个观测值), 以及两个样本混合起来的 32 个观测值的数据的盒子图.

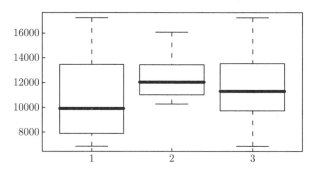

Figure 3.1　工资的盒子图 (从左到右分别代表了地区 1 样本, 地区 2 样本和混合样本的数据).

令地区 1 样本数据的中位数为 M_X, 而地区 2 的为 M_Y. 零假设为 $H_0 : M_X = M_Y$, 而备选假设为 $H_1 : M_X < M_Y$. 显然, 在零假设下, 中位数如果一样的话, 它们共同的中位数, 即这 32(15+17) 个数的样本中位数 (记为 M_{XY}) 应该对于每一列数据来说都处于中间位置. 也就是说, 在 $X_1, X_2, \cdots, X_{17}$ 或在 $Y_1, Y_2, \cdots, Y_{15}$ 的两个样本中, 大于或小于 M_{XY} 的应该大体一样. 容易算得 $M_{XY} = 11301$. 在用两个样本和 M_{XY} 比较之后得到各个样本中大于和小于它的数目 (见下表).

	X 样本	Y 样本	总和
观测值大于 M_{XY} 的数目	$a = 6$	$b = 10$	$t = a + b = 16$
观测值小于 M_{XY} 的数目	$m - a = 11$	$n - b = 5$	$N - t = 16$
总和	$m = 17$	$n = 15$	$N = m + n = 32$

这里如果有和 M_{XY} 相同的观测值, 可以去掉它, 也可以随机地把这些相等的值放到大于或小于 M_{XY} 的群中以使得检验略微保守一些 (一些软件, 例如 SPSS 的默认选项是把 "小于等于" 代替上表中的 "小于").

令 A 表示列联表中左上角取值 a 的 X 样本中大于 M_{XY} 的变量. 在 m, n 及 t 固定时, A 的分布在零假设下为超几何分布 (对于不超过 m 的 k)

$$P(A = k) = \frac{\binom{m}{k}\binom{n}{t-k}}{\binom{m+n}{t}}.$$

现在可以用上面 A 的分布, 直接进行前面所提的单边检验 ($H_1 : M_X > M_Y$). 在给定 m, n 和 t 时, 当 A 的值 a 太大或太小时, 就应怀疑零假设. 下表列出了 Brown-Mood 中位数检验的基本内容.

零假设: H_0	备选假设: H_1	p 值
$H_0 : M_X = M_Y$	$H_1 : M_X > M_Y$	$P(A \geqslant a)$
$H_0 : M_X = M_Y$	$H_1 : M_X < M_Y$	$P(A \leqslant a)$
$H_0 : M_X = M_Y$	$H_1 : M_X \neq M_Y$	$2\min(P(A \leqslant a), P(A \geqslant a))$

对水平 α, 如果 p 值 $\leqslant \alpha$, 拒绝 H_0, 否则不能拒绝

注: 在 $m \neq n$ 时因 A 不对称, 双边检验结果不那么理想.

由于边际固定后 2×2 表中 4 个数只有一个自由度, a 较大等价于 $m - a$ 较小, b 较大等价于 $n - b$ 较小. 也就是说, 用 $a, b, m - a, n - b$ 的任何一个数目都可以根据超几何分布语句得到 p 值. 即

$$p值 = P(H \leqslant a) = P(H \geqslant m - a) = P(H \geqslant b) = P(H \leqslant n - b),$$

这里 H 表示相应的超几何分布变量.

如果用 R 软件, 有下面的对应语句:

对于例 3.1, 表中的 R 语句为 phyper(6,17,15,16); 1-phyper(10,17,15,16); 1-phyper(9,15,17,16); phyper(5,15,17,16); 它们的 p 值均为 0.07780674.

分布公式	R 软件的超几何分布语句
$P(H \leqslant a) = \sum_{k=1}^{a} \binom{m}{k}\binom{n}{t-k} / \binom{m+n}{t}$	`phyper(a,m,n,a+b)`
$P(H \geqslant m-a) = \sum_{k=m-a}^{m} \binom{m}{k}\binom{n}{t-k} / \binom{m+n}{t}$	`1-phyper(m-a-1,m,n,N-(a+b))`
$P(H \geqslant b) = \sum_{k=b}^{n} \binom{n}{k}\binom{m}{t-k} / \binom{m+n}{t}$	`1-phyper(b-1,n,m,a+b)`
$P(H \leqslant n-b) = \sum_{k=1}^{n-b} \binom{n}{k}\binom{m}{t-k} / \binom{m+n}{t}$	`phyper(n-b,n,m,N-(a+b))`

注意: 后两个公式每项的 m, n 是前面公式 m, n 的对调.

如果用 C 表示上面表中的矩阵

$$C = \begin{bmatrix} a & b \\ m-a & n-b \end{bmatrix} = \begin{bmatrix} 6 & 10 \\ 11 & 5 \end{bmatrix},$$

也可以用 R 软件的函数 `fisher.test(C,alt="less")` 得到和上面同样的 p 值.

在零假设下, 在大样本时, 可以从超几何分布的均值和标准差的表达式来得到正态近似统计量 (包括连续性修正) 为

$$Z = \frac{A \pm 0.5 - mt/N}{\sqrt{mnt(N-t)/N^3}} \sim N(0,1).$$

研究表明, 该近似在 $\min(m,n) \geqslant 12$ 时相当精确. 对大样本正态近似, 例 3.1 的 R 语句为 `pnorm((6+.5-17*16/32)/sqrt(17*15*16*(32-16)/32^3))` 计算机输出为 0.07824383.

对于双边备择检验 ($H_1: M_X \neq M_Y$), 在大样本情况, 可用检验统计量

$$K = \frac{(2a-m)^2(m+n)}{mn} \sim \chi^2(1).$$

对例 3.1 数据, 用 R 语言 `(2*6-17)^2*(17+15)/17/15`, 得到 $K = 3.137255$, 对应的 p 值为 `1-pchisq(3.137255,1)=0.0765225`.

本节软件的注

关于 Brown-Mood 检验的 R 程序. 直接利用超几何分布函数来求 p 值. 比如 (利用前面 2×2 表的符号), 对于单边检验 $H_0: M_X = M_Y; H_1: M_X < M_Y$, 用命令 `phyper(a,m,n,a+b)`, 对于单边检验 $H_0: M_X = M_Y; H_1: M_X > M_Y$, 用命令 `phyper(b,n,m,a+b)`.

但如果有前面的矩阵 C, 对于单边检验 $H_0: M_X = M_Y; H_1: M_X < M_Y$, 用现成的语句 `fisher.test(C,alt="less")` 来得到结果; 而对于单边检验 $H_0: M_X =$

$M_Y; H_1 : M_X > M_Y$, 则用语句 `fisher.test(C,alt="greater")` 来得到结果. 就例 3.1 来说, 可用以下程序:

```
z=read.table("D:/data/salary.txt")
k=unique(z[,2]);m=median(z[,1]);m1=NULL;m2=NULL
for(i in k){m1=c(m1,sum(z[z[,2]==i,1]>m));
m2=c(m2,sum(z[z[,2]==i,1]<=m))}
C=rbind(m1,m2)
```

关于 Brown-Mood 检验的 SPSS 程序. 打开 salary.sav, 依顺序点击 Analyze-Nonparametric Tests-K Independent Samples, 然后把变量 (这里是 "salary") 选入 Test Variable List, 再把数据中用 1、2 来分类的变量 area 输入 Grouping Variable, 在 Define Groups 输入 1、2, 然后在 Test Type 选中 Median, 点击 Exact, 选择精确方法 (Exact), Monte Carlo 抽样方法 (Monte Carlo) 或用于大样本的渐近方法 (Asymptotic only), 最后 OK 即可.

关于 Brown-Mood 中位数检验的 SAS 程序. 可以使用下面程序:

```
data house;infile "D:/data/salary.txt";input salary area$;run;
proc npar1way Median;var salary;class area;run;
```

第二节 Wilcoxon(Mann-Whitney) 秩和检验及有关置信区间

一、Wilcoxon(Mann-Whitney) 秩和检验

在前一节的例子中, 在比较两总体中位数的检验时, 只分别利用了各组样本大于或小于混合样本的中位数的数目. 这如单样本时的符号检验一样, 失去了两样本具体观测值之间距离大小信息. 本节的检验思路类似于单样本的 Wilcoxon 符号秩检验, 也想利用更多的关于样本点相对大小的信息. 注意, 这里假定两总体分布有类似形状, 但并不需要对称.

本节的零假设为

$$H_0 : M_X = M_Y (\text{这两个样本所代表的总体的中位数一样})$$

不失一般性, 按例 3.1, 备择假设为 $H_1 : M_X > M_Y$.

在给出检验统计量之前, 先把样本 $X_1, X_2, \cdots, X_m$ 和 $Y_1, Y_2, \cdots, Y_n$ 混合起来, 并把这 $N(= m + n)$ 个数按照从小到大排列起来. 这样每一个 Y 观测值在混合排

列中都有自己的秩. 令 $R_i(i = 1, 2, \cdots, n)$ 为 Y_i 在这 N 个数中的秩. 显然, 如果这些秩的和

$$W_Y = \sum_{i=1}^{n} R_i$$

很小, 则 Y 样本的值偏小, 可以怀疑零假设. 同样, 对于 X 样本也可以得到其样本点在混合样本中的秩之和 W_X. 人们称 W_Y 或 W_X 为 Wilcoxon 秩和统计量 (Wilcoxon rank-sum statistics), 见 Wilcoxon(1945).

另外, 如果令 W_{XY} 为把所有的 X 观测值和 Y 观测值做比较之后, Y 观测值大于 X 观测值的个数, 即

W_{XY} 等于在所有可能的对子 (x_i, y_j) 中, 满足 $x_i < y_j$ 的对子的个数

(这在 R 中可以用命令 sum(outer(y,x,"-")>0) 得到), 那么 W_{XY} 称为 Mann-Whitney 统计量, 见 Mann 和 Whitney(1947).

由于 W_{XY} 和 W_Y 满足关系

$$W_Y = W_{XY} + \frac{1}{2}n(n + 1).$$

类似地, 可以定义 W_X 和 W_{YX}, 并且有

$$W_X = W_{YX} + \frac{1}{2}m(m + 1),$$

$$W_{XY} + W_{YX} = nm.$$

因此, 这两个统计量等价, 也被统称为 Mann-Whitney-Wilcoxon 或 Wilcoxon 秩和统计量.

就上面的零假设和备选假设 $(H_0 : M_X = M_Y; H_1 : M_X > M_Y)$ 来说, 当 W_{XY} 很小 (W_Y 小) 时可怀疑零假设. 类似地, 对于 $H_0 : M_X = M_Y; H_1 : M_X < M_Y$, 当 W_{XY} 很大 (W_Y 大) 时可怀疑零假设.

下面列出关于统计量 R_i 的一些性质, 它们的证明很简单, 留给有兴趣的读者去作. 在零假设下, 有

$$P(R_i = k) = \frac{1}{N}, \ k = 1, 2, \cdots, N; i = 1, 2, \cdots, n;$$

$$P(R_i = k, R_j = l) = \begin{cases} \dfrac{1}{N(N-1)} & k \neq l; \\ 0 & k = l. \end{cases}$$

由此可以很容易得到

$$\mathrm{E}(R_i) = \frac{N+1}{2}, \quad \mathrm{Var}(R_i) = \frac{N^2-1}{12}, \quad \mathrm{Cov}(R_i, R_j) = -\frac{N+1}{12}, \ (i \neq j),$$

并因 $W_Y = \sum_{i=1}^{n} R_i$ 以及 $W_Y = W_{XY} + n(n+1)/2$ 有

$$\mathrm{E}(W_Y) = \frac{n(N+1)}{2}, \quad \mathrm{Var}(W_Y) = \frac{mn(N+1)}{12}$$

及

$$\mathrm{E}(W_{XY}) = \frac{mn}{2}, \quad \mathrm{Var}(W_{XY}) = \frac{mn(N+1)}{12}.$$

这些公式是给出 Wilcoxon 秩和统计量的大样本标准渐近分布的基础, 作为练习, 读者可以自己验证这些结果.

为了展示如何计算 W_Y 和 W_{XY} 的精确概率分布, 下面以 $m = n = 2$ 情况为例. 这时, $N(= m + n = 4)$ 个混合样本各个点的可能的秩为 1,2,3,4, Y 的秩选定后, 剩下的是 X 的秩. Y 的秩的选法共有 $6 = \binom{4}{2}$ 种可能的次序组合, $(1,2),(1,3),(1,4),(2,3),(2,4),(3,4)$. 下表列出这 6 种不同的组合并给出它们的 W_Y 及 W_{XY} 的值和取这些值的概率:

秩	X 和 Y 的 6 种组合					
1	Y	Y	Y	X	X	X
2	Y	X	X	Y	Y	X
3	X	Y	X	Y	X	Y
4	X	X	Y	X	Y	Y
Y 的秩	(1,2)	(1,3)	(1,4)	(2,3)	(2,4)	(3,4)
W_{XY}	0	1	2	2	3	4
W_{YX}	4	3	2	2	1	0
W_Y	3	4	5	5	6	7
W_X	7	6	5	5	4	3
概率	$\frac{1}{6}$	$\frac{1}{6}$	$\frac{2}{6}$		$\frac{1}{6}$	$\frac{1}{6}$

这里由于 $W_{XY} = W_{YX} = 2$ 的情况出现了两次, 因此相应的概率为 $\frac{2}{6}$. 还有, W_{XY} 和 W_{YX} 的取值范围均为从 0 到 mn 的整数, 而且有相同的对称密度分布.

为了直观展示统计量 W_{XY}(或 W_{YX}) 的精确密度分布函数随样本量的变化情况, 下面给出当 $(m, n) = (2, 2), (2, 3), (3, 2), (17, 15)$, 四种情况的密度分布图 (见图 3.2). 从这四个图可以看出 Wilcoxon 秩和检验统计量的精确密度分布具有对称性且当样本量比较大时比较象正态密度. 右下角是例 3.1 情况 Wilcoxon 符号秩检验统计量的精确密度分布.

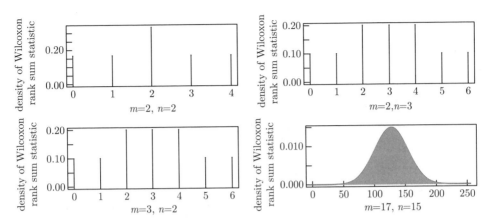

Figure 3.2 Wilcoxon 秩和检验统计量的密度分布图.

为了加深印象, 读者可以自己写出模仿前面的表格方法, 给出 $m = 2, n = 3$ 或 $m = 3, n = 2$ 情况的 Wilcoxon 秩和检验统计量的精确密度分布. 当然, 这种表格方法在样本大时不方便实现, 可以使用下面介绍的递推算法.

记 $\overline{P}_{m,n}(k)$ 为 $(W_{XY} = k)$ 可能出现的次数, 由上表可得 $\overline{P}_{2,2}(0) = \overline{P}_{2,2}(1) = 1, \overline{P}_{2,2}(2) = 2$ 等等. 而相应的概率值 (上表的最后一行) 则为 $P(W_{XY} = k) = \overline{P}_{2,2}(k)/\binom{4}{2}$. 当 N 大时, 对于给定的 k, 很容易按下面的递推公式来算 $\overline{P}_{m,n}(k)$:

$$\overline{P}_{m,n}(k) = \overline{P}_{m,n-1}(k-m) + \overline{P}_{m-1,n}(k),$$

这里的初始值定义为当 $k < 0$ 时, $\overline{P}_{m,n}(k) = 0$, 及

$$\overline{P}_{i,0}(k) \text{ 和 } \overline{P}_{0,j}(k) \ = \ \begin{cases} 1 & \text{如果 } k = 0; \\ 0 & \text{如果 } k \neq 0. \end{cases}$$

上面关于 $\overline{P}_{m,n}(k)$ 的公式很容易从上面的表格直接得到. 在样本大小为 m, n 时, $W_{XY} = k$ 只可能有下面两种来源: (1) 上类表中样本大小为 $m, n-1$ 时, 由 $W_{XY} = k - m$ 的列加上 Y 结尾产生, 因为 Y 结尾将使 W_{XY} 增加 m; (2) 上类表中样本大小为 $m - 1, n$ 时, 由 $W_{XY} = k$ 的列加上 X 结尾产生, 因为 X 结尾将不增加 W_{XY} 的值. 从这些公式可以得到关于零假设下概率 $P_{m,n}(k) \equiv P_{H_0}(W_{XY} = k)$ 的递推表达式. 在推导时只需利用上面关于 $\overline{P}_{m,n}(k)$ 的递推公式, 并利用关系

$$P_{m,n}(k) = \frac{\overline{P}_{m,n}(k)}{\binom{m+n}{m}}$$

即可. 这些递推概率公式为:

$$P_{m,n}(k) = \frac{n}{m+n}P_{m,n-1}(k-m) + \frac{m}{m+n}P_{m-1,n}(k),$$

由此, 很容易利用一个很短的计算机程序算出 W_{XY} 的分布. 有兴趣的读者可以试着编一下这样的程序, 看和软件 (或从分布表) 得到的是否一样.

当然, 一般统计软件包都是如此计算 W_{XY} 分布 (及 p 值) 的. 对 W_{XY} 也有表可查, 一些表中给出的是 (在 α, m, n 给定时) 关系 $P(W_{XY} \leqslant W_\alpha) = \alpha$ 中的临界值 W_α. 也有些表给出累积分布. 但表有局限性, 从表中不能对任意的 m, n, W_{XY} 得到 p 值. 在检验时, 通常选取 W_{XY} 和 W_{YX} 之中小的那个作为检验统计量: $W = \min(W_{XY}, W_{YX})$, 并决定备选假设的方向. 这样决定的统计量也适合于查表.

在 R 软件中, 提供了给定 m, n 和 w 的累积分布 $P(W \leqslant w)$, 相应的命令是 pwilcox(w,m,n). 注意这个分布函数对于 m 和 n 是对称的, 即把 m 和 n 对调后的命令 pwilcox(w,n,m) 和命令 pwilcox(w,m,n) 等价. 而求 W_{XY} 的命令为 sum(outer(y,x,"-")>0); 求 W_{YX} 的命令为 sum(outer(x,y,"-")>0). 当然, 在 R 中可以直接用函数 wilcox.test 来检验零假设 $H_0(M_X = M_Y)$ 和相应备择假设. 当备选假设为 $H_1 : M_X > M_Y$ 时, 用 wilcox.test(x,y,alt="greater"); 当备选假设为 $H_1 : M_X < M_Y$ 时, 用 wilcox.test(x,y,alt="less"); 当备选假设为 $H_1 : M_X \neq M_Y$ 时, 用 wilcox.test(x,y).

在大样本时, 可以用正态分布近似. 按前面的均值和方差的表达式 $E(W_{XY})$ 和 $Var(W_{XY})$, 在零假设下有

$$Z = \frac{W_{XY} - mn/2}{\sqrt{mn(N+1)/12}} \longrightarrow N(0,1).$$

因为 W_{XY} 和 W_Y 只差一个常数, 所以也可以用正态近似

$$Z = \frac{W_Y - n(N+1)/2}{\sqrt{mn(N+1)/12}} \longrightarrow N(0,1).$$

和在 Wilcoxon 符号秩检验时一样, 可能存在打结的情况, 此时大样本近似用

$$Z = \frac{W_{XY} - mn/2}{\sqrt{\frac{mn(N+1)}{12} - \frac{mn(\sum_{i=1}^g \tau_i^3 - \sum_{i=1}^g \tau_i)}{12(m+n)(m+n-1)}}} \longrightarrow N(0,1),$$

这里的 τ_i 为结统计量, 而 g 为结的个数 (见第二章). 值得一提的是, 尽管连续变量无打结 (tie), 但观测数据因四舍五入后极易造成打结. 一般统计软件包对于打结的情况只给出正态近似的 p 值.

现在考虑上一节的例 3.1(数据 salary.txt) 的中位数的比较问题. 假设检验问题为 $H_0 : M_X = M_Y; H_1 : M_X < M_Y$. X(地区 1) 样本 ($m = 17$) 的数据和它们在混合样本中的秩为:

X	6864	7304	7477	7779	7895	8348	8461	9553	9919	10073	10270
秩	1	2	3	4	5	6	7	8	9	10	11
X	11581	13472	13600	13962	15019	17244					
秩	18	24	25	27	30	32					

而 Y(地区 2) 样本 ($n = 15$) 的数据和它们在混合样本中的秩为:

Y	10276	10533	10633	10837	11209	11393	11864	12040	12642	12675
秩	12	13	14	15	16	17	19	20	21	22
Y	13199	13683	14049	14061	16079					
秩	23	26	28	29	31					

按前面公式易得 $W_Y = 306, W_X = 222, W_{XY} = 186, W_{YX} = 69$. 在 R 环境中用 Wilcoxon 秩和分布函数 pwilcox(69,15,17) 或用两样本 Wilcoxon 秩和检验函数 wilcox.test(x,y,alt="less") 得到 p 值为 0.0135. 因此, 对于高于 0.015 的置信水平都可以拒绝零假设. 用上一节的 Brown-Mood 检验方法得到 p 值为 0.0778, 这说明 Wilcoxon 秩和检验利用了更多的信息而形成的优越性.

另外, 对于单边备择 $H_1 : M_X < M_Y$, 如果用上面的正态 (加上连续改正量) 近似, 用 wilcox.test(x,y,exact=F,alt="less") 得到单边 p 值为 0.0143; 如果不做连续修正, 可以用 wilcox.test(x,y,exact=F,alt="less",cor=F) 得到单边 p 值为 0.0136. 对于双边备择检验 $H_1 : M_X \neq M_Y$, 由两样本 Wilcoxon 秩和检验函数 wilcox.test(x,y) 得到 p 值为 0.0270, 是单边检验的两倍.

关于 Wilcoxon 秩和检验 (Mann-Whitney 检验), 总结如下:

零假设: H_0	备选假设: H_1	检验统计量 (K)	$p-$ 值
$H_0 : M_X = M_Y$	$H_1 : M_X > M_Y$	W_{XY} 或 W_Y	$P(K \leqslant k)$
$H_0 : M_X = M_Y$	$H_1 : M_X < M_Y$	W_{YX} 或 W_X	$P(K \leqslant k)$
$H_0 : M_X = M_Y$	$H_1 : M_X \neq M_Y$	$\min(W_{YX}, W_{XY})$ 或 $\min(W_X, W_Y)$	$2P(K \leqslant k)$

大样本时, 用上述近似正态统计量计算 p 值

需要说明的是, 这里看上去是按照备选假设的方向选 W_X 或 W_Y 作为检验统计量. 实际操作中备选假设往往根据实际观察 W_X 和 W_Y 的大小来确定. 如果 W_Y

小于 W_X, 备选假设为 $H_1: M_X > M_Y$, 选 W_Y(或 W_{XY}) 作为检验统计量, 会使计算或查表 (表只有一个方向) 方便些.

二、 $M_X - M_Y$ 的点估计和区间估计

差 $\Delta \equiv M_X - M_Y$ 的点估计很简单. 只要把 X 和 Y 观测值的所有可能配对相减 (共有 mn 对), 然后求它们的中位数即可. 就例 3.1 数据来说, 差 $M_X - M_Y$ 的点估计为 -2479. 这可以用 R 语句 median(outer(x,y,"-")) 得到.

如果想求 $\Delta = M_X - M_Y$ 的 $(1-\alpha)$ 置信区间, 可以按照下面步骤来做: (1) 得到所有 $N = mn$ 个差 $X_i - Y_j$; (2) 记按升幂次序排列的这些差为 $D_1, D_2, \cdots, D_N$. (3) 从表中查出 $W_{\alpha/2}$, 它满足 $P(W_{XY} \leqslant W_{\alpha/2}) = \alpha/2$. 则所要的置信区间为 $(D_{W_{\alpha/2}}, D_{mn+1-W_{\alpha/2}})$. 当然可以不查表而利用 R 语句. 如果 $\alpha/2 = 0.025$, 则 R 语句为 qwilcox(0.025,m,n), 可得到 $W_{\alpha/2}$. 对于例 3.1 数据, $mn = 17 \times 15 = 255$. 如需要计算 Δ 的 95% 置信区间, 可以用 R 语句 D=sort(as.vector(outer(x,y,"-"))) 得到 mn 个 X 和 Y 观测值之差组成的向量 (用 D 表示其升幂排列). 然后用 qwilcox(0.025,17,15) 得到 $W_{\alpha/2} = 76$, 于是所求区间为 $(D_{W_{\alpha/2}}, D_{mn+1-W_{\alpha/2}}) = (D_{76}, D_{255+1-76}) = (D_{76}, D_{180}) = (-3916, -263)$. 即区间 (-3916,-263) 为所求的 $\Delta = M_X - M_Y$ 的 95% 置信区间.

本节软件的注

关于 **Wilcoxon(Mann-Whitney)** 秩和检验的 **R** 程序. 已经写入文中.

关于 **Wilcoxon(Mann-Whitney)** 秩和检验的 **SPSS** 程序. 打开 salary.sav. 依次点击 Analyze-Nonparametric Tests-2 Independent Samples. 然后把 salary 选入 Test Variable List, 再把数据中用 1 和 2 分类的变量 area 输入进 Grouping Variable, 在 Define Groups 输入 1 和 2. 然后在下面 Test Type 选中 Mann-Whitney. 在点 Exact 时打开的对话框中可以选择精确方法 (Exact), Monte Carlo 抽样方法 (Monte Carlo) 或用于大样本的渐近方法 (Asymptotic only). 最后 OK 即可.

关于 **Wilcoxon(Mann-Whitney)** 秩和检验的 **SAS** 程序. 可用下面程序:

```
data gdp;infile "D:/data/salary.txt";input salary Area$;run;

proc npar1way median VW wilcoxon;var salary;class area;run;
```

这里的选项 median 为中位数检验, VW 为 Van der Waerden 检验, wilcoxon 为 Wilcoxon 检验. 这里没有精确检验, 只有两种 Wilcoxon 的近似, 由于近似方法不同, 结果和 SPSS 的稍有出入 (但在大样本的意义下是等价的).

第三节 正态记分检验*

前面讲过, 在许多秩统计量中, 秩可以用正态记分代替而产生各种正态记分统计量. 如同在单样本的检验情况一样, 在两样本时也有和 Wilcoxon 秩和检验平行的正态记分 (normal score) 检验. 假定两样本 $X_1, X_2, \cdots, X_m$ 和 $Y_1, Y_2, \cdots, Y_n$ 分别来自中心为 M_X 和 M_Y 的总体. 零假设为 $H_0 : M_X = M_Y$, 备选假设为单边或双边的. 首先把两个样本混合起来, 并按升幂排列. 再把每一个观测值在混合样本中的秩 r 替换为第 $r/(m+n+1)$ 个标准正态分位点 (正态记分) $w_i = \Phi^{-1}[i/(m+n+1)]$, $i = 1, 2, \cdots, (n+m)$. 然后, 计算某一个样本 (哪一个都可以) 的总正态记分 T 和 $S^2 = (mn \sum_i^{m+n} w_i^2)/((m+n-1)(m+n))$, 再利用下面正态近似进行假设检验.

$$Z = T/S \to N(0,1)$$

对于例 3.1 数据, 并通过表来说明正态记分检验的过程.

GDP	地区 (1,2)	秩	记分 w_i	GDP	地区 (1,2)	秩	记分 w_i
6864	1	1	-1.876	11393	2	17	0.038
7304	1	2	-1.550	11581	1	18	0.114
7477	1	3	-1.335	11864	2	19	0.191
7779	1	4	-1.169	12040	2	20	0.269
7895	1	5	-1.030	12642	2	21	0.349
8348	1	6	-0.908	12675	2	22	0.431
8461	1	7	-0.799	13199	2	23	0.516
9553	1	8	-0.699	13472	1	24	0.605
9919	1	9	-0.605	13600	1	25	0.699
10073	1	10	-0.516	13683	2	26	0.799
10270	1	11	-0.431	13962	1	27	0.908
10276	2	12	-0.349	14049	2	28	1.030
10533	2	13	-0.269	14061	2	29	1.169
10633	2	14	-0.191	15019	1	30	1.335
10837	2	15	-0.114	16079	2	31	1.550
11209	2	16	-0.038	17244	1	32	1.876

表中第一列为两样本的混合 (按升幂排列); 第二列为区分沿海和内地的标记 (1 为沿海, 2 为内地); 第三列为观测值在混合样本中的秩; 最后一列为相应的正态记分. 表个结果可由下面 R 语句得到 (这里 $m = 17, n = 15$):

```
w=cbind(c(x,y),c(rep(1,17),rep(2,15)));w=w[order(w[,1]),]
w=cbind(w,1:32,qnorm((1:32)/(17+15+1)))
```

把标记为 1 的正态记分相加得到 $T = -5.3799$(利用刚才得到的矩阵 w). 如对标记为 2 的正态记分相加则得 5.3799. 求最后一列的平方和为 $\sum_i w_i^2 = 26.2921$. 最后得到 $Z = -2.0694, p$ 值等于 $\Phi(Z) = 0.0193$. 因此, 可以在检验 $H_0 : M_X = M_Y; H_1 : M_X < M_Y$ 时, 对于水平 $\alpha = 0.05$ 拒绝零假设.

下表列出了上述正态记分 (NS) 相对于 Wilcoxon 秩和检验 (W) 对于不同总体分布的 ARE.

总体分布	均匀	正态	Logistic	重指数	Cauchy
$ARE(NS,W)$	$+\infty$	1.047	0.955	0.847	0.708

这个结果和单样本情况完全一致.

本节软件的注

文中在得到 w 矩阵 (即上表) 之后, 计算正态记分相应的 R 语句总结:

计算目标	R 语句
T	T=sum(w[w[,2]==1,4])
$\sum_{i=1}^{m+n} w_i^2$	w2=sum(w[,4]^2)
S	S=sqrt(m*n*w2/(m+n-1)/(m+n))
$Z = T/S$	Z=T/S
p 值 $= \Phi(Z)$	pnorm(Z)

在 SPSS 和 SAS 中没有找到相应的简单选项或程序语句进行计算.

第四节   成对数据的检验

在实际生活中, 人们常常要比较成对数据. 例如, 某鞋厂要比较两种材料的耐磨性. 如果让两组不同的人来试验, 会因个体的行为差异很大导致影响比较的公平性. 但如果让每一个人的两只鞋随机分别用两种材料做成, 那么这两只鞋的使用条件就很类似了. 还有, 在试验降压药时, 也只能比较每个患者自己在用药前和用药后的血压之差, 不同患者之间的比较是没有意义的. 因此, 成对数据满足下面的条件: (1) 每一对数据或者来自同一个或者可比较的类似的对象; (2) 对和对之间是独立的; (3) 都是连续变量.

如果 M_D 为对子之间的差的中位数, 则零假设为 $H_0 : M_D = M_{D0}$, 单边备择假设为 $H_1 : M_D > M_{D0}$(或 $H_1 : M_D < M_{D0}$). 下面看关于一种降压方法效果的数

据例子.

例 3.2 (数据:bp.txt, bp.sav) 有 10 个病人在进行了某种药物治疗的前后的血压 (单位: 毫米汞柱收缩压) 为:

X_i	147	140	142	148	169	170	161	144	171	161
Y_i	128	129	147	152	156	150	137	132	178	128
$D_i = X_i - Y_i$	19	11	-5	-4	13	20	24	12	-7	33

这里要检验的是 D_i 的中位数 M_D 是否大于 $M_{D0} = 0$. 相当于单样本位置参数的检验, 因此只需利用符号检验或 Wilcoxon 符号秩检验即可. 就本例子而言. 因为 X 观测值看来比 Y 的要大, 应检验 $H_0:\ M_D \leqslant 0; H_1:\ M_D > 0$. 这里先利用 Wilcoxon 符号秩检验, 下表给出了上面 D_i, 它们的符号及相应的秩.

$D_i = X_i - Y_i$	19	11	-5	-4	13	20	24	12	-7	33
D_i 的符号	+	+	$-$	$-$	+	+	+	+	$-$	+
$\|D_i\|$ 的秩	7	4	2	1	6	8	9	5	3	10

容易算出, 正符号的秩之和为 $W^+ = 49$, 而负符号的秩之和为 $W^- = 6$. 可以选检验统计量 $W = W^-$, 得出 p 值为 0.01367. 也就是可以在显著性水平 $\alpha > 0.014$ 时拒绝零假设. 在用正态近似时 (利用连续改正量), 得到 p 值为 0.0162. 虽然样本不大, 但是对此例, 两个结果差得不太多. 如果用符号检验, $s^- = 3, P(S^- \leqslant 3) = \frac{1}{2^{10}} \sum_{i=0}^{3} \binom{10}{i} = 0.1719.$ 由此, 符号检验即使在水平 $\alpha \leqslant 0.1$ 时也不能拒绝零假设.

本例所用的 R 语句如下 (治疗前后的血压分别用 x 和 y 表示, 对子数目为 $n(= 10)$):

计算目标	R 语句
$D_i = X_i - Y_i$	x-y
$\|D_i\|$ 的秩	rank(abs(x-y))
W^+	w1=sum(rank(abs(x-y))*(x-y>0))
W^-	w2=sum(rank(abs(x-y))*(x-y<0))
Wilcoxon 符号秩检验 p 值	w=min(w1,w2);psignrank(w,n)
符号检验 p 值	pbinom(sum(x-y<0),n,1/2)
一步到位的 Wilcoxon 符号秩检验	wilcox.test(x,y,paired=T,alt="greater")

同样, 还可以按照第二章的方法找出置信区间.

本节软件的注

关于成对数据 Wilcoxon 秩和检验和 Wilcoxon 符合秩检验的 R 程序. 在前面已经把计算细节的 R 程序插在课文中讲了, 这里总结如下:

检验	R 语句
$H_0 : M_D = M_{D0}; H_1 : M_D \neq M_{D0}$	wilcox.test(x,y,paired=T)
	或 2*psignrank(min(sum(x<y),sum(x>y)),n)
$H_0 : M_D = M_{D0}; H_1 : M_D < M_{D0}$	wilcox.test(x,y,paired=T,alt="less")
	或 psignrank(sum(x>y),n)
$H_0 : M_D = M_{D0}; H_1 : M_D > M_{D0}$	wilcox.test(x,y,paired=T,alt="greater")
	或 psignrank(sum(x<y),n)

关于成对数据 Wilcoxon 秩和检验的 SPSS 程序. 打开数据 bp.sav, 依次选 Analyze-Nonparametric Tests-Related Samples, 把变量 before 和 after 同时选入 Test Pair(s) List 之中, 再在下面选 Wilcoxon 及 Sign. 在 Exact 中选 Exact, 然后回到主对话框, OK 即可. 同时得出符号检验与而 Wilcoxon 符号秩检验的结果.

关于成对数据 Wilcoxon 秩和检验的 SAS 程序. 利用单样本的符号检验和 Wilcoxon 符号秩检验程序分析成对样本之差, 见如下程序:

```
data diet;infile "D:/data/bp.txt";
input before after;change=before-after;run;
proc univariate data=diet;var change;run;
```

同时还输出 t 检验结果及双边检验的 p 值.

第五节　McNemar 检验

实践中有很多配对二元取值数据, 如下例

例 3.3 (数据:athletefootp.txt, athletefootp.sav)　某药厂想比较 A 和 B 两种治疗脚癣药的疗效. 实验中有 40 个病人, 每人在左脚和右脚上分别使用 A 和 B 两种药. 下面是脚癣是否治愈的数据 (1 为治愈, 0 为没治愈).

病人	1	2	3	4	5	6	7	8	9	10	11	12	13	14	15	16	17	18	19	20
药 A	1	1	1	1	1	1	1	1	1	1	0	0	0	0	0	0	0	0	0	0
药 B	1	1	1	1	1	1	1	0	0	0	0	0	0	0	0	0	0	0	0	0

病人	21	22	23	24	25	26	27	28	29	30	31	32	33	34	35	36	37	38	39	40
药 A	0	0	0	0	0	0	0	0	0	0	0	0	0	0	0	0	0	0	0	0
药 B	1	1	1	1	1	1	1	1	1	1	1	1	1	1	1	1	1	1	1	1

将上面数据写成列联表形式, 有如下表

		药 B	
		治愈	没治愈
药 A	治愈	$n_{11}(6)$	$n_{12}(4)$
	没治愈	$n_{21}(20)$	$n_{22}(10$

对于例 3.3 问题构成的 2×2 列联表 $(n_{ij}, i = 1, 2, j = 1, 2)$, 如果想比较 A 和 B 两种脚癣药的疗效, 可以用 McNemar 检验 (McNemar, 1947). 记 π_a 和 π_b 分别为使用药 A 和 B 治愈的比例. 零假设为 $H_0 : \pi_a = \pi_b$, 双边备择假设为 $H_1 : \pi_a \neq \pi_b$ (单边 $H_1 : \pi_a > \pi_b$ 或 $H_1 : \pi_a < \pi_b$). McNemar 检验的统计量表达式为

$$\chi^2 = \frac{(n_{12} - n_{21})^2}{n_{12} + n_{21}},$$

它在零假设下近似服从自由度为 1 的 χ^2 分布. 即在零假设下, 当样本量比较大时

$$\chi = \frac{(n_{12} - n_{21})}{\sqrt{n_{12} + n_{21}}}$$

近似服从标准正态分布.

对于本例中数据, 利用 McNemar 检验得到 $\chi^2 = (20 - 4)^2/(20 + 4) = 10.6667$, 双边检验 p 值为 0.0011. 如果进行单边检验可用正态检验, 统计量 $\chi = 3.266$ 单边检验 p 值为 0.0006.

McNemar χ^2 检验是下章 4.7 节 Cochran's Q 检验的特例. 利用 4.7 节注中 R 程序计算, 得到精确 McNemar 检验 p 值为 0.0015.

本节软件的注

关于 McNemar 检验的 R 程序 (精确检验). 直接利用下章 4.7 节软件注中的 R 程序, 将其中语句 x=read.table("d:/data/candid.txt");x=x[1:18,]; 替换为 x=read.table("d:/data/athletefootp.txt");x=x[,-1]; 可以得到 Cochran's Q 值为 10.6667, 它与 McNemar 检验统计量值相等. 输出中精确检验 p 值为 0.0015, 近似分布 p 值为 0.0011.

关于 McNemar 检验的 R 程序 (大样本近似). 运行下面 R 程序

```
x=read.table("d:/data/athletefootp.txt");
x=x[,-1];n12=sum(x[((x[,1]==0)&(x[,2]==1)),])
n21=sum(x[((x[,1]==1)&(x[,2]==0)),])
```

```
McNemar=(n12-n21)^2/(n12+n21);pvalue=1-pchisq(McNemar,df=1)
list(McNemar=McNemar,pvaluetwosided=pvalue)
```

得到 McNemar 检验 $\chi^2 = 10.6667$, 双边检验 p 值为 0.0011.

关于 McNemar 检验的 SPSS 程序. 打开 athletefootp.sav, 依次点击 Analyze-Descriptive Statistics-Crosstabs, 把 medA 选入 Row(s), medB 选入 Column(s), 再点击 Statistics 选中 McNemar, 给出 McNemar 精确检验 p 值均为 0.002.

关于 McNemar 检验的 SAS 程序 (只有大样本近似). 利用下面语句能得到与 R 程序一致结果

```
data athletefoot;infile "D:/data/athletefootp.txt";
input id medA medB;run;proc freq;tables medA*medB/agree;run;
```

第六节　Cohen's Kappa 系数

Cohen's Kappa 系数由 Cohen(1960) 提出, 是对分类评分结果度量两位评估者评分一致性程度的指标. 先看一个简单的例子

例 3.4 (数据:music.txt, music.sav)　两位评委给参加声乐大赛的 100 名选手打分, 打分结果只有两种: 晋级和淘汰, 见下表数据

		评委 B	
		淘汰	晋级
评委 A	淘汰	$n_{11}(35)$	$n_{12}(20)$
	晋级	$n_{21}(5)$	$n_{22}(40)$

即两位评委一共给出了 100 对结果, 也是成对数据. 对于这类数据, 我们对两评委评分的一致性或对立性感兴趣. 显然, 比例 $p_a = (35+40)/(35+20+5+40) = 0.75$ 能反映两评委评分一致性, 它的数值越高, 表明打分一致性越强, 而 $p_a = 0$ 表明两评委评分的完全对立性.

由于即使两评委打分独立, 由于随机性 p_a 也不为零, Cohen(1960) 提出了用 Cohen's Kappa 系数来度量两评委评分一致性的大小, 为了叙述方便, 考虑类似情况的 $I \times I$ 列联表 $(n_{ij}), i = 1,..,I, j = 1,2,\cdots,I$, Cohen's Kappa 一致性系数定义为

$$\kappa = \frac{p_a - p_e}{1 - p_e},$$

其中 $p_a = \sum_{i=1}^{I} n_{ii}/n$, $p_e = \sum_{i=1}^{I} n_{i+}n_{+i}/n^2$, $n = \sum_{ij} n_{ij}$, 表达式 p_a 度量了打分一致性, 而 p_e 是度量了随机因素产生的虚假一致性. κ 相当于是对 p_a 去除了随机性

因素后的打分一致性.

按照这里的定义, 当两个评委打分结果独立时, $p_a = p_e$, Cohen's κ 为 0, 即两评委打分独立所对应的零假设为 $\kappa = 0$. 当两个评委打分完全一致时, $p_a = 1$, Cohen's κ 达到最大值, 为 1; 当两个评委打分完全对立时, $p_a = 0$, Cohen's κ 达到最小值, 取值在 -1 和 0 之间.

在两评委打分独立的零假设下 ($\kappa = 0$),

$$\frac{\hat{\kappa} - \kappa}{\sqrt{\frac{(A+B-C)}{n(1-p_e)^2}}} \sim N(0,1),$$

其中,

$$Var(\kappa) = \frac{(A+B-C)}{n(1-p_e)^2}$$

为 κ 的渐近方差,

$$A = \sum_i \frac{n_{ii}}{n}(1 - (\frac{n_{i+}}{n} + \frac{n_{+i}}{n})(1-\kappa))^2,$$

$$B = (1-\kappa)^2 \sum_{i \neq j} \frac{n_{ij}}{n}(\frac{n_{i+}}{n} + \frac{n_{+j}}{n})^2, \quad C = (\kappa - p_e(1-\kappa))^2.$$

细节请见 Fleiss, Cohen 和 Everitt(1969) 和 SAS(2010).

此例中 $p_a = (n_{11} + n_{22})/n = 0.75$, $p_e = (n_{1+}n_{+1} + n_{2+}n_{+2})/n^2 = 0.49$. Cohen's Kappa 为 $\kappa = (p_a - p_e)/(1 - p_e) \approx 0.51$, κ 的渐近均方差为 0.0813, κ 的 95% 置信区间为 $(0.3504, 0.6692)$.

Fleiss 和 Cohen(1973) 还提出加权 Kappa 方法, 以对打分高低差异程度进行加权处理, 例如定义权重为 $w_{ij} = 1 - (i-j)^2/(I-1)^2$. 关于 Cohen's Kappa 和加权 Kappa 的使用也有些争议, 因为 Cohen's Kappa 定义中的 p_e 大小受列联表的边际分布影响很大, 详见 Agresti(2002).

本节软件的注

关于 Cohen's Kappa 检验的 R 程序. 运行下面 R 程序

```
x=read.table("d:/data/music.txt");
w=matrix(x[,3],byrow=T,ncol=2);I=nrow(w);n=sum(w);w=w/n;
pa=sum(diag(w));pe=sum(apply(w,1,sum)*apply(w,2,sum))
kap=(pa-pe)/(1-pe)
```

```
A=sum(diag(w)*(1-(apply(w,1,sum)+apply(w,2,sum))*(1-kap))^2)
tempB=matrix(rep(apply(w,1,sum),I)+
    rep(apply(w,2,sum),each=I),byrow=T,ncol=I)
diag(tempB)=0;B=(1-kap)^2*sum(w*tempB^2)
CC=(kap-pe*(1-kap))^2;ASE=sqrt((A+B-CC)/(1-pe)^2/n)
list(kappa=kap,ASE=ASE,CI=c(kap-1.96*ASE,kap+1.96*ASE))
```

得到的输出中有 Kappa 的点估计、渐近均方差和 95% 置信区间.

关于 Cohen's Kappa 检验的 SPSS 程序. 打开 music.sav, 依次点击 Analyze-Descriptive Statistics-Crosstabs, 把 medA 选入 Row(s), medB 选入 Column(s), 点击 Statistics, 选中 Kappa. SPSS 输出有 Kappa 的点估计为 0.510, 渐近均方差为 0.081, 近似 p 值为 0.000.

关于 Cohen's Kappa 检验的 SAS 程序. 利用下面语句能得到 Kappa 的点估计为 0.5098, 渐近均方差为 0.0813, Kappa 的 95% 置信区间为 (0.3504,0.6692).

```
data music;infile "D:/data/music.txt";
input judgeA judgeB count;run;
proc freq;tables judgeA*judgeB/agree;weight count;run;
```

第七节 习 题

1. (数据 3.7.1.txt, 3.7.1.sav) 在研究计算器是否影响学生手算能力的实验中, 13 个没有计算器的学生 (A 组) 和 10 个拥有计算器的学生 (B 组) 对一些计算题进行手算测试. 这两组学生得到正确答案的时间 (分钟) 分别如下:

A 组: 27.6 19.4 19.8 26.2 31.7 28.1 24.4 19.6 16.8 24.3 29.9 17.0 28.7

B 组: 39.5 31.2 25.1 29.4 31.0 25.5 15.0 53.0 39.0 24.9

能否说 A 组的学生比 B 组的学生算得更快? 利用所学的检验来得出你的结论. 并找出所花时间的中位数的差的点估计和 95% 置信度的区间估计.

2. (数据 3.7.2.txt, 3.7.2.sav) 9 只有糖尿病和 25 只正常老鼠的重量分别为 (单位: 克):

糖尿病鼠: 42.4 44.7 39.1 52.3 46.8 46.8 32.5 44.0 38.0

正常老鼠: 35.1 44.5 35.0 33.3 34.2 26.6 28.5 31.4 31.5 27.3 28.4 27.8 30.3 36.8 38.3
33.5 38.4 33.1 31.7 39.0 42.7 37.2 42.0 33.7 37.8

检验这两组的体重是否有显著不同. 找到它们的点估计和 95% 区间估计. 比较所得的结果和 t 检验的结果.

3. (数据 3.7.3.txt, 3.7.3.sav) 超市中两种奶粉的标明重量均为 400 克. 在抽样之后得到的结果为:

A 奶粉: 398.3 401.2 401.8 399.2 398.7 397.5 395.8 396.7 398.4 399.4 392.1 395.2

B 奶粉: 399.2 402.9 403.3 405.9 406.3 402.3 403.7 397.0 405.9 400.0 400.1 401.0

是否这两种奶粉的重量有显著不同? 用两种不同的非参数方法来做检验, 并和 t 检验结果作比较.

4. (数据 3.7.4.txt, 3.7.4.sav) 在比较两种工艺 (A 和 B) 所生产出的产品的性能时, 利用了超负荷破坏性实验. 下面是损坏前延迟的时间名次 (数目越大越耐久):

方法:A B B A B A B A A B A A A B A B A A A A
序: 1 2 3 4 5 6 7 8 9 10 11 12 13 14 15 16 17 18 19 20

是否有足够证据说明 A 工艺比 B 工艺在提高耐用性来说更加优良? 利用两种非参数检验来支持你的结论.

5. (数据 3.7.5.txt, 3.7.5.sav) 两个地点的地表土壤的 pH 值为:

地点 A: 8.53 8.52 8.01 7.99 7.93 7.89 7.85 7.82 7.80

地点 B: 7.85 7.73 7.58 7.40 7.35 7.30 7.27 7.27 7.23

请问这两个地点的 pH 值水平是否一样. 说明你在检验中所利用的假定.

6. (数据 3.7.6.txt, 3.7.6.sav) 在两个地区, 一个是被污染的, 另一个是没有被污染的地区进行家畜尿中的氟的浓度测试 (单位: ppm). 结果如下:

被污染的地区: 21.3 18.7 23.0 17.1 16.8 20.9 19.7

没被污染的地区: 14.2 18.3 17.2 18.4 20.0

假定在两个地区的总体有同样的形状, 检验这两个地区的家畜尿中的氟浓度水平是否相同. 计算两个地区的家畜尿中的氟浓度差的 95% 置信区间.

7. (数据 3.7.7.txt, 3.7.7.sav) 对 9 个被认为是过敏体质和 13 个非过敏体质的人所作的唾液组织胺水平的测试结果如下 (单位: $\mu g/g$):

过敏者: 67.6 39.6 1651.0 100.0 65.9 1112.0 31.0 102.4 64.7

非过敏者: 34.3 27.3 35.4 48.1 5.2 29.1 4.7 41.7 48.0 6.6 18.9 32.4 45.5

定义所要比较的两个总体, 并检验是否这两个总体的组织胺水平是否不同.

8. (数据 3.7.8.txt, 3.7.8.sav) 在一项聋的和不聋的儿童的眼睛运动多少的研究结果为 (眼球运动率):

聋的: 2.57 2.14 3.23 2.07 2.49 2.18 3.16 2.93 2.20

不聋的: 0.89 1.43 1.06 1.01 0.94 1.79 1.12 2.01 1.13

检验这二者眼球运动率是否不同.

9. (数据 3.7.9.txt, 3.7.9.sav) 两个工厂的彩电显像管的寿命为 (单位: 月):

甲厂: 141.3 124.5 134.3 133.1 122.6 115.0 132.1 90.1 104.9 156.2

乙厂: 71.3 96.0 128.3 87.6 144.2 97.1 112.0 70.4 118.9 86.2

检验这两个厂家产品的寿命是否不同.

10. (数据 3.7.10.txt, 3.7.10.sav) 为了研究两个湖泊的环境对龟的生长的影响. 释放了许多同样年龄的人工饲养的幼龟到两个湖中, 每一个龟都带有记号. 过一段时间再打捞. 在两个湖中发现有记号的龟的重量增加 (单位:g) 分别为:

湖泊 A: 377 381 400 391 384 471 423 459 403 378

湖泊 B: 488 477 481 406 479 472 455 441 445 422 428 464

是否两个湖泊的环境对做了记号的龟的重量增长有不同的影响?

11. (数据 3.7.11.txt, 3.7.11.sav) 在对两种软件的计算速度的研究中, 对 11 个问题用两种软件进行计算, 实验结果为 (单位: 秒, CPU 时间)::

软件 1:0.98 2.15 0.78 0.46 1.72 1.21 0.72 2.13 1.59 1.62 1.45

软件 2:0.95 2.00 0.60 0.71 1.30 0.95 0.88 2.24 1.39 1.51 0.71

是否有足够证据表明第二个软件比第一个省 CPU 时间?

12. (数据 3.7.12.txt, 3.7.12.sav) 在衡量一个运动和饮食综合减肥方法的效果时, 10 个志愿者进行了相应的试验. 在试验前和试验两周后每个人的重量分别为 (单位: kg):

减肥前:149 135 151.5 138.5 138.0 136.5 150.5 144.5 146.5 139.5

减肥后:144 117 142.0 136.5 129.5 129.0 147.0 141.5 141.0 135.0

是否该数据表明平均重量的确减少?

13. (数据 3.7.13.txt, 3.7.13.sav) 在一项尼龙绳的研究中, 选择 8 种原料来用两种方法结成尼龙绳, 然后记录了两种方法生产的尼龙绳的扯断强度 (公斤):

老方法:572 574 631 591 612 592 571 634

新方法:609 596 641 603 628 611 599 660

能否说明新旧方法生产的尼龙绳强度有显著不同?

14. (数据 3.7.14.txt, 3.7.14.sav) 在试验少量酒精后对驾驶员反应时间的影响时，测试了 10 个人在喝了 2 杯啤酒前后的反应时间如下 (单位: 秒):

喝之前:0.74 0.85 0.84 0.66 0.81 0.55 0.33 0.76 0.46 0.64
喝之后:1.24 1.18 1.25 1.08 1.21 0.89 0.65 1.12 0.92 1.07

是否该数据说明酒精和反应时间有关？

15. (数据 3.7.15.txt, 3.7.15.sav) 为检测两个实验室的检验结果的差异, 10 种奶油均分成两份分别送往两个实验室进行细菌计数, 结果如下 (单位: 千/每毫升):

实验室 A:16.1 10.4 11.6 14.3 11.2 11.9 14.4 13.9 11.3 13.1
实验室 B:16.4 11.7 12.3 14.2 11.7 13.4 15.1 14.7 12.2 12.5

用 Wilcoxon 符号秩检验两个实验室的计数是否有显著差别, 建立该差别的 95% 和 99% 置信区间. 比较这些区间和在正态假定下用通常方法所得的区间.

16. (数据 3.7.16.txt) 某个市场调查员对 20 名女性询问她们对 A 和 B 两种洗发水是否喜欢, 得到如下数据 (数字 "1" 代表喜欢, "0" 代表不喜欢):

洗发水	20 个女性对 A,B 是否喜欢
A	0 1 0 0 0 0 0 0 0 0 1 1 0 0 0 1 0 0 0 0
B	1 0 1 0 1 1 1 1 1 1 0 0 1 0 1 1 1 1 1 1

请用问这 20 名女性对两种洗发水的喜欢与否是否有显著差异.

17. 临床和科研两组精神科医生对 210 名患者给出的疾病类型诊断, 两组医生都将患者分为四类: 精神分裂症 (Schizophrenia), 躁郁症 (Bipolar Disorder), 忧郁症 (Depression) 和其它 (Other), 结果见下表:

	科研医生			
	Schizo	Bipolar	Depress	Other
临床医生 Schizo	38	5	3	14
Bipolar	3	24	1	4
Depress	3	2	20	8
Other	16	13	12	44

根据所用软件, 将数据存成需要的形式, 并给出这两组医生诊断结果一致性的 Kappa 系数估计及其 95% 置信区间.

18. 仿照书上 $m = 2, n = 2$ 的情况下所用的表格方法, 给出 $m = 2, n = 3$ 或 $m = 3, n = 2$ 情况的 Wilcoxon 秩和检验统计量的精确密度分布.

第四章　多样本位置检验

多样本位置参数检验问题, 根据具体的数据情况主要涉及如下几种检验方法: 在各组样本独立的条件下(4.1 至 4.3 节), 介绍利用Kruskal-Wallis 检验和Jonckheere-Terpstra 检验分别处理无序和有序两种备择假设检验问题. 在各组样本不独立时 (4.4 至 4.9 节), 对于完全区组试验设计数据, 介绍利用 Friedman 检验和 Page 检验分别处理无序和有序两种备择假设检验问题, 如果数据为二元时, 介绍使用 Corchran 检验; 对于平衡的不完全区组设计数据, 介绍使用 Durbin 检验.

第一节　Kruskal-Wallis 秩和检验

例 4.1(数据:wtloss.txt, wtloss.sav)　在一项健康试验中, 三组人有三种生活方式, 它们的减肥效果如下表:

生活方式	1	2	3
	3.7	7.3	9.0
一个月后	3.7	5.2	4.9
减少的重量	3.0	5.3	7.1
(单位 500g)	3.9	5.7	8.7
	2.7	6.5	
$n_i =$	5	5	4

人们想要知道的是从这个数据能否得出三种减肥方法的效果 (位置参数) 一样.

此例数据的一般形式为 (这里各个样本的大小不一定一样, 观测值总数记为 $N = \sum_{i=1}^{k} n_i$).

1	2	$\cdots$	k
x_{11}	x_{21}	$\cdots$	x_{k1}
x_{12}	x_{22}	$\cdots$	x_{k2}
$\vdots$	$\vdots$	$\vdots$	$\vdots$
x_{1n_1}	x_{2n_2}	$\cdots$	x_{kn_k}

在诸总体为等方差正态分布及观测值独立的假定下, 问题归结于各组样本所代

表的总体均值 μ_i 是否相同. 零假设为 $H_0 : \mu_1 = \mu_2 = \cdots = \mu_k$, 而备选假设通常为 H_1:"不是所有的 μ_i 都相等". 检验统计量为

$$F = \frac{MSR}{MSE} = \frac{\sum_{i=1}^{k} n_i (\bar{x}_i - \bar{x})^2 / (k-1)}{\sum_{i=1}^{k} \sum_{j=1}^{n_i} (x_{ij} - \bar{x}_i)^2 / (N-k)},$$

这里 $\bar{x}_i = \sum_{j=1}^{n_i} x_{ij}/n_i$, $\bar{x} = \sum_{i=1}^{k} \sum_{j=1}^{n_i} x_{ij}/N$. 在零假设 H_0 下, 上面统计量服从自由度为 $(k-1, N-k)$ 的 F 分布.

相应的非参数统计方法, 并不需要那么强的正态分布条件. 仅假定这 k 组样本有相似的连续分布, 而且所有的观测值在样本内和样本之间是独立的. 形式上, 假定 k 组独立样本有分布函数 $F_i(x) = F(x - \theta_i), i = 1, 2, \cdots, k$, 这里 F 是连续分布函数, 检验问题也可以写成

$$H_0 : \theta_1 = \theta_2 = \cdots = \theta_k; H_1 : \text{至少有一个等号不成立.}$$

类似于前面用于两组样本的 Wilcoxon 秩和检验时那样的检验统计量. 在那里, 先混合两组样本, 然后找出各个观测值在混合样本中的秩, 并按混合秩求各组样本的秩和. 解决多样本的问题, 想法与两样本时是一样的. 把多组样本混合起来后求混合秩, 再按混合秩求各组样本的秩和. 记第 i 组样本的第 j 个观测值 x_{ij} 的秩为 R_{ij}. 对每一组样本的观测值的秩求和, 得到 $R_i = \sum_{j=1}^{n_i} R_{ij}, i = 1, 2, \cdots, k$. 再找到它们在每组中的平均值 $\bar{R}_i = R_i / n_i$. 如果这些 $\bar{R}_i$ 很不一样, 就可以怀疑零假设, 并利用能反映这些样本位置参数差异的统计量做假设检验. 当计算数据在混合后的样本中的秩时, 对于相同的观测值, 与以前一样取平均秩.

类似 MSR 的构成, 把 $\bar{x}_i$ 和 $\bar{x}$ 分别换成 $\bar{R}_i$ 和 $\bar{R}$, Kruskal-Wallis(1952) 将 Mann-Whitney-Wilcoxon 统计量推广成下面的 (Kruskal-Wallis 统计量)

$$H = \frac{12}{N(N+1)} \sum_{i=1}^{k} n_i (\bar{R}_i - \bar{R})^2 = \frac{12}{N(N+1)} \sum_{i=1}^{k} \frac{R_i^2}{n_i} - 3(N+1)$$

这里 $\bar{R}$ 为所有观测值的秩的平均 $\bar{R} = \sum_{i=1}^{k} R_i / N = (N+1)/2$. 第二个式子直观意义不如第一个明显, 仅仅在手工计算时方便些.

对于固定的 $n_1, n_2, \cdots, n_k$, 共有 $M = N! / \prod_{i=1}^{k} n_i!$ 种方式把 N 个秩分配到这 k 组样本中去. 在零假设下, 每一种秩分配结果都以等概率 $1/M$ 发生. 对于给定的水平 α, Kruskal-Wallis 精确检验可以分为两个步骤: 1、计算每种秩分配所对应的 H 值, 并将结果排序, 得到精确的密度分布; 2. 查看实现值所对应的 H 值在这个序列中的上或下百分位数, 比如两者中较小的为 $100 \times p\%$, 如果其值小于 α,

则拒绝零假设. 在 $k = 3$, $n_i \leqslant 5$ 时, 其在零假设下的分布有表 (见附录 5). 由于 (n_1, n_2, n_3) 取值与位置次序没有关系, 表中给出了按水平 α 找到的临界值 c, 满足 $P(H \geqslant c) = \alpha$.

在 N 大时, 如果对每个 i, n_i/N 趋于某个非零数 $\lambda_i \neq 0$, 则 H 在零假设下近似服从 $\chi^2_{(k-1)}$ 分布. 另外在大样本时, 下面统计量近似服从 $F(k-1, N-k)$ 分布

$$F^* = \frac{\sum_{i=1}^{k} n_i \left(\bar{R}_i - \frac{N+1}{2}\right)^2 / (k-1)}{\sum_{i=1}^{k} \sum_{j=1}^{n_1} (R_{ij} - \bar{R}_i)^2 / (N-k)}.$$

可以证明

$$F^* = \frac{(N-k)H}{(k-1)(N-1-H)}.$$

再来看上面的减肥例子 (例 4.1). 那三列数据的 3 个盒子图被并列排在图 4.1 中. 其中有些数据量太小, 盒子看起来不那么完整.

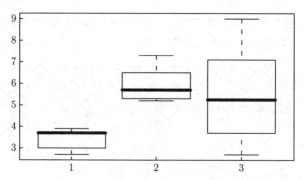

Figure 4.1 三种生活方式减肥效果的盒子图.

下面的表给出每个观测值在混合之后的秩 (在括弧中).

生活方式	1	2	3
	3.7 (3.5)	7.3 (12)	9.0 (14)
一个月后	3.7 (3.5)	5.2 (7)	4.9 (6)
减少的重量	3.0 (2)	5.3 (8)	7.1 (11)
(单位 500k)	3.9 (5)	5.7 (9)	8.7 (13)
及秩	2.7 (1)	6.5 (10)	
秩和 R_i	15	46	44
秩平均 $\bar{R}_i$	3	9.2	11

此例中, 这里 $N = 14$, 算出 $H = 9.4114$. 如果查表 (附录 5) 在 $(n_1, n_2, n_3) = (5, 5, 4)$ 情况, 找到 $P(H \geqslant 8.52) = 0.0048$, 而 $P(H \geqslant 9.51) = 0.001031$. 即对于水平

$\alpha > 0.005$, 肯定能拒绝零假设. 如果写个简单的 R 程序, 可以给出精确分布, 见图 4.2, 详细程序见本节的注.

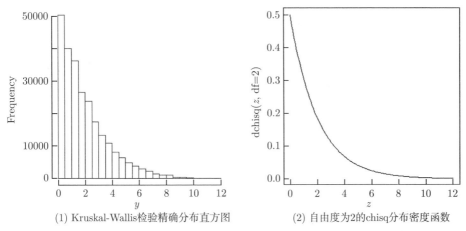

(1) Kruskal-Wallis检验精确分布直方图   (2) 自由度为2的chisq分布密度函数

Figure 4.2   (1) 零假设下, 在 $(n_1, n_2, n_3) = (5, 5, 4)$ 情况, Kruskal-Wallis 检验的精确分布的直方图; (2) 自由度为 2 的 chisq 分布密度函数.

图 4.2(1) 是在零假设下, $(n_1, n_2, n_3) = (5, 5, 4)$ 时 Kruskal-Wallis 检验的精确检验的直方图, 为了比较, 图 4.2(2) 给出了自由度为 2 的 chisq 分布的密度分布. 按程序求出的精确 p 值为 0.001347858. 如果用 $\chi^2_{(2)}$ 分布来作近似计算, 算出的 p 值为 0.009.

在存在打结的情况, 上面的检验统计量 H 可以修正为

$$H_C = \frac{H}{1 - \sum_{i=1}^{g}(\tau_i^3 - \tau_i)/(N^3 - N)},$$

这里的 τ_i 为结统计量, 而 g 为结的个数. 打结在这里对结果影响不大, 如果用 H 能拒绝零假设, H_C 也能 (当然反之不对).

本节软件的注

关于 Kruskal-Wallis 秩和检验的 R 程序 (精确分布). 对 $(n_1, n_2, n_3) = (5, 5, 4)$, 下面程序给出了 Kruskal-Wallis 检验的精确分布, 并给出当 $H = 9.4114$ 时的 p 值.

```
KW.test=function(m1=5,m2=5,m3=4,Hvalue=9.4114){
# this program is for m1=5, m2=5, and m3 can be any integer
```

```
m<-m1+m2+m3;Jh5=function(m){a<-rep(0,5)
for (i in 1:(m-4)){for (j in (i+1):(m-3)){
for (k in (j+1):(m-2)){for (l in (k+1):(m-1))
{for (f in (l+1):m){a<-rbind(a,c(i,j,k,l,f))}}}}}
a[2:nrow(a),]}
JTid1<-Jh5(m1+m2+m3);n1<-nrow(JTid1);JTid2<-Jh5(m2+m3);
n2<-nrow(JTid2);nn<-n1*n2;const<-1:m;y<-0
for (i in 1:n1){for (j in 1:n2){temp1<-c(JTid1[i,]);
temp2<-(const[-temp1])[c(JTid2[j,])];
temp3<-const[-c(temp1,temp2)];
y<-c(y,12/(m*(m+1))*((sum(temp1))^2/m1+(sum(temp2))^2/m2+
(sum(temp3))^2/m3)-3*(m+1))}}
y<-y[2:(nn+1)];pvalue<-(sum(y>=Hvalue))/nn;
y<-sort(y);aaa<-aa<-y[1];tempc<-1
for (i in 2:nn){if ((y[i]-aa)>10^{-12})
{aaa<-c(aaa,y[i]);aa<-y[i];tempc<-c(tempc,1-(i-1)/nn)}}
out<-cbind(aaa,tempc);z<-seq(0,12,0.1);par(mfrow=c(1,2));
hist(y,main="(1) Kruskal-Wallis检验精确分布直方图");
plot(z,dchisq(z,df=2),type="l",main="(2)自由度为2的chisq分布密度
函数")
list(c("(m1,m2,m3)"=c(m1,m2,m3),"H"=Hvalue,"pval"=pvalue),out)}
```

事实上, 对任意整数 n_3, 利用此程序可求出当 $(5,5,n_3)$ 时, 此检验的精确分布.

关于 **Kruskal-Wallis 秩和检验的 R 程序 (大样本近似)**. 就例 4.1 而言, 假定数据存在于 "D:/Data/bp.txt" 中, 可用:

```
=read.table("D:/data/wtloss.txt");kruskal.test(d[,1],d[,2]).
```

在下载的软件包 fBasics 中, kw2Test 可以产生对于对于两样本的各种备选假设的精确检验的 p 值.

关于 **Kruskal-Wallis 秩和检验的 SPSS 操作**. 打开 wtloss.sav, 选 Analyze-Nonparametric Tests-K Independent Samples. 然后把变量 (这里是 wtloss) 选入 Test Variable List, 再把数据中用 1,2,3 来分类的变量 group 输入 Grouping Variable, 在 Define Groups 输入 1,2,3. 然后在下面 Test Type 选中 Kruskal-Wallis H. 在点 Exact 时打开的对话框中可以选择精确方法 (Exact), Monte Carlo 抽样方法 (Monte Carlo) 或用于大样本的渐近方法 (Asymptotic only). 最后 OK 即可.

关于 **Kruskal-Wallis 秩和检验的 SAS 程序.** 用数据 wtloss.txt 的程序如下:

```
data wtloss;infile "D:/data/wtloss.txt";input wtloss group$;run;
proc npar1way wilcoxon;var wtloss;class group;run;
```

第二节　正态记分检验 *

正如在单样本和两样本的情况一样, 也可以实行与 Kruskal-Wallis 秩和检验平行的正态记分检验. 对于假设检验问题

$$H_0 : \theta_1 = \theta_2 = \cdots = \theta_k; H_a : 至少有一个等号不成立,$$

可以按如下过程构造正态记分检验统计量. 先把所有的样本混合, 然后按升幂排列. 再把每一个观测值 X_{ij} 在混合样本中的秩 r_{ij} 替换为第 $r_{ij}/(N+1)$ 个标准正态分位点 (正态记分), 记之为 w_{ij}. 正态记分定义为

$$T = (N-1) \frac{\sum_{i=1}^{k} (\frac{1}{n_i} \{ \sum_{j=1}^{n_i} w_{ij} \}^2)}{\sum_{i=1}^{k} \sum_{j=1}^{n_i} w_{ij}^2}.$$

近似地, 在零假设下 T 有自由度为 (k-1) 的 χ^2 分布.

以前面的减肥例子来说明如何进行正态记分检验. 下表中第一列为三组样本观测值的混合 (按升幂排列); 第二列用 1,2,3 标记了三种生活方式; 第三列为各观测值在混合样本中的秩; 最后一列为相应的正态记分.

X_{ij}	生活方式 (1,2,3)	秩	正态记分 w_{ij}	X_{ij}	生活方式 (1,2,3)	秩	正态记分 w_{ij}
2.7	1	1	-1.501	5.3	2	8	0.084
3.0	1	2	-1.111	5.7	2	9	0.253
3.7	1	3	-0.842	6.5	2	10	0.431
3.7	1	4	-0.623	7.1	3	11	0.623
3.9	1	5	-0.431	7.3	2	12	0.842
4.9	3	6	-0.253	8.7	3	13	1.111
5.2	2	7	-0.084	9.0	3	14	1.501

从该表中可以算出

$$T = (14-1) \times \frac{6.734931}{9.64364} = 9.078947.$$

p 值为 0.01067903. 由此, 可以在水平 $\alpha \geqslant 0.011$ 时拒绝零假设. 这里的 p 值和前面 Kruskal-Wallis 秩和检验的结论差不多.

本节软件的注

关于正态记分检验的 R 程序. 用如下 R 语句

```
d=read.table("D:/data/wtloss.txt");d=d[order(d[,1]),]
n1=sum(d[,2]==1);n2=sum(d[,2]==2);n3=sum(d[,2]==3)
n=nrow(d);r=rank(d[,1]);w=qnorm(r/(n+1));z=cbind(d,r,w)
```

这就产生了上面的表. 而

```
nn=sum(sum(w[z[,2]==1])^2/n1,sum(w[z[,2]==2])^2/n2,
sum(w[z[,2]==3])^2/n3);T=(n-1)*nn/sum(w^2);pchisq(T,3-1,low=F)
```

产生了 T 和 p 值.

第三节　Jonckheere-Terpstra 检验

前面介绍的 Kruskal-Wallis 检验中的备择假设不是单边的. 如果样本的位置显现出趋势, 比如持续上升的趋势, 则可以考虑下面有序的备选假设

$$H_0: \theta_1 = \theta_2 = \cdots = \theta_k; H_1:\ \theta_1 \leqslant \theta_2 \leqslant \cdots \leqslant \theta_k \text{ (至少有一个不等式是严格的)}.$$

如果样本呈下降趋势, 则 H_1 的不等式顺序相反. 本节的 Jonckheere-Terpstra(简称 JT) 统计量先计算

$$U_{ij} = \#(X_{ik} < X_{jl}, \quad k = 1, 2, \cdots, n_i, l = 1, 2, \cdots, n_j),$$

这里符号 #( ) 是满足括号 ( ) 内条件的表达式的个数 ("#" 相当于英文 "the number of"), 即样本 i 中观测值小于样本 j 中观测值的对数. 然后, 对所有的 U_{ij} 在 $i < j$ 范围求和, 也就是 Jonckheere-Terpstra 统计量定义为:

$$J = \sum_{i<j} U_{ij},$$

它的大小从 0 到 $\sum_{i<j} n_i n_j$ 变化. 当 J 很大时, 应拒绝零假设.

类似于 Kruskal-Wallis 检验, 在没有结的情况下, 可以给出精确检验. 对于固定的样本 $n_1, n_2, \cdots, n_k$, 共有 $M = N!/\prod_{i=1}^{k} n_i!$ 种方式把 N 个秩分配到这些样本中去. 在零假设下, 每一种秩分配结果都以等概率 $1/M$ 发生. 对于给定的水平 α, Jonckheere-Terpstra 精确检验可以分为两个步骤: 1、计算每种秩分配所对应的 J

值, 并将结果排序, 得到精确的密度分布; 2. 查看实现值所对应的 J 值在这个序列中所属的上或下百分位数, 比如两者中较小的为 $100 \times p\%$, 如果其值小于 α, 则拒绝零假设. 对于一些小样本情况, 书后附录 6 给出了 Jonckheere-Terpstra 精确检验的临界值, 其解释与附录 5 完全类似.

现在再来看例 4.1 的减肥例子. 数据可能有上升趋势, 所采取的备选假设为 $H_1 : \theta_1 \leqslant \theta_2 \leqslant \theta_3$(至少有一个严格不等式成立). 比较前面数据表中的每两列, 很容易得出 $U_{12} = 25, U_{23} = 14, U_{13} = 20$, 及 $J = 59$. 如果查表在 $(n_1, n_2, n_3) = (4, 5, 5)$ 情况, 找到 $P(J \geqslant 58) = 0.0009$.

写个简单的 R 程序 (见本节的注), 可以给出 Jonckheere-Terpstra 检验在零假设下的精确分布, 见图 4.3.

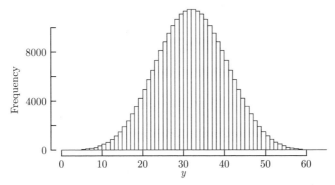

Figure 4.3 零假设下, 在 $(n_1, n_2, n_3) = (5, 5, 4)$ 情况, JT 检验的精确分布的直方图.

可见在零假设下 Jonckheere-Terpstra 检验的分布是对称的. 程序还给出了在零假设下, 按精确检验计算的 p 值 0.0005273. 如果利用正态近似, 得到 $Z = 3.103362$, 进而得到 p 值为 0.00096. 因此, 对于置信水平 $\alpha \geqslant 0.001$, 不管用哪种检验都可以得到拒绝零假设的结论, 即这三个总体的位置参数的确有上升趋势.

如果有结出现, U_{ij} 可稍作变更为

$$
\begin{aligned}
U_{ij}^* &= \#(X_{ik} < X_{jl}, \ k = 1, 2, \cdots, n_i, l = 1, 2, \cdots, n_j) \\
&\quad + \frac{1}{2}\#(X_{ik} = X_{jl}, \ k = 1, 2, \cdots, n_i, l = 1, 2, \cdots, n_j)
\end{aligned}
$$

而 J 也相应地变为 $J^* = \sum_{i<j} U_{ij}^*$. 然而, 在有结或样本量比较大时, 不能做精确检验, 可以用前面提到的模拟或正态近似. 正态近似的公式如下: $\min_i\{n_i\} \to \infty$ 时,

$$
Z = \frac{J - (N^2 - \sum_{i=1}^{k} n_i^2)/4}{\sqrt{[N^2(2N+3) - \sum_{i=1}^{k} n_i^2(2n_i+3)]/72}} \longrightarrow N(0, 1)
$$

Jonckheere-Terpstra 检验是由 Terpstra(1952) 和 Jonckheere(1954) 独立提出的. 它比 Kruskal-Wallis 检验有更强的势. Daniel(1978) 和 Leach(1979) 对该检验进行了仔细的说明.

本节软件的注

关于 Jonckheere-Terpstra 检验的 R 程序 (精确检验). 下面程序可适用于样本量为 $(5,5,m)$, m 为任意不小于 2 的整数. 程序输出样本量的大小, JT 统计量的数值, JT 在零假设下的 p 值, 和在零假设下的 JT 统计量的分布. 对于其它的样本量, 可以类似编程, 求出 p 值或 JT 统计量在零假设下的分布.

```
JT.test=function(m1=5,m2=5,m3=4,JTvalue=59){
# this program is for m1=5, m2=5, and m3 can be any integer
m<-m1+m2+m3;Jh5=function(m){a=rep(0,5)
for (i in 1:(m-4)){ for (j in (i+1):(m-3)){
for (k in (j+1):(m-2)){for (l in (k+1):(m-1)){
for (f in (l+1):m){a<-rbind(a,c(i,j,k,l,f))}}}}}
a[2:nrow(a),]};JTid1=Jh5(m1+m2+m3);n1=nrow(JTid1)
JTid2=Jh5(m2+m3);n2=nrow(JTid2);const=1:m;JT=rep(0,n1*n2)
for (i in 1:n1){for (j in 1:n2){ temp1<-c(JTid1[i,]);
temp2=(const[-temp1])[c(JTid2[j,])];temp3=const[-c(temp1,temp2)];
JT[j+(i-1)*n2]<-sum(outer(temp2,temp1,">"))+
sum(outer(temp3,temp1,">"))+sum(outer(temp3,temp2,">"))}}
y=JT;pval=(sum(y>=JTvalue))/(n1*n2);hist(y,breaks=min(y):max(y))
z=c(0,hist(y,breaks=min(y):max(y))$counts)
list("(m1,m2,m3)"=c(m1,m2,m3),c(JTvalue,pval),
cbind(min(y):max(y),z,rev(cumsum(rev(z)))/(n1*n2)))}
```

程序中所用的 Jonckheere-Terpstra 统计量值 JTvalue=59 的计算可用下面大样本近似程序的前 4 行, 即 J 值.

关于 Jonckheere-Terpstra 检验的 R 程序 (大样本近似). 就例 4.1 而言, 有关计算上面各种统计量 U, J 及 Z 的 R 语句为:

```
d=read.table("D:/data/wtloss.txt")
U=matrix(0,3,3);k=max(d[,2]);for(i in 1:(k-1))for(j in (i+1):k)
U[i,j]=sum(outer(d[d[,2]==i,1],d[d[,2]==j,1],"-")<0)+
```

```
sum(outer(d[d[,2]==i,1],d[d[,2]==j,1],"-")==0)/2;J=sum(U);
ni=NULL;for(i in 1:k)ni=c(ni,sum(d[,2]==i));N=sum(ni);
Z=(J-(N^2-sum(ni^2))/4)/sqrt((N^2*(2*N+3)-
sum(ni^2*(2*ni+3)))/72);
```

对于本例, 最终计算 p 值的语句为 `pnorm(Z,low=F)`.

关于 Jonckheere-Terpstra 检验的 SPSS 程序. 打开数据 wtloss.sav, 选 Analyze-Nonparametric Tests-K Independent Samples, 把变量 wtloss 选入 Test Variable List, 再把数据中用 1, 2, 3 来分类的变量 group 输入 Grouping Variable, 在 Define Groups 输入 1, 2 和 3. 在 Test Type 选中 Jonckheere-Terpstra, 点 Exact 时打开的对话框中可以选择精确方法 (Exact), Monte Carlo 抽样方法 (Monte Carlo) 或用于大样本的渐近方法 (Asymptotic only). 最后 OK 即可.

关于 Jonckheere-Terpstra 检验的 SAS 程序 (只有大样本近似). 程序如下:

```
data wtloss;infile "D:/data/wtloss.txt";input wtloss group$;run;
proc Freq data=wtloss;tables group*wtloss/ TJ;run;
```

第四节　区组设计数据分析回顾

前面的问题假定了每一组样本中的观测值是互相独立的, 各组样本之间也是独立的, 相当于本节中没有区组 (block) 的单因子试验设计数据. 在实践中, 比如研究肥料对农作物产量影响的农业试验, 试验中不仅肥料, 不同条件的土壤也对产量有影响. 然而土壤条件的差异并不是我们关心的, 我们只关心不同化肥的影响如何. 为此, 试验设计的主要的做法是把不同条件的土壤, 分成不同的组 (blocks), 条件相同的土壤分在一组, 来消除不同土壤这个因素对不同化肥的效能的分析的影响. 我们把试验设计方案中所关心的肥料因素称作 "处理 (treatment)," 而把土壤条件称为 "区组 (block)". 如果随机地把所有处理分配到所有的区组中, 这就是随机化完全区组设计 (Randomized Complete Block Design).

当区组存在时, 样本之间的独立性就不再成立了, 比如下面的例子.

例 4.2 (数据:blead.txt, blead.sav)　在不同的城市对不同的人群进行血液中铅的含量测试, 一共有 A, B, C 三个汽车密度不同的城市代表着三种 ($k = 3$) 不同的处理. 对试验者按职业分四组 ($b = 4$) 取血 (4 个区组). 他们血中铅的含量列在下面表中 ($\mu g/100ml$):

城市 (处理)	职业 (区组)			
	I	II	III	IV
A	80	100	51	65
B	52	76	52	53
C	40	52	34	35

这里, 每一个处理在每一个区组中出现并仅出现一次. 这是一个完全区组设计, 每个处理和区组的组合都有一个观测值.

在实践中, 并不一定能把每一个处理分配到每一个区组中. 这样就产生了不完全区组设计. 在不完全区组设计中最容易处理的是平衡的不完全区组设计 (Balanced Incomplete Block Design-BIBD). 如果一共有 k 个处理及 b 个区组, 而且在每一个区组含有 t 个处理. 平衡的不完全区组设计 $BIBD(k,b,r,t,\lambda)$ 满足下面条件: 1. 每个处理在同一区组中最多出现一次; 2. $t < k$; 3. 每个处理都出现在相同多 (r) 个区组中; 4. 每两个处理在一个区组中相遇次数一样 (λ 次). 用数学的语言来说, 这些参数满足 1. $kr = bt$; 2. $\lambda(k-1) = r(t-1)$; 3. $b \geqslant k$ 或 $r \geqslant t$. 如果 $t = k, r = b$, 则为完全区组设计. 比如下面的例子.

例 4.3 (数据: mater.txt) 一个 BIB 设计的例子是比较四种材料 (A,B,C,D) 在四个部位 (I,II,III,IV) 的磨损. 数据可以写成下面两种形式:

材料 (处理)	部位 (区组)			
	I	II	III	IV
A	34	28	36	
B	36	30		45
C	40		48	60
D			44	54	59

和

部位 (区组)			
I	II	III	IV
34 (A)	30 (B)	48 (C)	59 (D)
36 (B)	28 (A)	54 (D)	60 (C)
40 (C)	44 (D)	36 (A)	45 (B)

右边的表中 $(k,b,r,t,\lambda) = (4,4,3,3,2)$, 满足 BIB 设计的平衡性质.

上面两个例子的试验目的主要是看这些处理的效果是否一样. 从这一点来说, 与前面几节内容类似. 但是, 无论是完全的还是不完全的区组设计, 由于区组的影响, 各处理之间无法在忽视区组的情况下进行比较, 不能用前面的 Kruskal-Wallis 检验或 Jonkheere-Terpstra 检验. 即使数据是正态总体, 第 4.1 节给出的 F 检验的公式也需要进行修改, 下面先回顾在正态假定下, 如何进行这种检验.

用 x_{ij} 表示第 i $(i = 1,2,\cdots,k)$ 个处理在第 j $(j = 1,2,\cdots,b)$ 个区组的观测值 (每对 (i,j) 仅考虑一个观测值的情况). 要检验处理的均值 μ_i 是否相等, 即零假设为 $H_0 : \mu_1 = \mu_2 = \cdots = \mu_k$; 备择检验为 $H_1 :$ "不是所有的 μ_i 都相等." 对于完全

区组试验, 正态总体条件下的检验统计量为

$$F = \frac{MST}{MSE} = \frac{\sum_{i=1}^{k} b(\bar{x}_{i\cdot} - \bar{x})^2/(k-1)}{\sum_{i=1}^{k} \sum_{j=1}^{n_i} (x_{ij} - \bar{x}_{i\cdot} - \bar{x}_{\cdot j} + \bar{x})^2/(N-k)},$$

这里 $\bar{x}_{i\cdot} = \sum_{j=1}^{b} x_{ij}/b$, $\bar{x}_{\cdot j} = \sum_{i=1}^{k} x_{ij}/k$, $\bar{x} = \sum_{i=1}^{k} \sum_{j=1}^{b} x_{ij}/N$; 此统计量在零假设下服从自由度为 $(k-1, N-k)$ 的 F 分布.

如果要检验区组之间是否有区别, 只要把上面公式中的 i 和 j 交换、k 和 b 交换并考虑对称的问题即可. 对于平衡的不完全区组设计 (BIBD), 由于并不是对每组下标 (i, j) 都存在观测值, 检验统计量的公式比上面的稍微复杂一些, 但是基本思想是一样的, 这里就不赘述了.

在没有正态总体的假定时, 检验统计量的构造思路和上面的 F 统计量类似, 只不过是用秩来代替观测值.

第五节　完全区组设计: Friedman 秩和检验

考虑完全区组设计, 且每个处理在每个区组中恰好有一个观测值. 关于处理的位置参数 (用 $\theta_1, \theta_2, \cdots, \theta_k$ 表示) 的零假设为 $H_0 : \theta_1 = \theta_2 = \cdots = \theta_k$, 而备选假设 H_1: 不是所有的位置参数都相等, 这和以前的 Kruskal-Wallis 检验一样.

由于区组的影响, 要首先在每一个区组中计算各个处理的秩, 再把每一个处理在各区组中的秩相加. 如果 R_{ij} 表示在 j 个区组中 i 处理的秩, 则按处理求得的秩和为 $R_i = \sum_{j=1}^{b} R_{ij}$, $i = 1, 2, \cdots, k$. 这里要引进的 Friedman 统计量定义为

$$Q = \frac{12}{bk(k+1)} \sum_{i=1}^{k} \left(R_i - \frac{b(k+1)}{2} \right)^2 = \frac{12}{bk(k+1)} \sum_{i=1}^{k} R_i^2 - 3b(k+1).$$

上面第二个式子没有第一个直观, 但是容易进行手工计算. 该统计量是 Friedman (1937) 提出的, 后来又被 Kendall(1938, 1962), Kendall 和 Smith(1939) 发展到多元变量的协同系数相关问题上.

对于固定的处理种数 k 和区组个数 b, 共有 $M = (k!)^b$ 种方式把 k 个秩随机分配到这 b 个区组中去. 在零假设下, 每一种秩分配结果都以等概率 $1/M$ 发生. 对于给定的水平 α, Friedman 秩和检验的精确检验可以分为两个步骤: 1、计算每种秩

分配所对应的 Q 值, 并将结果排序; 2. 查看实现值所对应的 Q 值在这个序列中的上或下百分位数, 比如两者中较小的为 $100 \times p\%$, 如果其值小于 α, 则拒绝零假设.

由于 Friedman 检验统计量和下节讲的 Kendall 协同系数 W, 满足关系 $W = \frac{Q}{b(k-1)}$, 它们的分布函数本质相同. 对于一些固定的 k 和 b, 书后附录 7 给出了在零假设下 Kendall 协同系数 W 的分布表, 查 Friedman 检验统计量的分布时要作变换 $Q = Wb(k-1)$. 当然, 也可以写个 R 程序给出精确分布, 比如本节软件的注部分给出了针对例 4.2 数据情况的 Friedman 秩和检验的精确分布. 当 $b \to \infty$ 时, 对于固定的 k, 在零假设下有

$$Q \longrightarrow \chi^2_{(k-1)}.$$

再来看上一节的第一个例子 (例 4.2: 血铅含量). 图 4.3 为按处理 (城市) 画的三条折线. 它们大体上是不一样的. 因此有理由进行检验.

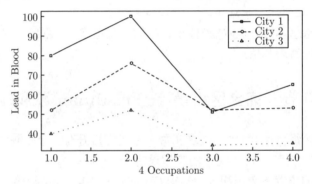

Figure 4.4　按处理 (城市) 画的三条折线 (横坐标为 4 种职业, 纵坐标为血铅含量).

下面表重复例 4.2 数据, 但在括弧内加上各处理在每个区组 (职业) 之中的秩:

| 城市 (处理) | 职业 (区组) | | | | R_i |
	I	II	III	IV	
A	80 (3)	100 (3)	51(2)	65 (3)	11
B	52 (2)	76 (2)	52(3)	53 (2)	9
C	40 (1)	52 (1)	34(1)	35 (1)	4

由此算出 $Q = 6.5, W = 0.8125$, 对 $k = 3, b = 4$ 查表 7 得到相应于 $\alpha = 0.0417$ 的临界值为 $c = 0.8125$, 即: $P(W \geqslant 0.8125) = 0.0417$. 此时, 0.0417 也是 p 值. 由此, 对于水平 $\alpha \geqslant 0.05$ 可以拒绝零假设. 也就是说, 不同汽车密度的城市居民的血铅含量的确不一样.

按本节软件的注部分给出的 R 程序, 给出了 $k = 3, b = 4$ 时在零假设下 Kendall

协同系数 W 和 Friedman 检验统计量 $Q = Wb(k-1)$ 的精确分布的密度函数, 见下面的表.

W	0.000	0.0625	0.188	0.250	0.438	0.5625	0.7500	0.8125	1.0000
Q	0.000	0.5000	1.500	2.000	3.500	4.5000	6.0000	6.5000	8.0000
density	0.069	0.2778	0.222	0.157	0.148	0.0556	0.0278	0.0370	0.0046
pvalue	1.000	0.9306	0.653	0.431	0.273	0.1250	0.0694	0.0417	0.0046

下面的图 4.5 给出了 Friedman 秩和检验 Q 的精确密度函数分布.

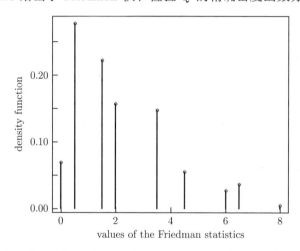

Figure 4.5　$k = 3, b = 4$ 时 Friedman 秩和检验 Q 的精确密度分布函数.

R 程序中还给出了 $W0 = 0.8125$ 所对应的精确 p 值为 0.0417. 按照 $\chi^2_{(2)}$ 近似, 得到 p 值为 0.0388.

在某区组存在结时, Q 可以修正为

$$Q_C = \frac{Q}{1-C} \quad \text{这里} \quad C = \frac{\sum_{i,j}(\tau_{ij}^3 - \tau_{ij})}{bk(k^2-1)},$$

和前面的记号一样, τ_{ij} 为第 j 个区组的第 i 个结统计量, 此时没有精确分布, Q_C 的小样本零分布无表可查, 但是其零分布的极限分布与 Q 一样.

成对处理的比较. 上面的零假设和备选假设是关于所有处理的, 但有时想知道某两个处理的比较. 下面介绍大样本时的基于 Friedman 秩和检验的一个方法. 如果零假设为: i 处理和 j 处理没有区别, 那么, 双边检验的统计量为 $|R_j - R_i|$, 对于

置信水平 α, 如果

$$|R_j - R_i| > Z_{\frac{\alpha^*}{2}}\sqrt{b(k+1)k/6},$$

则拒绝零假设, 这里

$$\alpha^* = \frac{\alpha}{\text{总共可比较的对数}} = \frac{\alpha}{k(k-1)/2} = \frac{2\alpha}{k(k-1)}.$$

显然, 这个检验很保守. 也就是说很不容易拒绝零假设.

本节软件的注

关于 Friedman 秩和检验的 R 程序 (精确分布). 用下面程序计算 Friedman 检验的精确分布, 其中参数 k, b 和 $W0$ 可根据具体数据替换. 在前面例子中, $k = 3$ 和 $b = 4$, 从输出中得到 $W0 = 0.8125$, 即 $Q = 6.5$ 时, 所对应的精确 p 值为 0.0417. 对于不太小的 k 和 b, 利用下面 R 程序可能出现内存不够的问题, 不能给出结果, 可以考虑用大样本近似方法求 p 值.

```
Friedman=function(k=3,b=4,W0=0.8125){
perm=function(n=4){A=rbind(c(1,2),c(2,1));
if (n>=3){for (i in 3:n){temp=cbind(rep(i,nrow(A)),A);
for (j in (1:(i-2))){
temp=rbind(temp,cbind(A[,1:j],rep(i,nrow(A)),A[,(j+1):(i-1)]))};
temp=rbind(temp,cbind(A,rep(i,nrow(A))));A=temp};};A}
B=perm(k); # all possible permutations
nn=nrow(B);ind=rep(1:nn,each=nn^(b-1));for (i in 1:(b-1)){
ind=cbind(ind,rep(rep(1:nn,each=nn^(b-1-i)),nn^(i)))};
nn=nrow(ind);y=rep(0,nn);
for (i in 1:nn){R=apply(B[ind[i,],],2,sum);
y[i]=12/(b*k*(k+1))*sum(R^2)-3*b*(k+1)};
y0=sort(unique(y));ycnt=ydnt=NULL;
for (i in 1:length(y0)){ydnt=c(ydnt,length(y[y==y0[i]]));
ycnt=c(ycnt,length(y[y>=y0[i]]))};
plot(y0,ydnt/nn,cex=0.5,ylab="density function",
xlab="values of the Friedman statistics");
for (i in 1:length(y0))
```

```
points(c(y0[i],y0[i]),c(ydnt[i]/nn,0),type="l",lwd=2);
list(t(cbind(W=y0/b/(k-1),Q=y0,density=ydnt/nn,pvalue=ycnt/nn)),
Pvalue=length(y[y>=(b*(k-1)*W0)])/nn)}
```

Friedman 统计量的计算可以用下面的程序:

```
X=read.table("D:\\data\\blead.txt")
X=t(X);Y=apply(X,2,rank);R=apply(Y,1,sum);k=nrow(X);b=ncol(X);
Q=12/(b*k*(k+1))*sum(R^2)-3*b*(k+1);Q
```

得到 $Q = 6.5$.

关于 Friedman 秩和检验的 R 程序 (大样本近似). 就例 4.2 而言, 用语句

```
d=read.table("d:/data/blead.txt");friedman.test(as.matrix(d))
```

即可得到 Friedman 秩和检验的结果.

关于 Friedman 秩和检验的 SPSS 程序. 打开 blead.sav, 点击 Analyze-Nonparametric Tests-K Related Samples, 把变量 (City1,City2,City3) 选入 Test Variable List. 然后在下面 Test Type 选中 Friedman. 在点 Exact 时打开的对话框中可以选择精确方法 (Exact), Monte Carlo 抽样方法 (Monte Carlo) 或用于大样本的渐近方法 (Asymptotic only). 最后 OK 即可.

关于 Friedman 秩和检验的 SAS 程序 (只有大样本近似). 利用下面语句:

```
data blead;infile "D:/data/bloodlead.txt";
input lead city$ occup$;run;proc Freq;
tables city*occup*lead/cmh2 scores=rank noprint;run;
```

计算机输出中的 "非均值得分插值 (Row Mean Scores Differ)" 一行中的 "自由度 (DF)", "值 (Value)" 和 "概率 (Prob)" 就是分别我们的 χ^2 统计量的自由度, Q 和 p 值. 注意, 这里因变量产量 (lead) 要写在 city*occup*lead 中的最后, 而作为控制的变量 city 写在前面. 这个语句实际上是基于 Cochran-Mantel-Haenszel 统计量而不是 Friedman 统计量的. 在 Friedman 检验的条件下, Cochran-Mantel-Haenszel 在运用秩记分 (rank score) 时与 Friedman 等价. 但在更一般的情况下, 比如每个处理一区组组合多于一个观测值时, Cochran-Mantel-Haenszel 检验是 Friedman 检验的推广.

第六节　Kendall 协同系数检验

在实践中, 经常需要按照某特别的性质来多次 (b 次) 对 k 个个体进行评估或排序, 比如 b 个裁判者对于 k 种品牌酒类的排队, b 个选民对 k 个候选人的评价, b

个咨询机构对一系列 (k 个) 企业的评估以及体操裁判员对运动员的打分等等. 人们往往想知道, 这 b 个结果是否或多或少地一致. 如果很不一致, 则这个评估多少有些随机, 没有多大意义. 下面将通过一个例子来说明如何进行判断.

例 4.4 (数据:airp35.txt) 下面是 3 个独立的环境研究单位对 5 个城市空气等级排序的结果:

评估机构	五个城市空气质量排名				
($b=3$)	A	B	C	D	E
I	2	4	5	3	1
II	1	3	5	4	2
III	4	2	5	3	1
秩和 R_i	7	9	15	10	4

我们想知道这三个评估机构的结果是否是随机的.

令零假设为 H_0: "这些评估 (对于不同个体) 是不相关的或者是随机的", 而备选假设为 H_1: "它们 (对各个体) 是正相关的或者多少是一致的". 这里完全有理由用前面的 Friedman(1937) 方法来检验. Kendall 一开始也是这样做的. 后来, Kendall 和 Smith(1939) 提出了协同系数 (coefficient of concordance), 用来度量两个变量的关联度 (association). 协同系数可以看成为 (后面要介绍的) 二元变量的 Kendall's τ 在多元情况的推广. Kendall 协同系数, 也称 Kendall's W, 定义为

$$W = \frac{12S}{b^2(k^3 - k)}$$

这里 S 是个体的总秩与平均秩的偏差的平方和. 每个评估者 (共 b 个) 对于所有参加排序的个体有一个从 1 到 k 的排列 (秩), 而每个个体有 b 个打分 (秩). 记 R_i 为第 i 个个体的秩的和 ($i = 1, 2, \cdots, k$), 则

$$S = \sum_{i=1}^{k} \left(R_i - \frac{b(k+1)}{2} \right)^2.$$

因为总的秩为 $b(1 + 2 + \cdots + k) = bk(k+1)/2$, 平均秩为 $b(k+1)/2$.

Kendall 协同系数还可以写成下面的形式:

$$W = \sum_{i=1}^{k} \frac{(R_i - b(k+1)/2)^2}{[b^2 k(k^2 - 1)]/12} = \frac{12 \sum_{i=1}^{k} R_i^2 - 3b^2 k(k+1)^2}{b^2 k(k^2 - 1)}.$$

上面右边等价的表达式计算起来较方便. W 的取值范围是从 0 到 1($0 \leqslant W \leqslant 1$). 对 W 和 S 都有表可查, 当 k 大时, 可以利用大样本性质: 在零假设下, 对固定的 b,

当 $k \to \infty$,

$$b(k-1)W = \frac{12S}{bk(k+1)} \longrightarrow \chi^2_{(k-1)}.$$

这可以用 R 语句 pchisq(b*(k-1)*W,k-1,low=F) 实现.

W 的值大, 意味着各个个体在评估中有明显不同, 可以认为这样所产生的评估结果是有道理的, 否则, 意味着评估者对于诸位个体的意见很不一致, 则没有理由认为能够产生一个共同的评估结果.

对于例 4.4, 利用下面 R 语句可以算出 R_i, S, W, Q 值:

```
d=read.table("D:/data/airp35.txt");
R=apply(d,2,sum);b=nrow(d);k=ncol(d);
S=sum((R-b*(k+1)/2)^2);W=12*S/b^2/(k^3-k);Q=W*b*(k-1)
```

得到 $S = 66, W = 0.733, Q = 8.8$.

利用本节后的 R 程序, 可以得到在零假设下 Kendall 协同系数检验 W 的精确密度分布函数 (见图 4.6), 进而得到本例 Kendall 协同系数精确检验 P 值为 0.0376.

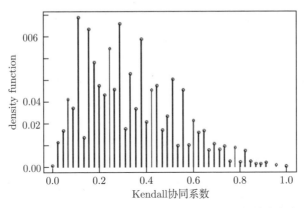

Figure 4.6　$k = 5, b = 3$ 时 Kendall 协同系数检验 W 的精确密度分布函数.

如果利用大样本近似, 在零假设下, 利用 $Q = b(k-1)W$ 近似 $\chi^2_{(k-1)}$ 分布, 用 R 语句 pchisq(8.8,df=4,low=F) 得到的 p 值为 0.0663, 因此, 不能拒绝零假设.

本节软件的注

关于 Kendall 协同系数检验的 R 程序 (精确分布). 与前面关于 Friedman 统计量 (Q) 的精确检验的 R 程序类似, 可以给出 Kendall 协同系数检验统计量 (W) 的精确分布.

```
Kendall=function(k=5,b=3,W0=0.733)){
perm=function(n=4){A=rbind(c(1,2),c(2,1));
if (n>=3){for (i in 3:n){temp=cbind(rep(i,nrow(A)),A);
for (j in (1:(i-2))){
temp=rbind(temp,cbind(A[,1:j],rep(i,nrow(A)),A[,(j+1):(i-1)]))};
temp=rbind(temp,cbind(A,rep(i,nrow(A))));A=temp};};A}
B=perm(k); # all possible permutations
nn=nrow(B);ind=rep(1:nn,each=nn^(b-1));for (i in 1:(b-1)){
ind=cbind(ind,rep(rep(1:nn,each=nn^(b-1-i)),nn^(i)))};
nn=nrow(ind);y=rep(0,nn);
for (i in 1:nn){R=apply(B[ind[i,],],2,sum);
y[i]=12/(b*k*(k+1))*sum(R^2)-3*b*(k+1)};
y0=sort(unique(y));ycnt=ydnt=NULL;
for (i in 1:length(y0)){ydnt=c(ydnt,length(y[y==y0[i]]));
ycnt=c(ycnt,length(y[y>=y0[i]]))};w0=y0/b/(k-1);
plot(w0,ydnt/nn,cex=0.5,ylab="density function",
xlab="Kendall 协同系数")
points(c(w0[i],w0[i]),c(ydnt[i]/nn,0),type="l",lwd=2)
list(t(cbind(W=w0,Q=y0,density=ydnt/nn,pvalue=ycnt/nn)),
Pvalue=length(y[y>=(b*(k-1)*W0)])/nn)}
```

由于各种排列可能性太多, 会超出内存限度, 只要 b 和 k 都比较小时, 能计算出精确的 p 值.

关于 Kendall 协同系数检验的 R 程序 (大样本近似). 就例 4.4 而言, 如果数据存在 "D:/data/airp35.txt" 中, 我们用语句

```
d=read.table("D:/data/airp35.txt");R=apply(d,2,sum);
b=nrow(d);k=ncol(d);S=sum((R-b*(k+1)/2)^2);
W=12*S/b^2/(k^3-k);pchisq(b*(k-1)*W,k-1,low=F)
```

即可得到 Kendall 协同系数检验的大样本近似结果.

关于 Kendall 协同系数检验的 SPSS 程序. 使用 airp35.sav 数据. 选项为 Analyze-Nonparametric Tests-K Related Samples. 然后把变量 (这里是 V1,V2,$\cdots$,V5) 选入 Test Variable List. 然后在下面 Test Type 选中 Kendall's W. 在点 Exact 时打开的对话框中可以选择精确方法 (Exact), Monte Carlo 抽样方法 (Monte Carlo) 或用于大样本的渐近方法 (Asymptotic only). 最后 OK 即可.

第七节　完全区组设计: 关于二元响应的 Cochran 检验

与前两节中响应变量（因变量）观测值是连续或有序整数情况不同, 有时观测值是以 "是" 或 "否", "同意" 或 "不同意", "+" 或 "−" 等二元响应 (两种可能取值) 的数据形式出现.

例 4.5 (数据: candid320.txt)　下面是某村村民对三个候选人 (A, B, C) 的赞同与否的调查 (数字 "1" 代表赞同, "0" 代表不赞同), 最后一列 (N_i) 为行总和, 而最后一行 (L_j) 为列总和 ($k = 3, b = 20$), 全部 "1" 的总和为 $N = \sum_i N_i = \sum_j L_j = 33$.

处理	区组: 20 个村民对 A,B,C 三个候选人的评价																				N_i
A	0	1	1	0	0	1	1	1	1	1	1	1	1	1	1	1	1	0	1	1	16
B	1	1	0	0	0	1	1	1	1	0	1	1	0	1	1	0	0	0	0	0	11
C	0	0	1	1	1	0	0	0	0	0	0	0	0	1	0	0	1	0	1	0	6
L_j	1	2	2	1	1	2	2	2	2	1	2	2	1	2	2	2	2	1	2	1	33

这里所关心的是这三个候选人在村民眼中有没有区别, 即检验 $H_0 : \theta_1 = \theta_2 = \cdots = \theta_k$ (例 4.5 中 $k = 3$), 对应于备选假设 H_1: 不是所有的位置参数都相等. 如果用 Friedman 检验, 将会有很多打结现象, 即许多秩相同. 这里的 Cochran 检验就解决了这个打结问题. Cochran(1950) 把 L_j 看成为固定的. 他认为, 在零假设下, 对每个 j, L_j 个 "1" 在各个处理中是等可能的. 也就是说每个处理有同等的概率得到 "1", 而且该概率依赖于固定的 L_j 值. L_j 的值随着不同的观察 j 而不同. 下面的 Cochran 检验统计量反映了这个思想, 它的定义为

$$Q = \frac{k(k-1)\sum_{i=1}^k (N_i - \bar{N})^2}{kN - \sum_{j=1}^b L_j^2} = \frac{k(k-1)\sum_{i=1}^k N_i^2 - (k-1)N^2}{kN - \sum_{j=1}^b L_j^2},$$

这里 $\bar{N} = \frac{1}{k}\sum_{i=1}^k N_i$. 容易验证, 添加或删掉 $L_j = 0$ 或 $L_j = k$ 的情况, 表达式 Q 的取值不变. 也就是说, 在用 Cochran 统计量 Q 进行检验时, 可以删掉 L_j 为 0 或 k 的观测. 在这个例子中, 如果某些村民对这三个候选人评价全是 0 或全是 1, 在用 Cochran 统计量 Q 进行检验时, 这些村民的评价结果可以删去.

关于这个检验, Patil(1975) 给出了精确分布的计算方法. 以 $k = 3$ 的情况为例, 假设满足 $L_j = 1$ 和 $L_j = 2$ 的观测分别有 n_1 和 n_2 个, 由于在零假设下三种满足 $L_j = 1$ 的观测 $(1,0,0)^T$, $(0,1,0)^T$ 和 $(0,0,1)^T$ 等可能发生. 因此如果 $(n_{11}, n_{12}, n_{13})^T$ 分别是 $(1,0,0)^T$, $(0,1,0)^T$ 和 $(0,0,1)^T$ 的观测次数, 则它发生的概率为 $P_1 = n_1! (n_{11}! n_{12}! n_{13}!)^{-1} (1/3)^{n_1}$, 其中 $n_{11} + n_{12} + n_{13} = n_1$. 相应地, 在零假设下三种满足 $L_j = 2$ 的观测 $(0,1,1)^T$, $(1,0,1)^T$ 和 $(1,1,0)^T$ 也等可能发生. 因此如

果 $(n_{21}, n_{22}, n_{23})^T$ 分别是 $(0,1,1)^T$, $(1,0,1)^T$ 和 $(1,1,0)^T$ 的观测次数, 则它发生的概率为 $P_2 = n_2!(n_{21}!n_{22}!n_{23}!)^{-1}(1/3)^{n_2}$, 其中 $n_{21}+n_{22}+n_{23}=n_2$. 每一种可能的 $(n_{11}, n_{12}, n_{13})^T$ 和 $(n_{21}, n_{22}, n_{23})^T$ 的组合, 得到一个 Q 值, 其对应的概率为 $P_1 P_2$.

如果不把 L_j 分为取值为 1 和 2 两类, 直接基于产生每组 L_j 的所有可能计算, 其组合数量为 $3^{(n_1+n_2)}$, 会很大. Patil(1975) 方法的组合数量为 $(n_1+2)(n_1+1)(n_2+2)(n_2+1)/4$, 大大地减少了计算量. 比如 $n_1=7, n_2=1$, 前者组合数量为 6561, 而后者为 108. 再比如 $n_1=4, n_2=4$, 前者为 6561, 而后者为 225. 本节软件的注部分给出了针对具体实际数据, 利用 Patil(1975) 的方法计算精确 p 值的程序.

在样本量比较大时, 在零假设下, 对于固定的 k, 当 $b \to \infty$ 时,

$$Q \longrightarrow \chi^2_{(k-1)}.$$

也就是说, 区组多时, 可以用 χ^2 表来得到 p 值.

对于本节这个村民调查的例子, 利用本节软件的注中的 R 程序, 给出了 $k=3, b=20$ 时 Cochran 检验的精确密度分布 (见图 4.7).

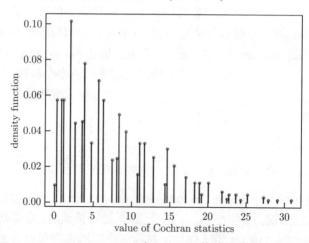

Figure 4.7　$k=3, b=20$ 时 Cochran 检验的精确密度分布.

程序中还给出了根据本例数据计算的 Cochran 统计量得到 $Q=7.5$, 在零假设下 Cochran 精确检验的 p 值为 0.0266; 如果用大样本近似分布, 按 $\chi^2(19)$ 得到 p 值为 0.0235. 由于 $b=20$ 比较大, 用精确检验方法和近似分布得到的 p 值应该相差不大. 因此, 对于水平 $\alpha \geqslant 0.025$ 可以拒绝零假设, 即村民的确觉得这些候选人不同.

上章例 3.3 中问题与本节类似, 相当于 $k=2$ 的情况. 如用 Cochran's Q 检验统计量, 例 3.3 数据中有 10 个 L_j 为 0, 24 个 L_j 为 1, 6 个 L_j 为 2, $N_1=10$,

$N_2 = 26, N = 36,$

$$Q = \frac{k(k-1)\sum_{i=1}^{k} N_i^2 - (k-1)N^2}{kN - \sum_{j=1}^{b} L_j^2} = \frac{2(10^2 + 26^2) - 36^2}{2 \times 36 - (24 \times 1 + 6 \times 2^2)} = 10.6667.$$

与上章 McNemar χ^2 数值一样. Cochran's Q 可认为是 McNemar χ^2 检验的推广.

本节软件的注

关于 **Cochran** 检验的 **R** 程序 (精确检验). 对于实际数据, 可以用下面的程序计算精确检验 p 值.

```
Cochran=function(){Xpchs=function(n=7,k=5){
#output(n_1,..,n_k)-all possible combination with n_1+...+n_k=n
temp=cbind(n:0,0:n);if (k>=3){
for (j in 3:k){a1=temp[,1:(j-2)];a2=temp[,j-1];temp0=NULL;
for (i in 1:length(a2)){
if (j==3) temp0=rbind(temp0,cbind(rep(a1[i],a2[i]+1),a2[i]:0,
        0:a2[i]))
if (j>3) temp0=rbind(temp0,cbind(matrix(rep(a1[i,],a2[i]+1),
ncol=j-2,byrow=T),a2[i]:0,0:a2[i]))};temp=temp0}};temp}
Xpchs2=function(n=4,k=2){
#output: all 0 and 1 columns, with n-k 0s and k- 1s columns
Xchoose=function(n=4,k=2){if (k==0) aa=NULL
if (k>=1){aa=matrix(1:n,ncol=1);m=0;
if(k>1){for(i in 2:k){m=m+1;m1=nrow(aa);
aa=cbind(matrix(rep(aa,each=n),ncol=m),rep(1:n,m1))
aa=aa[(aa[,m+1]>aa[,m]),]}}};aa};e01=Xchoose(n,k)
temp=matrix(0,nrow=nrow(e01),ncol=n);
for (j in 1:nrow(temp)){if (k==1) temp[j,e01[j]]=1
if (k>1) temp[j,e01[j,]]=1};temp}
x=read.table("d:/data/candid320.txt");
L=apply(x,1,sum);n=nrow(x);k=ncol(x);L=apply(x,1,sum);
R=apply(x,2,sum);N=sum(R);
```

```
Q0=(k*(k-1)*sum((R-mean(R))^2))/(k*N-sum(L^2));
Ni=NULL;for (i in 1:k-1) Ni=c(Ni,sum(L==i));Ni=Ni[-1];
eye0=Xpchs2(k,1);temp0=Xpchs(Ni[1],nrow(eye0));Ri0=temp0%*%eye0;
prob0=factorial(Ni[1])/apply(factorial(temp0),1,prod)*
(1/nrow(eye0))^(Ni[1]);
if (length(Ni)>1){for (i in 2:length(Ni)){
eye1=Xpchs2(k,i);temp1=Xpchs(Ni[i],nrow(eye1));Ri1=temp1%*%eye1;
prob1=factorial(Ni[i])/apply(factorial(temp1),1,prod)*
(1/nrow(eye1))^(Ni[i])
Ri0=matrix(rep(t(Ri0),nrow(Ri1)),byrow=T,ncol=k)+
matrix(rep(Ri1,each=nrow(Ri0)),ncol=k)
prob0=rep(prob0,length(prob1))*rep(prob1,each=length(prob0))}}
xa=k*(k-1)*apply((Ri0-apply(Ri0,1,mean))^2,1,sum)/(k*N-sum(L^2))
nn=length(xa);xa0=sort(unique(xa));xacnt=NULL;
for (i in 1:length(xa0)) xacnt=c(xacnt,length(xa[xa==xa0[i]]));
plot(xa0,xacnt/nn,cex=0.5,ylab="density function",
xlab="value of Cochran statistics");
for (i in 1:length(xa0))
points(c(xa0[i],xa0[i]),c(xacnt[i]/nn,0),type="l",lwd=2)
list(unique(xa),cbind(rbind(t(x),L),c(R,N)),Q=Q0,
Exactp=sum(prob0[(xa>=Q0)]),pvalue=pchisq(Q0,k-1,low=F))}
```

上面程序中有两个子程序, Xpchs 和 Xpchs2, 用来生成满足 L_j 值不变的所有可能的观测. 当 k 或 b 较大时, 满足 L_j 值不变的所有可能的观测太多, 会出现出错信息 "错误: 无法分配大小为 263.9 Mb 的矢量", 需要考虑用大样本近似方法. 用例 4.5 中数据, 由精确分布得到的 p 值分别为 0.0266, 与 SPSS 结果一致.

关于 Cochran 检验的 R 程序 (大样本近似). 就例 4.5 而言, 如果数据存在 "D:/data/candid320.txt" 中, 可用下面语句得到上面的 N_i, L_j, Q 和 p 值等.

```
x=read.table("d:/data/candid320.txt");n=apply(x,2,sum);N=sum(n)
L=apply(x,1,sum);k=dim(x)[2]
Q=(k*(k-1)*sum((n-mean(n))^2))/(k*N-sum(L^2))
pvalue=pchisq(Q,k-1,low=F)
```

关于 Cochran 检验的 SPSS 程序. 打开数据 candid320.sav, 依次选 analyze-Nonparametric Tests-K Related Samples, 把三个变量 Candidate1, Candidate2 和

Candidate3 都选入 Test Variable List, 在 Test Type 选中 Cochran. 点击 Exact, 选精确方法 (Exact), Monte Carlo 抽样方法 (Monte Carlo) 或大样本渐近方法 (Asymptotic only), 最后 OK 即可. 对于本节的例子, 得到 Cochran's Q 为 7.5, 精确和近似两种方法得到的 p 值分别为 0.027 和 0.024.

关于 Cochran 检验的 SAS 程序 (只有大样本近似). 下面语句给出 Cochran 大样本近似结果

```
data candid;infile "D:/data/candid.txt";input C1$ C2$ C3$ C4$;
run;proc Freq;tables C1*C2*C3*C4/ agree;run;
```

第八节　完全区组设计: Page 检验

类似于备选假设为有序时所应用的 Jonckheere 检验, 对于完全区组设计的检验问题

$$H_0: \theta_1 = \theta_2 = \cdots = \theta_k; H_1: \theta_1 \leqslant \theta_2 \leqslant \cdots \leqslant \theta_k$$

Page(1963) 引进下面检验统计量,

$$L = \sum_{i=1}^{k} iR_i.$$

即先在每一个区组中, 对处理排序, 然后对每个处理把观测值在各区组中的秩加起来, 得到 R_i, $i = 1, 2, \cdots, k$, 再加权求和. 每一项乘以 i 加权的主要思想在于: 如果 H_1 是正确的, 这可以 "放大" 备选假设 H_1 的效果. 在总体分布为连续的条件下, 如果没有打结, 则该检验是和总体分布无关的.

对于比较小的 k 和 b 值, 可以查附表 8 得到在零假设下的临界值 c, 满足 $P(L \geqslant c) = \alpha$. 也可以按本节软件的注中关于 Page 检验的 R 程序, 给出精确检验的 p 值. 当 k 固定, 而 $b \to \infty$ 时, 在零假设下按下面正态近似求 p 值,

$$Z_L = \frac{L - \mu_L}{\sigma_L} \longrightarrow N(0, 1),$$

这里,

$$\mu_L = \frac{bk(k+1)^2}{4}; \quad \sigma_L^2 = \frac{b(k^3-k)^2}{144(k-1)}.$$

如果在区组内有打结的情况下, σ_L^2 可修正为

$$\sigma_L^2 = k(k^2-1)\frac{bk(k^2-1) - \sum_i \sum_j (\tau_{ij}^3 - \tau_{ij})}{144(k-1)},$$

这里 τ_{ij} 为在第 j 个处理中及第 i 个结中的观测值个数 (结统计量).

例 4.2 (继续)(数据由 blead.txt 转换成 blead1.txt) 考虑例 4.2 的血液中含铅的例子, 想检验 $H_0: \theta_1 = \theta_2 = \theta_3$ 对 $H_1: \theta_1 \geqslant \theta_2 \geqslant \theta_3$. 但是为了直接使用前面公式的记号, 把第一个城市 A 和第三个城市 C 对调 (数据成为 blead1.txt), 于是检验成为 $H_0: \theta_1 = \theta_2 = \theta_3$ 对 $H_1: \theta_1 \leqslant \theta_2 \leqslant \theta_3$. 利用上一节的结果 (A 和 C 次序对调后) 写出处理在每个区组 (职业) 之中的秩 (括弧内), 有

城市 (处理)	职业 (区组)				R_i
	I	II	III	IV	
C	40 (1)	52 (1)	34(1)	35 (1)	4
B	52 (2)	76 (2)	52(3)	53 (2)	9
A	80 (3)	100 (3)	51(2)	65 (3)	11

可以得到 $R_1 = 4, R_2 = 9, R_3 = 11$, 而且 $L = 4 + 2 \cdot 9 + 3 \cdot 11 = 55$. 查附表 8, 对 $k = 3$ 和 $b = 4$ 情况, 精确检验 p 值为 $P(L \geqslant 55) = 0.00694$. 所以, 可以在水平大于或等于 0.007, 拒绝零假设.

根据本例中的数据, 利用本节软件的注中的 R 程序, 给出了 $k = 3$ 和 $b = 4$ 情况 Page 趋势检验精确密度分布 (见图 4.8), 也给出了精确检验的 p 值为 0.00694.

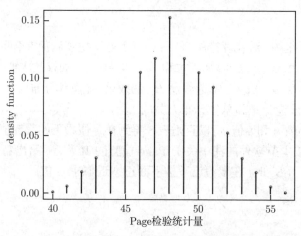

Figure 4.8 $k = 3$ 和 $b = 4$ 时 Page 检验的精确密度分布.

利用本节软件的注中的大样本正态近似 R 程序, 得到 $Z = 2.475$, p 值为 0.0067.

Page 检验还可以很容易地推广到每一个 (i,j) 位置有任意多的观测值 n_{ij} 的情况. 并且简单地在每一个区组对观测值排序. 这里所必需的假设是: 不存在区组和处理的交互作用. 对于所有 (i,j) 位置的观测值都相等的情况 $(n_{ij} \equiv n)$, 大样本

时的近似正态统计量的 μ_L 和 σ_L^2 为

$$\mu_L = \frac{nbk(k+1)(nk+1)}{4};$$

和

$$\sigma_L^2 = nk(k^2-1)\frac{nbk(n^2k^2-1)-\sum\sum(\tau_{ij}^3-\tau_{ij})}{144(nk-1)}.$$

本节软件的注

关于 Page 检验的 R 程序 (精确检验). 当 k 和 b 比较小时, 可以利用下面的 R 程序计算精确检验. 类似于前面 Friedman 精确检验, 程序中 $k,b,L0$ 可根据具体问题替换代入, 输出 Page 检验统计量的精确分布和 p 值. 本例中, $k=3, b=4$, Page 检验统计量 $L0 = 55$.

```
Page=function(k=3,b=4,L0=55){
perm=function(n=4){A=rbind(c(1,2),c(2,1));
if (n>=3){for (i in 3:n){temp=cbind(rep(i,nrow(A)),A);
for (j in (1:(i-2))){
temp=rbind(temp,cbind(A[,1:j],rep(i,nrow(A)),A[,(j+1):(i-1)]))};
temp=rbind(temp,cbind(A,rep(i,nrow(A))));A=temp};};A}
B=perm(k); # all possible permutations
nn=nrow(B);ind=rep(1:nn,each=nn^(b-1));for (i in 1:(b-1)){
ind=cbind(ind,rep(rep(1:nn,each=nn^(b-1-i)),nn^(i)))};
nn=nrow(ind);y=rep(0,nn);
for (i in 1:nn){R=apply(B[ind[i,],],2,sum);
y[i]=sum((1:k)*R)};y0=sort(unique(y));ycnt=NULL;
for (i in 1:length(y0)) ycnt=c(ycnt, length(y[y==y0[i]]));
plot(y0,ycnt/nn,cex=0.5,ylab="density function",
xlab="Page检验统计量")
for (i in 1:length(y0))
points(c(y0[i],y0[i]),c(ycnt[i]/nn,0),type="l",lwd=2)
list(cbind(L=y0,pvalue=ycnt/nn),Pvalue=length(y[y>=L0])/nn)}
```

关于 Page 检验的 R 程序 (大样本近似). 在 R 网站下载 concord.zip, 然后安装在你的 R 上面. 输入下面语句即可得到类似于查表的结果.

```
d=read.table("D:/data/blead1.txt")
```

```
library(concord);page.trend.test(d) 或者用下面语句 (适用于没有打结情况)
```
可以得到上面的 L, Z 和 p 值等等 (大样本近似结果).

```
d=read.table("D:/data/blead1.txt");rd=apply(d,1,rank)
R=apply(rd,1,sum);L=sum(R*1:length(R));k=dim(d)[2];b=dim(d)[1]
m=b*k*(k+1)^2/4;s=sqrt(b*(k^3-k)^2/144/(k-1));Z=(L-m)/s
pvalue=pnorm(Z,low=F)
```

第九节　不完全区组设计: Durbin 检验

考虑不完全区组设计 $BIBD(k, b, r, t, \lambda)$. 假定总体分布为连续的, 因而不存在打结, 且假定区组之间互相独立.

考虑检验 $H_0 : \theta_1 = \theta_2 = \cdots = \theta_k$, 对 H_1: 不是所有的位置参数都相等. 和前面的 Friedman 检验一样, 在每一个区组中, 对处理排序, 然后对每个处理把观测值在各区组中的秩加起来. 如果记 R_{ij} 为在第 j 个区组中第 i 个处理的秩, 按处理相加得到 $R_i = \sum_j R_{ij}, i = 1, 2, \cdots, k$. Durbin(1951) 检验统计量为

$$D = \frac{12(k-1)}{rk(t^2-1)} \sum_{i=1}^{k} \left\{ R_i - \frac{r(t+1)}{2} \right\}^2 = \frac{12(k-1)}{rk(t^2-1)} \sum_{i=1}^{k} R_i^2 - \frac{3r(k-1)(t+1)}{t-1}.$$

这右边的式子仅是为了手工计算方便.

显然, 在完全区组设计 $(t = k, r = b)$ 时, 上面的统计量等同于 Friedman 统计量. 对于显著性水平 α, 如果 D 很大, 比如大于或等于 $D_{1-\alpha}$, 这里 $D_{1-\alpha}$ 为最小的满足 $P_{H_0}(D \geq D_{1-\alpha}) = \alpha$ 的值, 我们可以拒绝零假设.

零假设下, 类似于前几节中使用的方法, 可以给出 Cochran 检验的精确分布. 在大样本情况, 对于固定的 k 和 t, 当 $r \to \infty$ 时,

$$D \to \chi^2_{(k-1)}.$$

对于有打结现象时, 需要对上面公式进行修正, 相关的公式为

$$D = \frac{(k-1) \sum_{i=1}^{k} \left\{ R_i - \frac{r(t+1)}{2} \right\}^2}{A - C},$$

这里

$$A = \sum_{i=1}^{k} \sum_{j=1}^{b} R_{ij}^2; \quad C = \frac{bt(t+1)^2}{4}.$$

按照这个公式计算出来的 D 在没有结的情况和前面公式是一样的.

例 4.3 (继续) 为说明起见, 对第一节中例 4.3 的关于材料的例子进行计算, 结果如下 (括弧中的是秩)

材料 (处理)	部位 (区组)				R_i
	I	II	III	IV	
A	34(1)	28(1)	36(1)		3
B	36(2)	30(2)		45(1)	5
C	40(3)		48(2)	60(3)	8
D		44(3)	54(3)	59(2)	8

这里 $k=4, t=3, b=4, r=3, \lambda=2$, 算得 D 值为 6.75. 根据本例中的数据, 利用本节软件的注中的 R 程序, 给出了 $k=4, t=3, b=4, r=3, \lambda=2$ 情况 Durbin 趋势检验精确密度分布 (见图 4.9), 也给出了精确检验的 p 值为 0.0741. 按照这个结果, 能在水平 $\alpha \geqslant 0.075$ 时拒绝零假设.

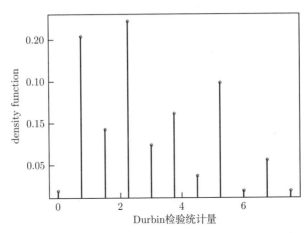

Figure 4.9 $k=4, t=3, b=4, r=3, \lambda=2$ 时 Durbin 检验的精确密度分布.

如果用大样本 χ^2 (自由度为 $k-1$) 近似, 得到 p 值为 0.0803, 见本节软件的注中的 R 程序.

本节软件的注

关于 Durbin 检验的 R 程序 (精确分布). 这里就例 4.3 中数据, 给出了求 p 值的 R 程序. 也给出了当 $k=4, t=3, b=4, r=3$ 和 $\lambda=2$ 时, Durbin 检验在零假

设成立的条件下的精确分布.

```
Durbin=function(k=4,t=3,b=4,r=3,D0=6.75){
B=cbind(c(1,2,3),c(1,3,2),c(2,1,3),c(2,3,1),c(3,1,2),c(3,2,1))
nn=6^b;Numfunc=function(r,b,nnum){ind=rep(0,b);temp=nnum;
for (i in 1:b){ind[i]=floor(temp/(6^(b-i)))
temp=temp-ind[i]*6^(b-i)};ind};
y=0;for (i in 0:(nn-1)){A=B[,Numfunc(r,b,i)+1]
R=c(sum(A[1,1:3]),sum(A[2,1:2])+A[1,4],A[3,1]+sum(A[2,3:4]),
sum(A[3,2:4]))
y=c(y,12*(k-1)/(r*k*(t^2-1))*sum((R-r*(t+1)/2)^2))};
y=y[2:length(y)];
pvalue=sum(y>=D0)/nn;y0=sort(unique(y));ycnt=NULL;
for (i in 1:length(y0)) ycnt=c(ycnt, length(y[y==y0[i]]));
plot(y0,ycnt/nn,cex=0.5,ylab="density function",
xlab="Durbin检验统计量");
for (i in 1:length(y0))
points(c(y0[i],y0[i]),c(ycnt[i]/nn,0),type="l",lwd=2)
list(cbind("k"=k,"b"=b,"r"=r,"t"=t,"pvalue"=pvalue),
cbind(y0,ycnt))}
cbind(y0,ycnt))}
```

关于 Durbin 检验的 R 程序 (两种大样本近似). 对于例 4.2 的数据, 用下面语句可以得到前面的 D(没有打结情况) 和 p 值.

```
d=read.table("D:/data/mater.txt");
k=max(d[,2]);b=max(d[,3]);t=length(d[d[,3]==1,1]);
r=length(d[d[,2]==1,1]);
R=d;for(i in 1:b) R[d[,3]==i,1]=rank(d[d[,3]==i,1]);
RV=NULL;for(i in 1:k) RV=c(RV,sum(R[R[,2]==i,1]));
D=12*(k-1)/(r*k*(t^2-1))*sum((RV-r*(t+1)/2)^2);
pvalue.chi=pchisq(D,k-1,low=F)
```

对于有打结情况, 可以用下面语句得到 D 和 p 值.

```
A=sum(R[,1]^2);C=b*t*(t+1)^2/4;
D=(k-1)*sum((RV-r*(t+1)/2)^2)/(A-C);
pvalue.chi=pchisq(D,k-1,low=F)
```

第十节　习　　题

1. (数据 4.10.1.txt, 4.10.1.sav) 对 5 种含有不同百分比棉花的纤维各作 8 次抗拉强度试验, 结果如下 (单位: g/cm^2):

棉花百分比 (%)				
15	20	25	30	35
411	1268	1339	1480	986
705	846	1198	1198	775
493	1057	1339	1268	493
634	916	1198	1480	775
634	1057	1339	1268	352
846	1127	916	986	352
564	775	1480	1127	564
705	634	1268	1480	423

试问不同棉花百分比的纤维的平均抗拉强度是否一样. 利用 Kruskal-Wallis 法和正态记分法进行检验. 在适当调换次序之后, 用 Jonckheere-Terpstra 法检验有序备选假设的情况. 写出上面检验的零假设和备选假设.

2. (数据 4.10.2.txt, 4.10.2.sav) 关于生产计算机公司在一年中的生产力的改进 (度量为从 0 到 100) 与它们在过去三年中在智力投资 (度量为: 低, 中等, 高) 之间的关系的研究结果列在下表中:

智力投资	生产力改进										
低	9.1	7.0	6.4	8.0	7.3	6.1	7.5	7.3	6.8	7.8	
中	5.1	8.7	6.6	7.9	10.1	8.5	9.8	6.6	9.5	9.9	8.1	7.0
高	10.4	9.2	10.6	10.9	10.7	10.0	10.1	10.0			

是否智力投资对改进生产力有帮助? 说明检验的步骤, 包括零假设, 备选假设, 统计量, p 值等等及你的结果. (利用 Jonckheere-Terpstra 检验)

3. (数据 4.10.3.txt, 4.10.3.sav) 一项关于销售茶叶的研究报告说明销售方式可能和售出率有关. 三种方式为: 在商店内等待, 在门口销售和当面表演炒制茶叶. 对一组商店在一段时间的调查结果列在下表中 (单位为购买者人数).

销售方式	购买率 (%)							
商店内等待	20	25	29	18	17	22	18	20
门口销售	26	23	15	30	26	32	28	27
表演炒制	53	47	48	43	52	57	49	56

利用检验回答下面的问题. 是否购买率不同? 存在单调趋势吗? 如果只分成表演炒制和不表演炒制两种, 结论又如何?

4. (数据 4.10.4.txt, 4.10.4.sav) 对一些交通事故的保险调查结果表明出事故率和赔保历史及教育程度等因素有关. 下表列出了某地区保险公司在一段时间内对不同教育程度 (小学及以下, 初中, 高中, 大学及以上) 及不同赔保历史 (赔过一次, 两次以上及从未赔过) 的开车人的赔保次数:

赔保历史	教育程度			
	小学及以下	初中	高中	大学及以上
从未赔过	281	130	50	30
赔过一次	256	90	10	5
赔过 2 次及以上	107	30	6	4

点图说明该数据的两个因子是否有交互作用. 从这个数据你能得到什么信息? 利用各种检验方法 (包括 Friedman 检验和 Page 检验) 获得尽可能多的结果. 你可以把赔保历史作为处理, 也可以把教育程度作为处理 (在 R 语句中把数据矩阵转置). 观察结果中自由度的变化.

5. (数据 4.10.5.txt, 4.10.5.sav) 下面是 4 个机构对 12 种彩电综合性能的排序结果:

评估机构	被评估的 12 种彩电 (A-L) 的排名											
	A	B	C	D	E	F	G	H	I	J	K	L
I	12	9	2	4	10	7	11	6	8	5	3	1
II	10	1	3	12	8	7	5	9	6	11	4	2
III	11	8	4	12	2	10	9	7	5	6	3	1
IV	9	1	2	10	12	6	7	4	8	5	11	3

检验这些排序是否产生较一致的结果.

6. (数据 4.10.6.txt, 4.10.6.sav) 下面是 10 个顾客对 12 种保健食品的作用的排序:

顾客	被评估的 12 个保健食品											
	A	B	C	D	E	F	G	H	I	J	K	L
1	11	7	12	8	3	4	2	9	5	6	1	10
2	5	9	8	11	2	7	1	12	10	4	6	3
3	10	2	6	1	7	3	4	5	11	9	12	8
4	10	6	9	4	8	12	7	3	11	2	1	5
5	10	7	5	8	9	2	4	1	3	11	12	6
6	8	3	12	10	11	4	5	7	2	9	1	6
7	9	8	1	2	10	11	5	7	3	4	12	6
8	8	2	7	9	6	12	4	10	3	1	11	1
9	11	7	5	3	8	4	10	2	9	12	6	1
10	5	9	4	1	8	3	11	12	7	6	2	10

检验这些排序是否有意义? 这些保健食品是否真的有区别.

7. (数据 4.10.7.txt, 4.10.7.sav) 按照一项调查, 15 名顾客对三种电讯服务的态度 ("满意"或 "不满意") 为:

服务	15 个顾客的评价 ("满意" 为 1, "不满意" 为 0)														
A	1	1	1	1	1	1	1	1	0	1	1	1	1	1	0
B	1	0	0	0	1	1	0	1	0	0	0	1	1	1	1
C	0	0	0	1	0	0	0	0	0	0	0	1	0	0	0

请检验顾客对这三种服务的表态是否是随机作出的.

8. (数据 4.10.8.txt, 4.10.8.sav) 调查 20 名选民对某 3 个候选人的态度, 答案只有 "同意"或 "不同意" 两种, 结果如下:

候选人	20 名选民的评价 ("同意" 为 1, "不同意" 为 0)																			
A	1	1	0	0	0	0	1	0	0	0	1	0	0	1	1	0	0	1	1	1
B	0	1	1	0	1	0	1	1	0	0	0	1	0	0	0	1	0	0	0	1
C	0	0	1	1	1	1	0	0	0	0	1	0	1	1	1	1	1	1	0	1	0

顾客对这三个候选人的表态是否反映了他们对候选人的了解? 调查问卷的这种两种答案设计是否合理?

9. (数据 4.10.9.txt, 4.10.9.sav) 5 种路况和 5 种汽车的油耗如下表 (单位: 公里/升):

路况	汽车种类				
	I	II	III	IV	V
A		35	30	25	15
B	32	25		21	12
C	22		17	12	9
D	15	12	11	10	
E	9	9	8		5

汽车种类对油耗有没有影响? 路况类型对油耗有没有影响?

10. (数据 4.10.10.txt, 4.10.10.sav) 某养殖场用 4 种饲料饲养对虾, 在 4 种盐分不同的水质中同样面积的收入为 (单位: 千元):

饲料	盐分			
	I	II	III	IV
A	3.5	2.9	3.7	
B	3.7	3.1		4.4
C	4.1		4.9	5.8
D		4.5	5.7	5.9

请分析盐分和饲料如何影响 (有没有影响) 收入.

11. 请用 Cochran 检验分析上章 16 题, 并将结果与用 McNemar 检验结果进行比较.

第五章 尺 度 检 验

位置参数描述了总体分布的位置, 而描述总体概率分布散布程度的参数为尺度参数 (scale parameter), 如方差, 极差或标准差等等. 假定两独立样本 $X_1, X_2, \cdots,$ X_m 及 $Y_1, Y_2, \cdots, Y_n$ 分别来自正态分布 $N(\mu_X, \sigma_X^2)$ 及 $N(\mu_Y, \sigma_Y^2)$. 在检验 $H_0:$ $\sigma_X^2 = \sigma_Y^2$ 时, 最常用的传统的统计方法是 F 检验, 检验统计量为两个独立样本的样本 (修正) 方差之比:

$$F = \frac{S_X^2}{S_Y^2} = \frac{\sum\limits_{i=1}^{m}(X - \bar{X})^2/(m-1)}{\sum\limits_{j=1}^{n}(Y - \bar{Y})^2/(n-1)}.$$

在零假设下, 它有自由度为 $(m-1, n-1)$ 的 F 分布. 但是, 当总体分布不是正态或有严重污染时, 上述 F 检验不一定合适. 下面要介绍检验尺度参数是否相等的非参数方法. 这些方法对于总体的形状没有要求, 但有些需要位置参数 (比如中位数) 相等的假定. 如果位置参数不相等, 有时需要进行平移使其相等后再进行检验.

第一节 两独立样本的 Siegel-Tukey 方差检验

现在介绍与 Wilcoxon 秩和统计量 (或 Mann-Whitney 统计量) 有关的 Siegel-Tukey 检验 (Siegel and Tukey, 1960). 假定有两独立样本 $X_1, X_2, \cdots, X_m \sim$ $F(x - \theta_1 \sigma_1)$; $Y_1, Y_2, \cdots, Y_n \sim F(y - \theta_2 \sigma_2)$, 这里 $F(\cdot)$ 为对称的连续分布函数, 且两个总体的位置参数相等, 即 $\theta_1 = \theta_2$. 这里的零假设和双边备择假设分别为

$$H_0 : \sigma_1 = \sigma_2; H_1 : \sigma_1 \neq \sigma_2,$$

单边备择为 $H_1 : \sigma_1 > \sigma_2$ 或 $H_1 : \sigma_1 < \sigma_2$.

$H_1 : \sigma_1 > \sigma_2$ (或者其它的单边或双边检验). 或者是 H_0: "样本来自同一总体分布" 对 H_1: "样本的分布仅方差不同".

该检验是基于如下的思想: 如果一个总体方差较大, 其样本点一定散布得较远. 因此, 这里的秩不是按大小来定, 而是按散布远近而定. 具体操作如下: 先把两样本的混合按升幂排序. 然后定最小的一个秩为 1, 然后把最大和次大的两个数的秩定义为 2 和 3, 再回到小端定第二第三小的秩为 4 和 5, 如此从一端跳到另一端, 每端按从外到内的顺序取两个秩, 直到所有的点都分配了秩为止. 按照 Wilcoxon 秩和检验的方法分别对这两组样本的秩求和, 也记成 W_X 和 W_Y, 并且同样求出 $W_{YX} = W_X - m(m+1)/2$ 和 $W_{XY} = W_Y - n(n+1)/2$. 利用 Mann-Whitney 统计量的分布 (表或大样本近似) 来得到 p 值. 直观上, 如果一组样本秩和很小, 说明其具有较多的离两端近的观测值, 也就是说方差相对较大, 数据支持拒绝零假设. 如果两组样本位置相差太远, 则显然不能直接利用 Siegel-Tukey 检验, 这时要先估计出两样本中心的差 $M_X - M_Y$(例如取所有两样本的可能的 mn 个差值的中位数) 再把一组样本平移以使其中心相同.

例 5.1(数据:salary.txt, salary.sav) 这里再考虑我国两个地区一些城镇职工工资的例子 (第三章) 来说明 Siegel-Tukey 检验的过程. 那里已估计了两组样本的位置差为 $M_X - M_Y \approx -2479$(利用 R 语句 median(outer(x,y,"-"))). 把 X 样本都减去该值 (这里等价于加上 2479), 然后混合它们, 按升幂排列 (下表第一列). 下表第二列为区别两个地区的标记 (1 和 2), 第三列为本节所介绍的从外向内对这个混合样本的排序. 容易算出 $W_Y = 300, W_{XY} = 180, W_X = 228, W_{YX} = 75$. 类似于 Wilcoxon 秩和检验, 取检验统计量 $\min(W_{XY}, W_{YX}) = 75$.

混合样本	地区 (1/2)	秩	混合样本	地区 (1/2)	秩
9343	1	1	12398	1	31
9783	1	4	12552	1	30
9956	1	5	12642	2	27
10258	1	8	12675	2	26
10276	2	9	12749	1	23
10374	1	12	13199	2	22
10533	2	13	13683	2	19
10633	2	16	14049	2	18
10827	1	17	14060	1	15
10837	2	20	14061	2	14
10940	1	21	15951	1	11
11209	2	24	16079	1	10
11393	2	25	16079	2	7
11864	2	28	16441	1	6
12032	1	29	17498	1	3
12040	2	32	19723	1	2

此例的假设检验问题为 $H_0 : \sigma_1 = \sigma_2; H_1 : \sigma_1 > \sigma_2$ 这是因为备选假设的方向应该和实际数据的状态一致. 这里 W_X 比 W_Y 小得多, 意味着 X 的数据的秩相对要小, 也就是说, X 数据的范围要得广些. 实际精确的 p 值为 0.0243. 这可以从 R 语句 pwilcox(75,15,17) 得到. 因此可以在显著性水平 $\alpha \geqslant 0.025$ 时拒绝零假设. 这说明 X 样本所代表的总体方差要大些, 或者说地区 1 本身的差距比地区 2 较大.

本节软件的注

关于 **Siegel-Tukey** 方差检验的 **R** 程序. 就例 5.1 而言, 用下面语句可以得到前面的表格.

```
x=read.table("d:/data/salary.txt")
y=x[x[,2]==2,1];x=x[x[,2]==1,1]; x1=x-median(outer(x,y,"-"))
xy=cbind(c(x1,y),c(rep(1,length(x)),rep(2,length(y))))
xy1=xy[order(xy[,1]),];z=xy[,1];n=length(z) a1=2:3;b=2:3; for(i in
seq(1,n,2)){b=b+4;a1=c(a1,b)} a2=c(1,a1+2);z=NULL; for(i in
1:n)z=c(z,(i-floor(i/2))) b=1:2;for( i in seq(1,(n+2-2),2))
if(z[i]/2!=floor(z[i]/2))
{z[i:(i+1)]=b;b=b+2};zz=cbind(c(0,0,z[1:(n-2)]),z[1:n])
if(n==1)R=1;if(n==2)R=c(1,2);
if(n>2)R=c(a2[1:zz[n,1]],rev(a1[1:zz[n,2]]))
xy2=cbind(xy1,R);Wx=sum(xy2[xy2[,2]==1,3]);
Wy=sum(xy2[xy2[,2]==2,3]); nx=length(x);ny=length(y);
Wxy=Wy-0.5*ny*(ny+1);Wyx=Wx-0.5*nx*(nx+1)
```

其中 xy2 就是上面的表格, 其第一列为混合数据的升幂排列, 第二列为地区的识别哑元, 第三列为按照本节的方法所排的秩. 下面是计算 W_X, W_Y, W_{XY}, W_{YX} 和精确 p 值的语句:

```
Wx=sum(xy2[xy2[,2]==1,3]);Wy=sum(xy2[xy2[,2]==2,3])
nx=length(x);ny=length(y);Wxy=Wy-0.5*ny*(ny+1);
Wyx=Wx-0.5*nx*(nx+1);pvalue=pwilcox(Wyx,nx,ny)
```

第二节　两样本尺度参数的 Mood 检验

同上一节, 假定独立同分布样本 $X_1, X_2, \cdots, X_m \sim F((x - \theta_1)/\sigma_1) ; Y_1, Y_2, \cdots,$

$Y_n \sim F\left((y-\theta_2)/\sigma_2\right)$, 这里 $F(\cdot)$ 为连续对称的分布函数, 而且两个总体的位置参数相等, 即 $\theta_1 = \theta_2$. 如果在实践中两样本中位数不等, 可估计出中位数的差, 并用平移使它们相等. 这里的零假设和双边备择假设分别为

$$H_0 : \sigma_1 = \sigma_2; H_1 : \sigma_1 \neq \sigma_2,$$

单边备择为 $H_1 : \sigma_1 > \sigma_2$ 或 $H_1 : \sigma_1 < \sigma_2$.

记 $R_{11}, R_{12}, \cdots, R_{1m}$ 和 $R_{21}, R_{22}, \cdots, R_{2n}$ 分别为样本 X 和 Y 在混合样本中的秩 $(N = m + n)$. 在零假设成立时, 由第一章中关于秩的性质, 有 $\mathrm{E}(R_{1j}) = \sum_{i=1}^{N} i/N = (N+1)/2$. 对 X 样本来说, 考虑秩统计量 (Mood, 1954)

$$M = \sum_{j=1}^{m} \left(R_{1j} - \frac{N+1}{2} \right)^2.$$

如果它的值偏大, 则 X 方差也可能偏大, 可能会拒绝零假设. 在没有结的情况下, 如果 m 和 n 都比较小, 可以给出零假设下的精确分布. 由于第一组的混合秩有 $C_{m+n}^{m} = (m+n)!/(m!n!)$ 种取值, 对于每种取值计算其对应的 M 值, 得到在零假设下 M 的精确分布, 进而计算某个实现的精确 p 值.

在大样本情况, 当 $m, n \to \infty$ 并且 m/N 趋于常数时有

$$Z = \frac{M - \mathrm{E}_{H_0}(M)}{\sqrt{\mathrm{Var}_{H_0}(M)}} \to N(0, 1),$$

其中

$$\mathrm{E}_{H_0}(M) = \frac{m(N^2-1)}{12}; \quad \mathrm{Var}_{H_0}(M) = \frac{mn(N+1)(N^2-4)}{180}.$$

在混合样本有结时, 如果把混合样本按照升幂排列之后的结统计量为 $(\tau_1, \tau_2, \cdots, \tau_k)$, 则混合样本共有 k 种不同的数值. 令 a_j, b_j 分别为 X 和 Y 样本中等于第 j 种数的观测值数目, 即有 $a_j + b_j = \tau_j (j = 1, 2, \cdots, k)$; $\sum_{j=1}^{k} a_j = m$; $\sum_{j=1}^{k} b_j = n$. 令 $S_j = \sum_{i=1}^{j} \tau_i$ 及 $a_0 = b_0 = \tau_0 = 0$. 这时刚才的 Mood 检验统计量 M (对于 $H_1 : \sigma_1 > \sigma_2$) 成为

$$M = \sum_{j=1}^{k} a_j \left(\tau_j^{-1} \sum_{I=S_{j-1}+1}^{S_j} \left(I - \frac{N+1}{2} \right)^2 \right),$$

可以看出, 当不存在打结时, 它与前面的 M 相同. 在有结时, 此 M 有

$$\mathrm{E}_{H_0}(M) = \frac{m(N^2-1)}{12};$$

$$\mathrm{Var}_{H_0}(M) = \frac{mn(N+1)(N^2-4)}{180}$$

$$- \frac{mn}{180N(N-1)} \sum_{j=1}^{k} \tau_j(\tau_j^2-1)[\tau_j^2-4+15(N-S_j-S_{j-1})^2].$$

例 5.1 (继续) (数据:salary.txt, salary.sav)   这里再考虑我国两个地区一些城镇职工工资的例子 (第三章) 来说明 Mood 检验的过程. 那里已估计了两组样本的位置差为 $M_X - M_Y \approx -2479$ (利用 R 语句 median(outer(x,y,"-"))). 把 X 样本都减去该值 (这里等价于加上 2479), 然后混合它们, 按升幂排列 (下表第一列). 下表第二列为区别两个地区的标记 (1 和 2), 第三列为这个混合样本的秩.

混合样本	地区 (1/2)	秩	混合样本	地区 (1/2)	秩
9343	1	1	12398	1	17
9783	1	2	12552	1	18
9956	1	3	12642	2	19
10258	1	4	12675	2	20
10276	2	5	12749	1	21
10374	1	6	13199	2	22
10533	2	7	13683	2	23
10633	2	8	14049	2	24
10827	1	9	14060	1	25
10837	2	10	14061	2	26
10940	1	11	15951	1	27
11209	2	12	16079	1	28
11393	2	13	16079	2	29
11864	2	14	16441	1	30
12032	1	15	17498	1	31
12040	2	16	19723	1	32

按照公式 Mood 统计量的值 $M = 1958.25$, $\mathrm{E}_{H_0}(M) = 1449.2$ 及 $\mathrm{Var}_{H_0}(M) = 47685$, 得到渐近正态的统计量 $Z = 2.331$. 由此得到 p 值为 $1 - \Phi(2.331) = 0.0099$. 因此有理由在水平 $\alpha \geqslant 0.001$ 拒绝零假设. 可以说 $\sigma_1^2 > \sigma_2^2$.

本节软件的注

关于两样本尺度的 Mood 检验 (没有打结时的大样本近似) 的 R 程序. 就例

5.1 而言, 如果数据存在 "D:/data/salary.txt" 中, 用下面语句可以得到前面的表格.

```
x=read.table("d:/data/salary.txt")
y=x[x[,2]==2,1];x=x[x[,2]==1,1]; m=length(x);n=length(y)
x1=x-median(outer(x,y,"-"))
xy=cbind(c(x1,y),c(rep(1,length(x)),rep(2,length(y))))
N=nrow(xy);xy1=cbind(xy[order(xy[,1]),],1:N)
```

其中的 xy1 就是上面的表格, 其第一列为混合数据的升幂排列, 第二列为地区的识别哑元, 第三列为按照通常方法所排的秩. 按照没有打结情形的大样本近似公式, 下面就是没有连续性修正的计算 $M, \mathrm{E}_{H_0}(M), \mathrm{Var}_{H_0}(M), Z$ 和 p 值的语句:

```
R1=xy1[xy1[,2]==1,3];M=sum((R1-(N+1)/2)^2)
E1=m*(N^2-1)/12;s=sqrt(m*n*(N+1)*(N^2-4)/18)
Z=(M-E1)/s;pvalue=pnorm(Z,low=F)
```

对于不同方向的备选假设, 可用 pnorm(Z,low=F) 或者 pnorm(Z) 计算 p 值; 对于双边备选假设, 可用 2*min(pnorm(Z,low=F),pnorm(Z)) 计算 p 值.

第三节 两样本及多样本尺度参数的 Ansari-Bradley 检验

同样考虑独立同分布样本 $X_1, X_2, \cdots, X_m \sim F((x - \theta_1)/\sigma_1)$; $Y_1, Y_2, \cdots, Y_n \sim F((y - \theta_2)/\sigma_2)$. 这里, $F(\cdot)$ 为连续对称分布函数而且 $\theta_1 = \theta_2$. 和前面一样, 如果在实践中两样本中位数不等, 可估计出中位数的差, 并用平移使它们相等. 这里的零假设和双边备择假设分别为

$$H_0 : \sigma_1 = \sigma_2; H_1 : \sigma_1 \neq \sigma_2,$$

单边备择为 $H_1 : \sigma_1 > \sigma_2$ 或 $H_1 : \sigma_1 < \sigma_2$.

如果 $R_{11}, R_{12}, \cdots, R_{1m}$ 表示 X 观测值在混合样本中的秩, 这里具体的检验统计量 (Ansari-Bradley, 1960) 定义为

$$B = \sum_{j=1}^{m} R_{1j}^* \equiv \sum_{j=1}^{m} \left(\frac{N+1}{2} - \left| R_{1j} - \frac{N+1}{2} \right| \right).$$

这里的 R_{i1}^* 是 X 按照离混合样本顺序统计量两端的距离定义的秩, 换言之, 最大和最小的值均取 1, 次最大和次最小的均取 2, 如此类推. 在没有结的情况下, 如果 m 和 n 都比较小, 可以给出零假设下的精确分布. 由于第一组的混合秩 R_{1j} 有

$C_{m+n}^m = (m+n)!/(m!n!)$ 种取值, 对于每种取值计算其对应的 B 值, 得到在零假设下 B 的精确分布, 进而计算某个实现的精确 p 值.

当样本量比较大时, 在零假设下当 $m, n \to \infty$ 且 m/N 趋于常数时有

$$\frac{A - \mathrm{E}_{H_0}(A)}{\sqrt{\mathrm{Var}_{H_0}(A)}} \to N(0, 1),$$

其中

$$\mathrm{E}_{H_0}(A) = \begin{cases} \dfrac{m(N+2)}{4} & N \text{ 为偶数}; \\[3mm] \dfrac{m(N+1)^2}{4N} & N \text{ 为奇数}; \end{cases}$$

$$\mathrm{Var}_{H_0}(A) = \begin{cases} \dfrac{mn(N^2-4)}{48(N-1)} & N \text{ 为偶数}; \\[3mm] \dfrac{mn(N+1)(N^2+3)}{48N^2} & N \text{ 为奇数}. \end{cases}$$

当然, 在用正态近似时可用连续性修正. 当有结时, 上面的方差应作相应的改变. 如果记 $(\tau_1, \tau_2, \cdots, \tau_g)$ 为 g 个结中的结统计量, d_i 为第 i 个结的平均秩, 则方差应修正为

$$\mathrm{Var}_{H_0}(A) = \begin{cases} \left[\dfrac{mn(16\sum \tau_i d_i^2 - N(N+2)^2)}{16N^2(N-1)}\right]^2 & N \text{ 为偶数}; \\[5mm] \left[\dfrac{mn(16N\sum \tau_i d_i^2 - (N+1)^4)}{16N^2(N-1)}\right]^2 & N \text{ 为奇数}. \end{cases}$$

下面考虑多样本 Ansari-Bradley 检验. 对于有 k 组样本的情况, 令 $X_{i1}, X_{i2}, \cdots,$ X_{in_i} 表示大小为 n_i 的第 i 组样本, 其总体分布为 $F((x-\theta_i)/\sigma_i)$. 用 R_{ij} 表示 X_{ij} 在大小为 $N(=\sum_{i=1}^k n_i)$ 的混合样本中的秩. 假定所有的位置参数相同, 即 $\theta_1 = \theta_2 = \cdots = \theta_k$. 考虑下面的检验问题: $H_0: \sigma_1^2 = \sigma_2^2 = \cdots = \sigma_k^2$ 对备选假设 H_1: "不是所有的方差都相等". 令

$$\overline{A}_i = \frac{1}{n_i} \sum_{j=1}^{n_i} \left[\frac{N+1}{2} - \left| R_{ij} - \frac{N+1}{2} \right| \right],$$

则 k 样本的检验统计量为

$$B = \frac{N^3 - 4N}{48(N-1)} \sum_{i=1}^{k} n_i \left[\overline{A}_i - \frac{N+2}{4} \right]^2.$$

在零假设下 B 有近似的自由度为 $(k-1)$ 的 χ^2 分布. 如果 $B \geqslant \chi^2_{1-\alpha}(k-1)$, 则可以在水平 α 拒绝零假设.

研究表明, Ansari-Bradley 检验在 $m = n$ 时比 $m \neq n$ 时要好. 下表展示出对于若干种不同的总体分布 (包括重指数, Logistic, 各种自由度的 t 分布, 正态分布和均匀分布), 尺度参数的 Mood 检验和 Ansari-Bradley 检验相对于局部最优势检验 (LMP 检验) 的渐近相对效率 (ARE), 分别用 $ARE(M,T)$ 和 $ARE(B,T)$ 表示, 最后一列为 Mood 检验对 Ansari-Bradley 检验的 $ARE(M,B)$. 由该表可以看出, 按照 ARE, Mood 检验比 Ansari-Bradley 检验要好些.

总体分布	$ARE(M,T)$	$ARE(B,T)$	$ARE(M,B)$
重指数分布	0.868	0.750	1.157
Logistic	0.874	0.732	1.194
$t(1)$	0.924	0.986	0.938
$t(2)$	1.000	0.937	1.067
$t(3)$	0.982	0.876	1.122
$t(4)$	0.956	0.831	1.151
$t(5)$	0.933	0.797	1.170
$t(10)$	0.865	0.715	1.209
$t(20)$	0.818	0.665	1.230
$N(0,1)$	0.760	0.608	1.250
均匀分布	0.000	0.000	1.667

例 5.1 (继续) (数据:salary.txt, salary.sav) 这里再考虑我国两个地区一些城镇职工工资的例子 (第三章) 来说明 Ansari-Bradley 检验的过程. 由于假定的要求, 两组样本的中位数应该相同. 我们已估计了两组样本的位置差为 $M_X - M_Y \approx -2479$(利用 R 语句 median(outer(x,y,"-"))). 把 X 样本都减去该值 (这里等价于加上 2479). R 软件中有现成的 Ansari-Bradley 检验函数, 用法见下面关于软件的注. 对于备择假设 $\sigma_1^2 > \sigma_2^2$, 用 Ansari-Bradley 检验得到 p 值为 0.02458, 因此有理由在水平 $\alpha \geqslant 0.025$ 时拒绝零假设, 即可以说 $\sigma_1^2 > \sigma_2^2$. 虽然结论和 Mood 检验一样, 但 p 值要大得多.

本节软件的注

关于两样本尺度的 Ansari-Bradley 检验的 R 程序. 对于例 5.1 的 salary.txt 数据, 我们使用用软件包 "stats" 中的函数 ansari.test, 可以用下面语句输入数据:

```
x=read.table("d:/data/salary.txt");y=x[x[,2]==2,1]
x=x[x[,2]==1,1];x1=x-median(outer(x,y,"-"))
ansari.test(x1,y,alt="greater")
```

得到: AB = 118.5, 精确 p 值为 0.02458.

由于用 x-median(outer(x,y,"-")), 使数据有结. 如果原始的两组数据的中位数基本相等, 我们可以直接用原始数据进行计算. 如:

```
x=c(16.55,15.36,15.94,16.43,16.01)
y=c(16.05,15.98,16.10,15.88,15.91)
ansari.test(x1,y,exact=T,alt="less")
ansari.test(x1,y,exact=F,alt="less")
```

精确检验和大样本近似结果的 p 值分别为: 0.009417 和 0.009194.

注意: 只要每个子样本量都小于 50 且没有结, 函数会自动给出精确 p 值, 否则会给出正态近似结果.

第四节　两样本及多样本尺度参数的 Fligner-Killeen 检验

假定有 k 个样本, 用 $X_{i1}, X_{i2}, \cdots, X_{in_i}$ $(i = 1, 2, \cdots, k)$ 表示样本量大小为 n_i 的第 i 个样本 $(N = \sum_{i=1}^{k} n_i)$. 记每个子总体样本的分布为 $F((x - \theta_i)/\sigma_i)$, 且满足 $\theta_1 = \theta_2 = \cdots = \theta_k = \theta$. 假设检验问题为

$$H_0 : \sigma_1^2 = \sigma_2^2 = \cdots = \sigma_k^2; H_1 : 不是所有的 \sigma_i^2 都相等.$$

由于具有大的尺度参数的总体所产生的观测值, 倾向于远离共同的中位数 θ, Fliger 和 Lilleen(1976) 年提出了根据观测值与共同中位数的距离的混合秩定义统计量. 记 $V_{ij} = |X_{ij} - \theta|$, $(i = 1, 2, \cdots, k, j = 1, 2, \cdots, n_i)$, 当 θ 未知时用样本中位数 M 代替 θ: $V_{ij} = |X_{ij} - M|$ 再用 R'_{ij} 表示在混合样本中的 V_{ij} 的秩.

采用统计量

$$K = \frac{12}{N(N+1)} \sum_{i=1}^{k} n_i \left\{ \overline{R'}_i - \frac{N+1}{2} \right\}^2,$$

这里 $\overline{R'_i} = \frac{1}{n_i} \sum_{j=1}^{n_i} R'_{ij}$. 在零假设下, 统计量 K 有 Kruskal-Wallis 零分布, 可以查表得到 p 值. 也有大样本近似. 对于太大的 K, 应拒绝零假设. 一些研究表明, Fliger-Lilleen 检验比 Ansari-Bradley 检验或者其 k 组样本 (在小样本时) 的推广有更强的势.

在两样本情况 $(k=2)$, 假设检验问题为 $H_0 : \sigma_1^2 = \sigma_2^2; H_1 : \sigma_1^2 \neq \sigma_2^2$. 统计量

$$W = \sum_{j=1}^{n_1} R'_{1j};$$

它在零假设下有 Wilcoxon 秩和统计量的分布, 可以查表或用统计软件求出 p 值. 同样也可用大样本近似. 在 W 太大和太小时拒绝零假设.

例 5.1 (继续)(数据:salary.txt, salary.sav) 这里再考虑我国两个地区一些城镇职工工资的例子 (第四章) 来说明 Fliger-Lilleen 检验的过程. 这里的假设检验为 $H_0 : \sigma_1^2 = \sigma_2^2; H_1 : \sigma_1^2 > \sigma_2^2$ 由于要求两组样本的中位数相同, 利用前面求出的两组样本的位置差 $M_1 - M_2 \approx -2479$, 把 X_{2j}(即 Y) 样本点都加上该值 (重新记为 X_{ij}^*), 然后混合它们求出它们的共同中位数 $M = 9740$. 然后求出所有的 $|X_{ij}^* - M|$, 并按升幂排列. 下表第一列为 $|X_{ij}^* - M|$. 下表第二列为区别沿海和内地的标记 (1 和 2), 第三列为 $|X_{ij}^* - M|$ 在混合样本中所有观测值的秩.

$|X_{ij}^* - M|$	地区 (1/2)	秩	$|X_{ij}^* - M|$	地区 (1/2)	秩
179	1	1.5	1686	2	17
179	2	1.5	1830	2	18
187	1	3	1841	1	19
333	1	4	1842	2	20
355	2	5	1845	1	21
423	2	6	1943	2	22
456	2	7	1961	1	23
530	1	8	2263	1	24
826	2	9	2436	1	25
980	2	10	2876	1	26
1010	2	11	3732	1	27
1279	1	12	3860	1	28
1382	2	13	3860	2	29
1392	1	14	4222	1	30
1464	2	15	5279	1	31
1586	2	16	7504	1	32

按照公式算得统计量 $W = 328$(即前面的 Wilcoxon 秩和统计量 W_X, 由此可

以算出 $W_Y = 200, W_{XY} = 80, W_{YX} = 175$). 容易由现成软件得到精确的 p 值 $= P(W \geqslant 328) = 0.0378$. 因此, 可以在水平 $\alpha = 0.05$ 时拒绝零假设. 也就是说, 可以认为 $\sigma_1^2 > \sigma_2^2$. 注: 如果按照 $W_X = 328$ 查表或者用软件, 由于表和软件是为 W_{XY} 和 W_{YX} 中小的一个作的, 利用这些量的关系式, 我们求得 $W_{XY} = 80 (W_{YX} = 175)$, 得到当 $n = 17, m = 15$ 时 $P(W_{XY} \leqslant 80) = 0.0378$ (利用 pwilcox(80,17,15)).

本节软件的注

关于两样本尺度的 Fligner-Killeen 精确检验的 R 程序. 对于例 5.1 的数据, 可以用下面语句输入数据, 得到 W_X, W_Y, W_{XY}, W_{YX} 等.

```
x=read.table("d:/data/salary.txt")
y=x[x[,2]==2,1];x=x[x[,2]==1,1];m=length(x);n=length(y)
y1=y+median(outer(x,y,"-"));M=median(c(x,y1))
xy=cbind(c(abs(x-M),abs(y1-M)),
    c(rep(1,length(x)),rep(2,length(y))))
N=nrow(xy);xy1=cbind(xy[order(xy[,1]),],1:N)
Wx=sum(xy1[xy1[,2]==1,3]);Wyx=Wx-0.5*m*(m+1);
Wxy=m*n-Wyx;Wy=sum(xy1[xy1[,2]==2,3]);pvalue=pwilcox(Wxy,m,n)
```

关于多样本尺度的 Fligner-Killeen 检验的 (大样本近似)R 程序. 对于假设检验问题 $H_0 : \sigma_1^2 = \sigma_2^2 = \cdots = \sigma_k^2; H_1 :$ "不是所有的 σ_i^2 都相等". 可以用软件包 "stats" 中的 fligner.test 函数. 此函数要求第一个变元为要检验的变量, 第二个为分类指标 (哑元), 恰好是例 5.1 的 salary.txt 数据形式. 对于例 5.1 数据, 可以用下面 R 语句得到大样本近似结果:

```
x=read.table("d:/data/salary.txt"); fligner.test(x[,1],x[,2])
```

第五节 两样本尺度的平方秩检验

方差的定义是离差平方的期望 $E|X - E(X)|^2$. 对于独立样本 $X_1, X_2, \cdots, X_m$ 和 $Y_1, Y_2, \cdots, Y_n$, 也可以用比较它们的绝对离差 $|X_i - \bar{X}|$ 和 $|Y_i - \bar{Y}|$ 来比较方差. 下面要介绍的是由 Conover(1980) 提出的平方秩检验 (squared rank test). 零假设为 $H_0 :$ "两样本方差相等" 或 $\sigma_X^2 = \sigma_Y^2$, 备选假设为双边的 $H_1 : \sigma_X^2 \neq \sigma_Y^2$.

先把两样本的绝对离差混合排序, 得到离差的平方秩 R_i. 令 T_X 为相应于 X 的平方秩 R_i 的和, 而 T_Y 为相应于 Y 的平方秩 R_i 的和. 如果 T_X 或 T_Y 过大或过

小都说明零假设有问题, 即在零假设下, 下面统计量服从渐近正态分布,

$$Z_X = \frac{(T_X - m\bar{R})}{S} \to N(0,1);$$

$$Z_Y = \frac{(T_Y - n\bar{R})}{S} \to N(0,1),$$

其中

$$\bar{R} = \frac{1}{m+n}\sum_{i=1}^{m+n} R_i, \quad S^2 = \frac{mn\{\sum_i R_i^2 - (m+n)\bar{R}^2\}}{(m+n)(m+n-1)}.$$

例 5.1 (继续)(数据:salary.txt, salary.sav) 这里再考虑我国两个地区一些城镇职工工资的例子 (第三章) 来说明平方秩检验的过程. 表中第一列为 $(m+n)$ 个按升幂排列的绝对离差; 第二列为相应的混合的原始数据; 第三列为不同样本的标记; 最后两列为绝对离差的秩及秩的平方.

绝对离差	原始样本	地区(1,2)	离差秩	$R_i =$ 秩^2	绝对离差	原始样本	地区(1,2)	离差秩	$R_i =$ 秩^2
248.8824	10270	1	1	1	1716.1333	14061	2	17	289
297.1333	12642	2	2	4	1811.8667	10533	2	18	324
304.8667	12040	2	3	9	2057.8824	8461	1	19	361
330.1333	12675	2	4	16	2068.8667	10276	2	20	400
445.8824	10073	1	5	25	2170.8824	8348	1	21	441
480.8667	11864	2	6	36	2623.8824	7895	1	22	484
599.8824	9919	1	7	49	2739.8824	7779	1	23	529
854.1333	13199	2	8	64	2953.1176	13472	1	24	576
951.8667	11393	2	9	81	3041.8824	7477	1	25	625
965.8824	9553	1	10	100	3081.1176	13600	1	26	676
1062.1176	11581	1	11	121	3214.8824	7304	1	27	729
1135.8667	11209	2	12	144	3443.1176	13962	1	28	784
1338.1333	13683	2	13	169	3654.8824	6864	1	29	841
1507.8667	10837	2	14	196	3734.1333	16079	2	30	900
1704.1333	14049	2	15	225	4500.1176	15019	1	31	961
1711.8667	10633	2	16	256	6725.1176	17244	1	32	1024

容易算出对应于地区 1 和地区 2 的平方秩之和分别为 $T_1 = 8327$ 和 $T_2 = 3113$, 总均值 $\bar{R} = 357.5$, $S = 900.75$. 由此得到 $Z_X = 2.497$, $1 - \Phi(z) = 0.0063$, 因此对于双边检验, p 值为 0.0063. 可以对水平 $\alpha \geqslant 0.01$ 拒绝方差相等的零假设. 注意, 这里用 Z_X 或 Z_Y 作为检验统计量都可以. 只是求 p 值时, 一个用左边尾概率, 一个用右边尾概率. 实际上, $Z_X = -Z_Y$.

本节软件的注

关于两样本尺度的平方秩检验 (大样本近似) 的 **R** 程序. 对于例 5.1 中的 salary.txt 数据, 可以用下面 R 语句, 得到上面表中的 (xy2), $R_i, \bar{R}, T_1, T_2, Z_X, Z_Y$ 及 p 值等.

```
x=read.table("d:/data/salary.txt")
y=x[x[,2]==2,1];x=x[x[,2]==1,1];m=length(x);n=length(y)
x1=abs(x-mean(x));y1=abs(y-mean(y));xy1=c(x1,y1);xy0=c(x,y)
xyi=c(rep(1,m),rep(2,n));xy=cbind(xy1,xy0,xyi)
xy2=cbind(xy[order(xy[,1]),],1:(m+n),(1:(m+n))^2)
T1=sum(xy2[xy2[,3]==1,5]);T2=sum(xy2[xy2[,3]==2,5])
R=xy2[,5];meanR=mean(R);
S=sqrt(m*n*(sum(R^2)-(m+n)*meanR^2)/(m+n)/(m+n-1))
Zx=(T1-m*meanR)/S;Zy=(T2-n*meanR)/S;
pvalue=min(pnorm(Zx),pnorm(Zy)).
```

第六节　多样本尺度的平方秩检验

现在介绍检验多个独立样本的方差是否相等的平方秩检验. 假定有 k 组独立样本, 记 $X_{i1}, X_{i2}, \cdots, X_{in_i}$ $(i = 1, 2, \cdots, k, N = \sum_{i=1}^{k} n_i)$. 记每个子总体样本的分布为 $F((x - \theta_i)/\sigma_i)$, 且满足 $\theta_1 = \theta_2 = \cdots = \theta_k = \theta$. 假设检验问题为

$$H_0 : \sigma_1^2 = \sigma_2^2 = \cdots = \sigma_k^2; H_1 : 不是所有的\sigma_i^2都相等.$$

记 $\bar{X}_i = \sum_{j}^{n_i} X_{ij}/n_i$ 为各样本的均值. 先把 k 组样本的绝对离差 $|X_{ij} - \bar{X}_i|$, $i = 1, 2, \cdots, k$(共 N 个) 混合排序, 得到离差的秩的平方 R_{ij}^2, $i = 1, 2, \cdots, k$, $j = 1, 2, \cdots, n_i$. 令 T_i 为相应于第 i 组样本的 R_{ij}^2 的和, 则下面统计量在零假设下满足

$$T = (N-1)\frac{\sum_{i=1}^{k}(T_i^2/n_i) - \left(\sum_{i=1}^{k} T_i\right)^2/N}{\sum_{i=1}^{k}\sum_{j=1}^{n_i} R_{ij}^2 - \left(\sum_{i=1}^{k} T_i\right)^2/N} \sim \chi^2(k-1).$$

例 5.2(数据:wtloss.txt, wtloss.sav)　下面用在 Kruskal-Wallis 秩和检验中用过的不同生活方式对减肥的效果的例子来说明多样本平方秩检验.

绝对离差	原数据	生活方式 (1,2,3)	秩	秩 R_{ij}^2
0.300	5.7	2	1	1
0.300	3.7	1	2	4
0.300	3.7	1	3	9
0.325	7.1	3	4	16
0.400	3.0	1	5	25
0.500	3.9	1	6	36
0.500	6.5	2	7	49
0.700	2.7	1	8	64
0.700	5.3	2	9	81
0.800	5.2	2	10	100
1.275	8.7	3	11	121
1.300	7.3	2	12	144
1.575	9.0	3	13	169
2.525	4.9	3	14	196

表中第一列为 N 个按升幂排列的绝对离差; 第二列为相应的混合的原始数据; 第三列为不同样本的标记; 最后两列为绝对离差的秩及秩的平方. 最后算得 $(T_1, T_2, T_3) = (138, 375, 502), T = 5.13,$ p 值为 0.077. 不能在小于 0.077 的水平拒绝零假设.

本节软件的注

关于多样本尺度的平方秩检验 (大样本近似) 的 R 程序. 对于例 5.2 的数据 (如果存在 wtloss.txt 中), 可以用下面语句, 得到上面的表 (d3), $(T_1, T_2, T_3), T, p$ 值等.

```
d=read.table("D:/data/wtloss.txt");N=nrow(d);k=max(d[,2])
d2=NULL;for (i in 1:k)d2=rbind(d2,cbind(abs(d[d[,2]==i,1]
                  -mean(d[d[,2]==i,1])),d[d[,2]==i,1],i))
d3=cbind(d2[order(d2[,1]),],1:N,(1:N)^2) Ti=NULL;for(i in 1:k)
Ti=c(Ti,sum(d3[d3[,3]==i,5])) ni=NULL;for(i in 1:k)
ni=c(ni,nrow(d3[d3[,3]==i,]))
T=(N-1)*(sum(Ti^2/ni)-sum(Ti)^2/N)/(sum(d3[,5]^2)-sum(Ti)^2/N)
pvalue=pchisq(T,k-1,low=F)
```

第七节 习 题

1. (数据 5.7.1.txt) A 和 B 两个村子的农民年收入的抽样数据分别为 (单位: 元):

A 村: 321 266 256 386 330 329 303 334 299 221 365 250 258 342 243 298 238 317

B 村: 488 593 507 428 807 342 512 350 672 589 665 549 451 492 514 391 366 469

两个村子的收入是否有不同? 估计这个差别. 两村的贫富差距是否类似?

2. (数据 5.7.2.txt) 在一次考试中, 两个学校的各 15 名考生的成绩为:

学校 A: 83 79 83 74 75 74 86 76 84 73 78 77 80 83 78
学校 B: 75 62 58 89 77 81 27 85 72 85 74 100 43 52 75

这两个学校的学生的考试成绩有没有不同? 从什么意义上说有区别?

3. (数据 5.7.3.txt) 两个工人加工的零件尺寸 (各 10 个) 为 (单位: mm):

工人 A:18.0 17.1 16.4 16.9 16.9 16.7 16.7 17.2 17.5 16.9
工人 B:17.0 16.9 17.0 16.9 17.2 17.2 17.1 16.9 17.1 16.9

这个结果能否说明两个工人的水平一致? 为什么?

4. (数据 5.7.4.txt) 两个天平称同一个砝码各 20 次, 结果如下 (单位: g):

天平 A: 10.01 9.92 9.97 10.10 10.08 9.99 9.96 9.98 10.01 10.00 10.06 10.01 10.03 10.06 9.99 9.99 10.00 10.01 10.11 9.93

天平 B: 9.95 10.22 9.97 10.17 9.83 10.03 10.01 10.03 9.88 9.91 10.10 9.84 10.02 9.90 10.01 10.00 10.14 10.01 9.82 10.06

是否一个天平比另一个更稳定? 为什么?

5. (数据 5.7.5.txt) 不同学科的博士论文除了内容以外还有什么不同呢? 在对一个大学的数学和经济学的各 20 个抽样博士论文的页数结果如下 (单位: 页数):

数学: 56 105 63 88 72 112 96 93 65 105 94 87 64 65 68 87 90 98 76 75
经济学: 88 94 93 96 99 79 91 94 91 100 99 90 100 110 102 95 98 85 99 91

仅仅从页数上看, 这两个学科的博士论文有什么不同?

6. (数据 5.7.6.txt) 某城的三个地区小饭馆的利润各有不同, 但是各个地区本身饭馆的差距是否因地区而变化呢? 在一个月中在这三个地区取了样本量分别为 15, 18 和 12 的三组饭馆的月利润 (单位: 万元):

地区 1: 15.66 16.06 16.35 22.76 4.28 8.71 11.71 16.48 16.62 19.58 16.27 12.58 14.51 25.15 15.51

地区 2: 28.01 14.73 12.23 16.77 15.04 21.70 25.26 17.77 33.31 17.09 15.41 21.11 25.27 17.88 22.78 15.84 12.09 4.13

地区 3: 19.08 9.31 5.72 15.00 18.62 13.10 13.10 13.96 11.96 12.40 14.51 16.5

从这个数据,能否看出这三个地区饭馆利润的尺度有所不同?

第六章　相关和回归

人们经常想知道两个变量之间的关系, 比如出生率和教育程度的关系, 寿命和海拔高度的关系, 入学成绩和后来表现的关系, 吸烟和某种疾病的关系等等. 这时的样本往往是成对的. 下面看一个例子:

例 6.1 (数据: DM.txt, DM.sav)　利用世界 168 个地区的每一千个五岁前儿童死亡人数 Y 和每十万个临产母亲死亡人数 X, 可以画散点图, 见图 6.1. 左边图中的坐标是原始数据 X 和 Y, 右边图中的坐标是 $\ln(X)$ 和 $\ln(Y)$, 均取了自然对数.

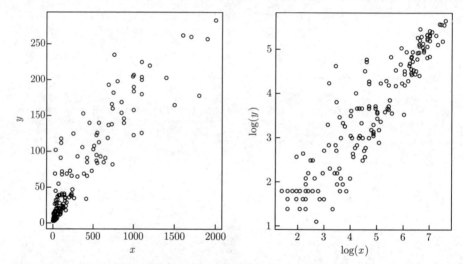

图 6.1　例 6.1 数据散点图: 原始数据 (左边) 和两变量均取了自然对数 (右边).

这里我们关心儿童死亡率和产妇死亡率有没有关系, 是什么样的关系. 上面右图取自然对数的散点图让大家对两变量的线性关系看得比较清楚, 但是如果基于两变量的秩进行分析, 自然对数变换就不再必要了.

在传统的统计方法中, 变量 X 和 Y 的相关性大小是由相关系数 $\mathrm{Corr}(X,Y)$ 来定义的, 这里

$$\mathrm{Corr}(X,Y) = \frac{\mathrm{Cov}(X,Y)}{[\mathrm{Var}(X)\mathrm{Var}(Y)]^{\frac{1}{2}}},$$

式中 $\mathrm{Cov}(X,Y) = \mathrm{E}[(X - \mathrm{E}(X))(Y - \mathrm{E}(Y))]$ 为 X 和 Y 的协方差. 在不会混淆的

情况下, 相关系数通常用 ρ 表示. 显然 $|\rho| \leqslant 1$. 如果 $|\rho| = 1$, 则存在 α 和 $\beta \neq 0$ 使得关系

$$Y = \alpha + \beta X$$

以概率 1 成立. 如果 X 和 Y 独立, 则 X 和 Y 的相关系数 $\rho = 0$, 但反之不然.

记两变量 (X,Y) 的一组观测为 $(x_1, y_1), (x_2, y_2), \cdots, (x_n, y_n)$, 则 Pearson 相关系数

$$r = \frac{\sum_{i=1}^{n}(x_i - \bar{x})(y_i - \bar{y})}{\sqrt{\sum_{i=1}^{n}(x_i - \bar{x})^2 \sum_{i=1}^{n}(y_i - \bar{y})^2}}.$$

如果样本中的 n 个观测值是独立的, 则 r 是 ρ 的相容估计量和渐近无偏估计量. 如果再假定 (X,Y) 为二元正态分布, 则 r 为 ρ 的最大似然估计量.

对于假设检验问题

$$H_0 : \rho = 0; H_1 : \rho \neq 0,$$

考虑统计量

$$r\sqrt{\frac{n-2}{1-r^2}},$$

它在正态样本和不相关 ($\rho = 0$) 的零假设下, 服从 $(n-2)$ 个自由度的 t 分布. 关于这个检验有两点说明: (1) 这个检验与两变量之间做简单回归再对回归系数是否为零所做的检验等价; (2) 即使在显著性水平 α 很小的情况下拒绝零假设, 接受 $\rho \neq 0$, 两个变量的相关系数也可能很小, 因为不为零的 ρ 取值范围很大, 覆盖了所有 $(0,1]$ 区间, 比如: ρ 仅是 0.2 或 0.3, 但由于样本量比较大, 导致拒绝 $\rho = 0$ 的零假设.

本章要介绍几种常用的度量两个变量之间相关或关联性 (association) 大小的方法. 除了前面提到的 Pearson 相关系数 r, 还有 Spearman 秩相关系数 r_s, Kendall's τ (包括 τ_a, τ_b, τ_c), Goodman-Kruskal's γ, Somers' $d(C|R)$, Somers' $d(R|C)$ 和 Somers' d 等. 严格说来, 传统的相关系数 r 是用来度量 X 和 Y 的线性关系的, 而后面几种是非参数的方法, 度量了更加广义的单调 (不一定线性) 的关系. 这是因为变量的秩不会被变量的任何严格单调递增变换所改变. 因此, 近年来人们多称这些秩相关方法度量了两个变量之间的关联性 (association) 而不是相关性 (correlation). 下面两节所说的 "相关性" 也指关联性, 而不是 Pearson 意义下的线性相关.

第一节　Spearman 秩相关检验

下面引进的 Spearman 检验统计量, 由 Spearman (1904) 提出, 是普遍应用的秩统计量. 和传统的 Pearson 相关系数的记号 ρ 对应, Spearman 检验统计量也被称为 Spearman ρ.

考虑两变量 (X, Y) 一些观测数对 $(x_1, y_1), (x_2, y_2), \cdots, (x_n, y_n)$, 我们要检验 X 和 Y 是否相关. 假设检验问题中零假设为 $H_0 : X$ 和 Y 不相关 $(\rho = 0)$; 备选假设有三种选择: (A) X 和 Y 相关 $(\rho \neq 0)$, (B) X 和 Y 正相关 $(\rho > 0)$, (C) X 和 Y 负相关 $(\rho < 0)$.

记 x_i 在 X 样本中的秩为 R_i, y_i 在 Y 样本中的秩为 S_i, 则 $d_i^2 = (R_i - S_i)^2$ 度量了某种距离. 显然, 如果这些 d_i^2 很大, 说明两个变量可能是负相关, 而如果它们很小, 则可能是正相关. 记 $\bar{R} = E(R) = \frac{1}{n} \sum_{i=1}^{n} R_i$ 及 $\bar{S} = E(S) = \frac{1}{n} \sum_{i=1}^{n} S_i$, 则 $E(R) = E(S) = (n+1)/2$, $Var(R) = Var(S) = (n^2 - 1)/12$. 在没有打结的情况下, Spearman 检验统计量定义为

$$
\begin{aligned}
r_s &= \frac{\sum\limits_{i=1}^{n} (R_i - \bar{R})(S_i - \bar{S})}{\sqrt{\sum\limits_{i=1}^{n} (R_i - \bar{R})^2 \sum\limits_{i=1}^{n} (S_i - \bar{S})^2}} \\
&= \frac{\sum\limits_{i=1}^{n} (R_i S_i)}{n(n^2 - 1)/12} - \frac{n(n+1)^2/4}{n(n^2 - 1)/12} \\
&= \frac{n(n^2 - 1) - 6 \sum\limits_{i=1}^{n} (R_i^2 + S_i^2 - 2R_i S_i)}{n(n^2 - 1)} \\
&= 1 - \frac{6 \sum\limits_{i=1}^{n} d_i^2}{n(n^2 - 1)}.
\end{aligned}
$$

与 Pearson 相关系数一样, 满足 $-1 \leqslant r_s \leqslant 1$.

在没有打结而且样本量不大 $(n \leqslant 10)$ 时, 可以考虑用精确检验. 首先, 让 $(R_i, S_i)(i = 1, 2, \cdots, n)$ 中 R_i 的取值为从小到大的顺序, S_i 为按 R_i 顺序做了相应调整的取值. 不失一般性, 假设 $(R_i, S_i)(i = 1, 2, \cdots, n)$ 符合这种排序要求. 固定 R_i

的取值为从小到大之后, S_i 的排序共有 $n!$ 种可能; 对每一种可能计算 r_s, 再将所有 $n!$ 个 r_s 从小到大排列, 并查看观测样本所对应的 r_s^0 有多么极端, 即按 $n!$ 种可能中每一种等可能发生的假设计算概率 $Pr(r_s \geqslant r_s^0)$ 或 $Pr(r_s \leqslant r_s^0)$ 得到 p 值.

在没有打结, 但样本量大于 10 时, 可以考虑用 Monte Carlo 模拟, 在固定随机种子的情况下给出有估计的 p 值.

在 X 或 Y 有打结时, 应该使用平均秩. 令 $u_1, u_2, \cdots, u_p$ 和 $v_1, v_2, \cdots, v_q$ 分别代表 X 和 Y 的各个结的观测值数目, 记

$$U = \sum_{j=1}^{p} (u_j^3 - u_j), V = \sum_{j=1}^{q} (v_j^3 - v_j).$$

调整过的 Spearman 统计量为

$$r_s = \frac{n(n^2 - 1) - 6 \sum_i (R_i - S_i)^2 - 6(U + V)}{\sqrt{\{n(n^2 - 1) - U\}\{n(n^2 - 1) - V\}}}.$$

当样本量比较大时, 有

$$Z = r_s \sqrt{n - 1} \to N(0, 1).$$

在有打结时, 没有精确分布, 只能用大样本近似.

例 6.1(继续)　现在讨论上面的关于儿童死亡率和母亲死亡率之间的关系. 为了直观上方便描述, 我们从那 168 个观测值中随机取出 30 个来分析 (数据在 DM1.txt, DM1.sav, dm1.sas7bdat), 这 30 个数据为:

X	13	17	100	31	360	880	61	5	110	32	54	78	110	1600	230
Y	12	5	112	17	106	146	13	4	68	45	8	21	39	262	38
X	300	55	510	5	550	130	480	260	170	15	14	56	230	760	10
Y	93	21	108	6	84	22	73	35	29	3	8	37	41	235	4

把计算的 R_i, S_i 及 d_i 列在下表:

R_i	4	7	15	8	24	29	13	1.5	16.50	9	10.00	14.00	16.50	30	20.50
S_i	8	4	27	10	25	28	9	2.5	21.00	20	6.50	11.50	18.00	30	17.00
d_i	16	9	144	4	1	1	16	1.0	20.25	121	12.25	6.25	2.25	0	12.25
R_i	23	11.00	26	1.50	27	18	25	22	19	6	5.00	12	20.50	28	3.00
S_i	24	11.50	26	5.00	23	13	22	15	14	1	6.50	16	19.00	29	2.50
d_i	1	0.25	0	12.25	16	25	9	49	25	25	2.25	16	2.25	1	0.25

用 R 语句 `cor(x,y,meth="spearman")`, 得到 Spearman 相关系数为 0.877, 双边 p 值 2×10^{-10}. 用 `cor.test(x,y,meth="spearman",alt="greater")`, 得到单边检验的 p 值为 9.827×10^{-11}, 这里的单边备选假设为正相关.

本节软件的注

关于 Spearman 秩相关检验的 R 程序. 对于例 6.1 的 DM1.txt 数据, 可以用下面语句, 得到上面的表 (rsd), R_i, S_i, d_2^2, r_s 及 p 值等.

```
d=read.table("D:/data/DM1.txt");
x=d[,2];y=d[,1];rx=rank(x);ry=rank(y);
rsd=rbind(rx,ry,(rx-ry)^2);cor.test(x,y,meth="spearman")
```

对于较小的 n, 可以利用 `cor.test` 求出 Spearman 秩相关检验的精确 p 值. 如:

```
x=c(4.2,4.3,4.4,4.5,4.7,4.6,5.3);y=c(2.6,2.8,3.1,3.8,3.6,4.0,5.0);
cor.test(x,y,exact=T,method="spearman")
```

得到精确检验的 p 值为 0.0123.

关于 Spearman 秩相关检验的 SPSS 程序. 在 SPSS 环境中打开例 6.1 数据, 选择 Analize-Correlate-Bivariate, 再把 X 和 Y 两个有关变量选入, 选择 Spearman 可得 Spearman 相关系数和有关的检验结果 (零假设均为不相关).

关于 Spearman 秩相关检验的 SAS 程序. 在 SAS 环境中打开数据 dm1.sas7bdat, 选用模块 Solution-Analyze-Analyst-Statistics-Descriptive-Correlations, 选 Options 中的 Spearman. 同样结果也可以用下面 SAS 语句得到:

```
data DM1;infile "D:/data/DM1.txt";input y x;run; proc corr
data=DM1 Spearman;var X Y;run;
```

第二节   Kendall τ 相关检验

Spearman 秩相关检验模仿了 Pearson 相关的思想, 而 Kendall's τ 相关的概念则完全不同. 本节考虑的假设检验问题与上节一样, 零假设为 $H_0 : X$ 和 Y 不相关 $(\rho = 0)$, 而备选假设有三种选择: (A) X 和 Y 相关 $(\rho \neq 0)$, (B) X 和 Y 正相关 $(\rho > 0)$, (C) X 和 Y 负相关 $(\rho < 0)$.

先引进协同的概念. 如果乘积 $(X_j - X_i)(Y_j - Y_i) > 0$, 称对子 (X_i, Y_i) 及 (X_j, Y_j) 为协同的 (concordant). 或者说, 它们有同样的倾向. 反之, 如果乘积 $(X_j - X_i)(Y_j - Y_j)$

$Y_i) < 0$, 则称该对子为不协同的 (disconcordant). 令

$$\Psi(X_i, X_j, Y_i, Y_j) = \begin{cases} 1 & \text{如果 } (X_j - X_i)(Y_j - Y_i) > 0; \\ 0 & \text{如果 } (X_j - X_i)(Y_j - Y_i) = 0; \\ -1 & \text{如果 } (X_j - X_i)(Y_j - Y_i) < 0. \end{cases}$$

定义 Kendall τ(Kendall's τ_a) 相关系数为

$$\tau_a = \frac{2}{n(n-1)} \sum_{1 \leqslant i < j \leqslant n} \Psi(X_i, X_j, Y_i, Y_j) = \frac{K}{\binom{n}{2}} = \frac{n_c - n_d}{\binom{n}{2}},$$

式中, n_c 表示协同对子的数目, 而 n_d 表示不协同对子的数目. 显然, 没有打结时, 即没有 $(X_j - X_i)(Y_j - Y_i) = 0$ 的情况时,

$$K \equiv \sum \Psi = n_c - n_d = 2n_c - \binom{n}{2}.$$

在没有打结的情况下, 计算中, 可以先把一组数据 (X_i, Y_i), 按第一个变量从小到大排序, 之后, 利用第二个变量的秩, 来计算 n_c 和 n_d. 具体地, 在第一个变量满足 $X_1 < X_2 < \cdots < X_n$ 的情况下, 记 h_i 为 Y_i 的秩, 定义

$$p_i = \sum_{i<j} I(h_i < h_j), \quad q_i = \sum_{i<j} I(h_i > h_j),$$

则

$$p_i = \sum_{i<j} I(h_i < h_j) = \sum_{i<j} I(X_i < X_j)I(Y_i < Y_j),$$

$$q_i = \sum_{i<j} I(h_i > h_j) = \sum_{i<j} I(X_i < X_j)I(Y_i > Y_j) = n - i - p_i,$$

$$n_c = \sum_{i=1}^{n} p_i, \quad n_d = \sum_{i=1}^{n} q_i = \binom{n}{2} - n_c.$$

另外, 前面定义的 τ_a, 为概率差

$$P\{(X_j - X_i)(Y_j - Y_i) > 0\} - P\{(X_j - X_i)(Y_j - Y_i) < 0\}$$

的一个估计. 容易看出,

$$-1 \leqslant \tau_a \leqslant 1.$$

如果所有的对子都是协同的, 则在没有打结时, $K = \binom{n}{2}$, 而且 $\tau_a = 1$. 反之, 如果所有的对子都是不协同的 (没有打结时), 则 $K = -\binom{n}{2}$, 这时 $\tau_a = -1$.

不言而喻, 对于该检验来说, 检验统计量 $\tau_a = 0$ 和 $K = 0$ 是等价的. 当 $|K|$ 很大时, 应拒绝不相关的零假设; 不同的 K 的符号, 可以对应于不同的备选假设. 如 K 大于 0, 则对应于正相关的备选假设, 而如 K 小于 0, 则对应于负相关的备选假设. 在不相关 $K = 0$ 的零假设下, 当 $n \to \infty$ 时, 有

$$K\sqrt{\frac{18}{n(n-1)(2n+5)}} \longrightarrow N(0,1),$$

这可用于大样本近似的计算.

对于有打结情况, Kendall(1945) 给出调整后的检验统计量

$$\tau_b = \frac{n_c - n_d}{\sqrt{[n(n-1)/2 - \sum_i u_i(u_i-1)/2][n(n-1)/2 - \sum_j v_j(v_j-1)/2]}},$$

其中, u_i 是 X 观测中第 i 组打结的个数, v_j 为 Y 观测中第 j 组打结的个数. 相应的大样本近似公式为:

$$\frac{n_c - n_d}{\sqrt{[n(n-1)(2n+5) - t_u - t_v]/18 + t_1 + t_2}} \longrightarrow N(0,1),$$

其中

$$t_u = \sum_i u_i(u_i-1)(2u_i+5), \quad t_v = \sum_j v_j(v_j-1)(2v_j+5),$$

$$t_1 = \sum_i u_i(u_i-1) \sum_j v_j(v_j-1)/(2n(n-1)),$$

$$t_2 = \sum_i u_i(u_i-1)(u_i-2) \sum_j v_j(v_j-1)(v_j-2)/(9n(n-1)(n-2)).$$

容易验证, 在没有打结的情况, $\tau_b = \tau_a$, 且大样本近似公式也一样.

在样本量小且没有打结的情况下, 类似于前面介绍的 Spearman 精确检验, 仅把统计量由 r_s 换成 τ_a 或 K, 即可得到相应的精确检验. 一般地, 零假设下 Kendall 统计量的精确分布表通过 K 的分布表给出, 临界值 c_α 满足 $P(K \geqslant c_\alpha) \leqslant \alpha$. 由对称性, 在 K 小于 0 时, 取绝对值查表即可. 在样本量较大或者有打结的时候, 各种统计软件都会自动转换成大样本近似计算.

下面将通过例子计算介绍前面的概念.

例 6.2(数据: CPIESI.txt) 数据是关于 43 个国家的 CPI (Corruption Perceptions Index, 腐败感知指数) 和 ESI(Environmental Sustainability Index, 环境可持续指数). 图 6.2 显示, CPI 越高说明腐败问题越少, 而 EPI 越高说明环境可持续发展的前景越好.

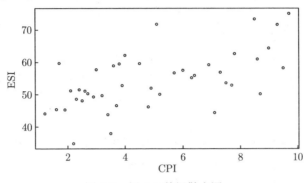

图 6.2 例 6.2 数据散点图.

例 6.2 数据所对应的前面介绍的概念有下表

43 个国家的腐败感知指数 (CPI) 和环境可持续指数 (ESI)

CPI	CPI 的秩	ESI	ESI 的秩 (h_i)	p_i	q_i	CPI	CPI 的秩	ESI	ESI 的秩 (h_i)	p_i	q_i
1.2	1	44.1	4	39	3	4.8	23	46.2	8	19	1
1.6	2	45.4	7	36	5	4.9	24	52.0	20	16	3
1.7	3	59.7	35	8	32	5.1	25	71.8	41	2	16
1.9	4	45.3	6	35	4	5.2	26	50.1	14	16	1
2.1	5	51.2	18	24	14	5.7	27	56.7	26	10	6
2.2	6	34.8	1	37	0	6.0	28	57.5	28	8	7
2.3	7	48.6	11	30	6	6.3	29	55.2	24	10	4
2.4	8	51.5	19	23	12	6.4	30	55.9	25	9	4
2.5	9	48.1	10	29	5	6.9	31	59.2	32	6	6
2.6	10	51.1	17	23	10	7.1	32	44.4	5	11	0
2.7	11	50.3	16	23	9	7.3	33	56.9	27	7	3
2.9	12	49.3	12	26	5	7.5	34	53.6	23	7	2
3.0	13	57.7	29	13	17	7.7	35	52.9	22	7	1
3.2	14	49.7	13	24	5	7.8	36	62.7	38	4	3
3.4	15	43.8	3	27	1	8.5	37	73.4	42	1	5
3.5	16	37.9	2	27	0	8.6	38	61.0	36	3	2
3.6	17	58.9	31	11	15	8.7	39	50.2	15	4	0
3.7	18	46.6	9	23	2	9.0	40	64.4	39	2	1

续表

CPI	CPI 的秩	ESI	ESI 的秩 (h_i)	p_i	q_i	CPI	CPI 的秩	ESI	ESI 的秩 (h_i)	p_i	q_i
3.8	19	59.5	33	9	15	9.3	41	71.7	40	1	1
3.9	20	52.8	21	18	5	9.5	42	58.2	30	1	0
4.0	21	62.2	37	6	16	9.7	43	75.1	43	0	0
4.5	22	59.6	34	7	14						

利用下面 R 语句读入数据, 计算 n_c, n_d, K, τ_a 等:

```
d=read.table("D:/data/CPIESI.txt");n=nrow(d);x=d[,2];y=d[,1]
nc=0;nd=0;n0=0;n=nrow(d);for (i in 1:(n-1))for(j in (i+1):n)
{nc=nc+((x[j]-x[i])*(y[j]-y[i])>0);
nd=nd+((x[j]-x[i])*(y[j]-y[i])<0);
n0=n0+((x[j]-x[i])*(y[j]-y[i])==0)};K=nc-nd;tau=K/choose(n,2)
```

得到 $n_c = 642, n_d = 261, K = 381, \tau = 0.4219269$.

对于例 6.2 的数据, 直接用 R 函数 cor.test(x,y,meth="kendall") 就可以得到 τ_b 为 0.4219, 双边检验 p 值为 4.199×10^{-5} 的结果. 因此拒绝 CPI 和 ESI 不相关的零假设. 另外, 这两个指数的 Pearson 相关系数为 0.597, 双边检验的 p 值为 2.4×10^{-5}. 而两个指数的 Spearman ρ 为 0.589, 双边检验的 p 值为 4.6×10^{-5}, 同样都拒绝了 CPI 和 ESI 不相关 ($H_0 : \rho = 0$) 的零假设

对于例 6.1 的数据, $\tau_b = 0.7199, Z = 5.5538, p$ 值为 2.794×10^{-8}.

如果考虑 Pitman 的 ARE, 则对所有的总体分布 $ARE(r_s, \hat{\tau}) = 1$. Lehmann (1975) 发现, 对于所有的总体分布有 $0.746 \leqslant ARE(r_s, r) \leqslant \infty$. 而对于一种形式的备选假设, Konijn (1956) 发现如下表中结论:

总体分布	正态	均匀	抛物	重指数
$ARE(r_s, r)$	0.912	1	0.857	1.266

Kendall's τ_b 还经常用于分析列联表数据, 度量两个有序变量的相关性, 零假设是不相关. 而当列联表中行列数目, r 和 c, 差别较大时, 使用 Kendall's τ_c(也称 Stuart's τ_c) 更适合, 参见 Brown 和 Benedetti(1977) 和 SAS(2010). Kendall's τ_c 定义如下:

$$\tau_c = \frac{2q(n_c - n_d)}{n^2(q-1)}$$

其中 $q = min(r, c)$. Kendall's τ_c 的渐近均方差的表达式为

$$ASE = \frac{2q}{(q-1)n^2} \sqrt{\sum_{ij} n_{ij}(C_{ij} - D_{ij})^2 - 4(n_c - n_d)^2/n}$$

其中 $n_{ij}, i = 1, 2, \cdots, r, j = 1, 2, \cdots, c$ 为列联表中元素,

$$C_{ij} = \sum_{i'>i}\sum_{j'>j} n_{i'j'} + \sum_{i'<i}\sum_{j'<j} n_{i'j'},$$

$$D_{ij} = \sum_{i'>i}\sum_{j'<j} n_{i'j'} + \sum_{i'<i}\sum_{j'>j} n_{i'j'}.$$

Kendall's τ_c 的取值范围在 -1 和 1 之间. 用上述列联表数据形式, τ_b 及其渐近均方差分别可以表示为

$$\tau_b = \frac{P - Q}{\sqrt{D_r D_c}}$$

$$\sigma_{\tau_b} = \frac{1}{D_r D_c} \sqrt{\sum_{i,j} n_{ij}(2\sqrt{D_r D_c}(C_{ij} - D_{ij}) + \tau_b v_{ij})^2 - n^3 \tau_b^2 (D_r + D_c)^2}$$

其中 $v_{ij} = R_i D_r + C_j D_c$.

Kendall's τ_b, Kendall's τ_c 还有下节将要介绍的 Goodman-Kruskal's γ 是三个经常用于度量两个有序变量的相关性的统计量, 在 SPSS 和 SAS 软件中有计算模块, 见下节软件注.

本节软件的注

关于 Kendall's τ_b 和 τ_c 相关检验的 R 程序. 对于例 6.2 的 CPIESI.txt 数据, 可以用下面语句输入数据, 得到 τ_b 及 p 值等.

```
d=read.table("D:/booknp/data/CPIESI.txt");x=d[,1];y=d[,2]
cor.test(x,y,meth="kendall")
```

在 R 的 cor.test 中, 对于 $n < 50$, 当观测值有限而且没有打结的情况下, 选 meth="kendall", 会自动给出精确检验结果, 否则, 给出正态近似结果. 当然, 也可以用 exact=F, 命令用正态近似方法计算.

对于列联表格式数据, 如下节例 6.3 中数据, 目前没有直接计算 Kendall τ_b 和 τ_c 的模块, 下面就例 6.3 中数据给出了 R 程序.

```
xx=read.table("D:\\data\\incsat.txt");x=xx[,1];
y=xx[,2];w=xx[,3];n1=max(x);n2=max(y);n=sum(w);q=min(n1,n2);
WW=matrix(w,byrow=T,nrow=n1);Dc=n^2-sum((apply(WW,2,sum))^2);
Dr=n^2-sum((apply(WW,1,sum))^2);
Vij=DD=CC=matrix(0,nrow=n1,ncol=n2) for (i in 1:n1){for (j in
1:n2){ CC[i,j]=sum((x>i)*(y>j)*w)+sum((x<i)*(y<j)*w)
DD[i,j]=sum((x>i)*(y<j)*w)+sum((x<i)*(y>j)*w)
Vij[i,j]=Dr*sum(WW[i,])+Dc*sum(WW[,j])}}
nc=sum(WW*CC)/2;nd=sum(WW*DD)/2;taub=2*(nc-nd)/sqrt(Dc*Dr)
temp=sum(WW*(2*sqrt(Dc*Dr)*(CC-DD)+taub*Vij)^2)-
    n^3*taub^2*(Dr+Dc)^2
sigtaub=1/(Dc*Dr)*sqrt(temp);tauc=q*(nc-nd)/(n^2);
sigtauc=2*q/((q-1)*n^2)*sqrt(sum(WW*(CC-DD)^2)-(nc-nd)^2*4/n);
list(taub=c(taub=taub,sigtaub=sigtaub,CI95=c(taub-1.96*
sigtaub,taub+1.96*sigtaub)),tauc=c(tauc=tauc,sigtauc=sigtauc,
CI95=c(tauc-1.96*sigtauc,tauc+1.96*sigtauc)))
```

运行上面程序得到 Kendall τ_b 和 τ_c 的点估计分别为 0.1792 和 0.1715, 渐近均方差分别为 0.0955 和 0.0923, 95% 置信区间分别为 (-0.0081, 0.3664) 和 (-0.0094, 0.3523), 与 SPSS 和 SAS 输出结果一致.

关于 **Kendall** τ **相关检验的 SPSS 操作.** 就例 6.1 数据, 选择 Analize-Correlate-Bivariate, 再把两个有关的变量 (例 6.1 中为 X 和 Y) 选入, 选择 Kendall's tau-b 就可以得出 Kendall 相关系数等有关结果. 如果数据是列联表格式, 如下节例 6.3 中 incsat.sav, Kendall's τ_b 和 τ_c 的计算步骤见 6.3 节的软件注解.

关于 **Kendall** τ **相关检验的 SAS 程序.** 对于 CPIESI.sas7bdat, 选 Solution-Analyze-Analyst-Statistics-Descriptive-Correlations, Options 选 Kendall's tau-b, 或对数据 CPIESI.txt 用编程 (第一行输入数据, 第二行检验):

```
data CPIESI;infile "D:/data/CPIESI.txt";input y x;run; proc corr
data=CPIESI Kendall;var X Y;run;
```

如果数据是列联表格式, 如下节例 6.3 中 incsat.txt, 可以用 proc freq 计算 Kendall's τ_b 和 τ_c, 详见 6.3 节的软件注解.

第三节 Goodman-Kruskal's γ 相关检验

前面提到的 Spearman 和 Kendall's τ_b 都可以用于分析两个连续变量 X 和 Y 的相关性. 假设 X 和 Y 都是有序变量, 分别有 r 和 c 个有序水平, 而且观测数据 $(X_i, Y_i), i = 1, 2, \cdots, n$ 能放入一个 $r \times c$ 的列联表, 记表中元素为 n_{ij}, $i = 1, 2, \cdots, r, j = 1, 2, \cdots, c$. 与 X 和 Y 是连续变量情况相比, 这类数据有大量的打结 (ties). 针对这类数据, 如需检验 X 和 Y 是否独立, 可以按照 Goodman 和 Kruskal (1954, 1959, 1963, 1972) 提出了相关系数的计算方法,

$$G = \frac{P - Q}{P + Q} = \frac{n_c - n_d}{n_c + n_d},$$

这里的 n_c 和 n_d 分别是上一节定义的协同和不协同对子数目, 即

$$n_c = \sum_{i,j} n_{ij} \sum_{i'>i} \sum_{j'>j} n_{i'j'} = \sum_{i,j} n_{ij} \sum_{i'<i} \sum_{j'<j} n_{i'j'},$$

$$n_d = \sum_{i,j} n_{ij} \sum_{i'>i} \sum_{j'<j} n_{i'j'} = \sum_{i,j} n_{ij} \sum_{i'<i} \sum_{j'>j} n_{i'j'}.$$

在 X 和 Y 独立的零假设下, $n_c - n_d$ 应该比较小, 且

$$\frac{G}{\sqrt{Var(G)}} \sim N(0, 1),$$

式中,

$$Var(G) \approx \frac{16}{(P+Q)^4} \sum_{i,j} n_{ij} (PC_{ij} - QD_{ij})^2$$

$$P = \sum_{i,j} n_{ij} C_{ij} = 2n_c, \quad Q = \sum_{i,j} n_{ij} D_{ij} = 2n_d,$$

$$C_{ij} = \sum_{i'>i} \sum_{j'>j} n_{i'j'} + \sum_{i'<i} \sum_{j'<j} n_{i'j'}, \quad D_{ij} = \sum_{i'>i} \sum_{j'<j} n_{i'j'} + \sum_{i'<i} \sum_{j'>j} n_{i'j'}.$$

如果记 P_c 和 P_d 分别是随机抽取两对观测得到协同和不协同对子的概率, 前面定义的 G 是

$$\gamma = \frac{P_c - P_d}{P_c + P_d}$$

的一个估计. 与 Kendall's τ 相比, Goodman-Kruskal's γ 的分母不包含打结, 即统计量 G 的分母中没有 $(X_j - X_i)(Y_j - Y_i) = 0$ 的对子数. 换句话说, Goodman-Kruskal's γ 的点估计不会小于 Kendall's τ 的点估计.

例 6.3(数据:incsat.txt, incsat.sav) 不同年收入水平对工作满意程度:

收入	对工作的满意度			
	很不满意	不满意	满意	很满意
<3 万	1	3	10	6
3-6 万	1	6	14	12
>6 万	0	1	9	11

协同对子总数为: $n_c = 1(6+14+12+1+9+11)+3(14+12+9+11)+10(12+11)+1(1+9+11)+6(9+11)+14(11) = 716$; 不协同对子总数为: $n_d = 6(1+6+14+0+1+9)+10(1+6+0+1)+3(1+0)+12(0+1+9)+14(0+1)+6(0) = 403$. 代入公式计算得到 Goodman-Kruskal 相关系数为 $G = (716-403)/(716+403) = 0.2797$. 利用下面本节注中的 R 程序, 得到样本均方差为 0.1455, G 的 95% 置信区间为 (-0.0055, 0.5650). 由于此区间包含 0, 不能拒绝零假设 ($H_0 : \gamma = 0$). 这里 $\gamma = 0$ 对应于收入高低与对工作满意度无关.

当 $r = c = 2$ 时, Goodman-Kruskal's γ 退化成 Yule's Q, 其定义为

$$Q = \frac{n_{11}n_{22} - n_{12}n_{21}}{n_{11}n_{22} + n_{12}n_{21}}.$$

当然 Yule's Q 不仅适用于两个有序分类变量, 也可以用于分析两个无序分类变量的相关性.

本节软件的注

关于 Goodman-Kruskal's γ 相关检验的 R 程序. 目前的 R 软件包中没有直接计算 Goodman-Kruskal's γ 的模块, 对于例 6.3 的 incsat.txt 数据, 可以用下面语句输入数据, 得到 G 及其 95% 置信区间等, 数值与 SPSS 和 SAS 输出结果一致.

```
xx=read.table("D:\\data\\incsat.txt")
x=xx[,1];y=xx[,2];w=xx[,3];n1=max(x);n2=max(y);
WW=matrix(w,byrow=T,nrow=n1);DD=CC=matrix(0,nrow=n1,ncol=n2); for
(i in 1:n1){for (j in 1:n2){
CC[i,j]=sum((x>i)*(y>j)*w)+sum((x<i)*(y<j)*w)
DD[i,j]=sum((x>i)*(y<j)*w)+sum((x<i)*(y>j)*w)}}
nc=sum(WW*CC)/2;nd=sum(WW*DD)/2;G=(nc-nd)/(nc+nd)
ASE=1/(nc+nd)^2*sqrt(sum(WW*(2*nd*CC-2*nc*DD)^2))
pvalue=2*(1-pnorm(G/ASE));CI95=c(G-1.96*ASE,G+1.96*ASE)
list(G=G,ASE=ASE,CI95=CI95,pvalue=pvalue)
```

关于 Goodman-Kruskal's γ 相关检验的 SPSS 操作. 打开 incsat.sav, 用 Data-Weight Cases 将 count 加权, 再点击 Analyze-Descriptive Statistics-Crosstabs, 将 inc 和 sat 分别放入 Row(s) 和 Column(s), 依次选 Statistics-Ordinal-Gamma, 得到 Goodman-Kruskal's γ 的估计为 0.280, 渐近均方差为 0.146, p 值为 0.063. 此外, Ordinal 中还有 Kendall's τ_b 和 Kendall's τ_c 选项, 能得到各自的点估计、渐近方差和 p 值. 如果选 Statistics 中的 Correlations, 输出得到 pearson 和 spearman 相关系数的点估计、渐近方差和 p 值.

关于 Goodman-Kruskal's γ 相关检验的 SAS 程序. 可以用 SAS 中 proc freq, 按照下面语句得到 γ 的估计及其 95% 置信区间, 输出中还有 pearson 相关系数、spearman 相关系数及上节提到的 Kendall's τ_b 和 Kendall's τ_c 的估计和 95% 置信区间.

```
data incsat;infile "D:/data/incsat.txt";input inc sat count;run;
proc freq;tables inc*sat/measures cl;weight count;run;
```

第四节　Somers' d 相关检验

在 Kendall's τ_b 的表达式中, 两个有序变量的位置是对称的. 为了度量自变量对因变量的影响或者体现用自变量预测因变量的效果, Somers(1962) 对 Kendall's τ_b 进行非对称化处理, 提出 Somers' $d(C|R)$ 和 Somers' $d(R|C)$, 前者将行变量 X 视为自变量, 列变量 Y 视为因变量, 后者将行列位置颠倒. Somers' $d(C|R)$ 定义为

$$d(C|R) = \frac{n_c - n_d}{n(n-1)/2 - \sum_i^r R_i(R_i-1)/2} = \frac{P-Q}{D_r}$$

其渐近均方差为

$$ASE = \frac{2}{D_r^2}\sqrt{\sum_{i,j} n_{ij}[D_r(C_{ij} - D_{ij}) - (P-Q)(n-R_i)]^2}$$

式中, $D_r = n^2 - \sum_{i=1}^r R_i^2$, $R_i = \sum_{j=1}^c n_{ij}$, $n = \sum_{i=1}^r R_i$, n_{ij} 是 $r \times c$ 列联表中的元素, $n_c, n_d, C_{ij}, D_{ij}, P$ 和 Q 与上一节定义的一样, 参见 SAS(2010).

如果不分自变量和因变量, 下面的表达式是行列变量对称形式的 Somers' d 统计量:

$$d = \frac{P-Q}{(D_c + D_r)/2},$$

其渐均方差为

$$ASE = \sigma_{\tau_b} \sqrt{\frac{2\sqrt{D_c D_r}}{(D_c + D_r)}},$$

其中 $D_c = n^2 - \sum_{j=1}^{c} C_j^2$, $C_j = \sum_{i=1}^{r} n_{ij}$, σ_{τ_b} 是 Kendall's τ_b 的均方差的估计表达式.

对于例 6.3 中的数据, 记 X 为收入, Y 为满意度, 利用 SPSS 软件得到 Somers' $d(Y|X)$ 的点估计和均方差分别为 0.177 和 0.095, Somers' $d(X|Y)$ 的点估计和均方差分别为 0.182 和 0.097, 对称的 Somers' d 的点估计和均方差分别为 0.179 和 0.096. 分别利用本节注中的 R 和 SAS 程序, 能得到相同的结果.

本节软件的注

关于 Somers' d 相关检验的 R 程序. 对于例 6.3 的数据, 可以用下面 R 语句得到 Somers' $d(C|R)$, Somers' $d(R|C)$ 和 Somers' d 的点估计, 渐近均方差及各自的 95% 置信区间等.

```
xxx=read.table("D:\\data\\incsat.txt") x=xx[,1];y=xx[,2];w=xx[,3];
n1=max(x);n2=max(y);n=sum(w); WW=matrix(w,byrow=T,nrow=n1)
Dc=n^2-sum((apply(WW,2,sum))^2); Dr=n^2-sum((apply(WW,1,sum))^2);
Vij=DD=CC=nRi=nCj=matrix(0,nrow=n1,ncol=n2) for (i in 1:n1){for (j
in 1:n2){ CC[i,j]=sum((x>i)*(y>j)*w)+sum((x<i)*(y<j)*w)
DD[i,j]=sum((x>i)*(y<j)*w)+sum((x<i)*(y>j)*w)
Vij[i,j]=Dr*sum(WW[i,])+Dc*sum(WW[,j])
nRi[i,j]=n-sum(WW[i,]);nCj[i,j]=n-sum(WW[,j])}}
nc=sum(WW*CC)/2;nd=sum(WW*DD)/2;taub=2*(nc-nd)/sqrt(Dc*Dr)
temp=sum(WW*(2*sqrt(Dc*Dr)*(CC-DD)+taub*Vij)^2)-
     n^3*taub^2*(Dr+Dc)^2;
sigtaub=1/(Dc*Dr)*sqrt(temp);
dCR=2*(nc-nd)/Dr;dRC=2*(nc-nd)/Dc;d=4*(nc-nd)/(Dc+Dr);
sigdCR=2/Dr^2*sqrt(sum(WW*(Dr*(CC-DD)-2*(nc-nd)*nRi)^2))
sigdRC=2/Dc^2*sqrt(sum(WW*(Dc*(CC-DD)-2*(nc-nd)*nCj)^2))
sigd=sqrt(2*sigtaub^2/(Dc+Dr)*sqrt(Dc*Dr));z=1.96;
list(dCR=c(dCR=dCR,sigdCR=sigdCR,
CI95=c(dCR-z*sigdCR,dCR+z*sigdCR)),
```

```
dRC=c(dRC=dRC,sigdRC=sigdRC,CI95=c(dRC-z*sigdRC,dRC+z*sigdRC)),
d=c(d=d,sigd=sigd,CI95=c(d-z*sigd,d+z*sigd)))
```

关于 Somers' d 相关检验的 SPSS 操作. 打开 incsat.sav, 用 Data-Weight Cases 将 count 加权, 再点击 Analyze-Descriptive Statistics-Crosstabs, 将 inc 和 sat 分别放入 Row(s) 和 Column(s), 点击 Statistics, 选 Ordinal 中的 Somers' d, 可以得到对称 Somers' d, Somers' $d(Y|X)$ 和 $d(X|Y)$ 的点估计、渐近均方差及 p 值.

关于 Somers' d 相关检验的 SAS 程序. 用 6.3 节注中相同的 SAS 语句, 输出中含 Somers' d, $d(Y|X)$ 和 $d(X|Y)$ 的点估计中和 95% 置信区间.

第五节 Theil 非参数回归和几种稳健回归

在给定一组数据 $(x_1, y_1), (x_2, y_2), \cdots, (x_n, y_n)$ 时, 如果认为它满足线性模型

$$y = \alpha + \beta x + \epsilon,$$

则可以用不同方法估计参数来拟合直线. 最常见的是最小二乘法, 它取截距 (α) 和斜率 (β) 使

$$RSS(\alpha, \beta) = \sum_{i=1}^{n} [y_i - (\alpha + \beta x_i)]^2$$

最小. 这样得出的估计 $\hat{\alpha}, \hat{\beta}$ 称为简单最小二乘 (OLS) 估计. 由于在假定了响应变量为独立同正态分布之后, 对回归参数进行的最大似然估计和最小二乘估计是相同的, 特别是在回归之后的方差分析和假设检验中有基于正态假定的 t 分布和 F 分布, 所以人们往往把最小二乘估计和正态总体假定联系起来. 其实, 如果不考虑那些检验, 回归直线的最小二乘拟合和总体分布根本无关, 只是缺乏一些好的性质.

Theil 非参数回归

下面介绍非参数统计中的 Theil 方法. 其思想并不复杂. 类似于最小二乘法, 它也从残差 $e_i = y_i - (\alpha + \beta x_i)$ 出发, 它要寻求斜率 β 使得所有观测值对 (x_j, y_j) 与 (x_i, y_i) 拟合回归直线后的残差之差的正负符号的个数相等. 记 $d_i = y_i - \beta x_i$. 显然, 残差与 d_i 仅差一个常数项: $e_i = d_i - \alpha$. 再令第 j 个与第 i 个残差之差为

$$d_{ij} = e_j - e_i = d_j - d_i = (y_j - y_i) - \beta(x_j - x_i), \ 1 \leqslant i < j \leqslant n.$$

这样 Theil 回归要求 β 使得

$$T(\beta) = \sum_{i<j} \text{sgn}[d_{ij}(\beta)]$$

等于 0, 这里 $\mathrm{sgn}(x)$ 为符号函数, 定义为

$$\mathrm{sgn}(x) = \begin{cases} 1 & x > 0; \\ 0 & x = 0; \\ -1 & x < 0. \end{cases}$$

显然, 如果 $x_1, x_2, \cdots, x_n$ 是已经按照升幂排列的, 那么 $T(\beta)$ 为对子 (x_i, d_i) 中按照上一节 Kendall 定义的协同的数目减去不协同的数目. 也就是说 在 x 与 d 之间的 Kendall 相关系数 $\tau = T(\beta)/\binom{n}{2}$. 记所有两个不同数据点连线的斜率为

$$b_{ij} = (Y_j - Y_i)/(X_j - X_i),\ 1 \leqslant i < j \leqslant n.$$

可以看出, 使 $b_{ij} - \beta$ 尽可能小的 β 等价于使 d_{ij} 尽可能小的 β. 当然, 我们无法要求一个 β 满足所有的 $b_{ij} - \beta = 0$, 但可以取这 $n(n-1)/2$ 个 b_{ij} 的中位数作为对斜率 β 的估计:

$$\tilde{\beta} = \underset{1 \leqslant i < j \leqslant n}{\mathrm{median}}\ b_{ij} = \underset{1 \leqslant i < j \leqslant n}{\mathrm{median}}\ \frac{Y_j - Y_i}{X_j - X_i};$$

而 α 的估计很自然地为中位数

$$\tilde{\alpha} = \mathrm{median}\{Y_j - \tilde{\beta}X_j, j = 1, 2, \cdots, n\}.$$

按上面定义给出的 $\tilde{\alpha}$ 和 $\tilde{\beta}$, 大于和小于零的残差 e_i 个数各占一半. 即按 Theil 回归, 不仅所有残差之差的正负个数相等, 而且残差本身正负个数也相等.

例 6.3(数据: CPIGINI.txt) 40 个国家腐败感知指数 CPI(x_i) 和 GINI 指数 (y_i) 如下:

x_i	9.7	9.5	9.3	9.0	8.7	8.6	8.5	7.8	7.7	7.5	7.3	7.1	6.9	6.3
y_i	25.6	24.7	25.0	31.5	36.8	35.2	25.8	31.0	45.0	57.1	30.0	28.7	35.9	32.7
x_i	6.0	5.7	5.6	5.2	5.1	4.9	4.8	4.5	4.2	4.0	3.9	3.8	3.7	3.2
y_i	28.4	70.0	37.0	27.3	44.8	24.4	34.0	35.8	35.4	31.6	40.7	29.0	34.4	51.1
x_i	3.1	3.0	2.9	2.7	2.6	2.5	2.4	2.2	2.1	2	1.7	1.6		
y_i	41.3	48.5	44.7	39.9	41.0	49.5	36.1	42.0	37.4	36	38.1	50.6		

对这个例子我们希望能够以 CPI 作为自变量, 以 GINI 作为因变量来做 Theil 回归. 和通常最小二乘方法比较, Theil 回归的优点在于: 首先, 它不假定所有的误差都仅仅在因变量的方向, 其次它不假定误差是正态分布的, 再者, 它较少地受离群点的影响, 也就是说, 它是个较稳健的方法. Theil 回归也叫做 Theil-Sen 单独中位

数 (Theil-Sen single median method) 方法, 或称 Kendall 稳健直线拟合法 (Kendall robust line-fit method).

我们可以用下面的简单语句来读入数据和实现上面的关于 Theil 回归系数的计算:

```
d=read.table("D:/data/CPIGINI.txt",header=T);
x=d[,1];y=d[,2];n=nrow(d) s=NULL;for(i in 1:(n-1))for(j in
(i+1):n)
            s=c(s,(y[j]-y[i])/(x[j]-x[i]))
b=median(s);a=median(y-b*x);e=y-a-b*x;coef=c(a,b)
```

根据这个程序, 可以得到截距和斜率的估计为 $\hat{\alpha} = 43.650$, $\hat{\beta} = -1.667$. 这个语句比较初等. R 网站中有更加全面的函数来计算.

图 6.3 为数据点和 OLS 回归及 Theil 回归的拟合直线. 显然, OLS 拟合受到离群点 16 和 10 的 "拉扯", Theil 受到它们的影响较小, 而且, 在 Theil 回归线上下点的个数相等.

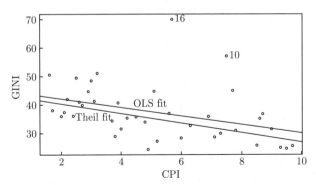

图 6.3　例 6.3 数据散点图及 OLS 及 Theil 回归的拟合直线.

Siegel(1982) 提出了一个类似于 Theil 方法, 称为 Siegel 重复中位数 (Siegel repeated medians) 方法, 它虽然复杂些, 但更加稳健. 它计算每组样本点和其它点的斜率, 然后取其中位数. 这样得到 n 个中位数, 再在这 n 个数中取中位数作为斜率的估计. 截距用类似方法求. 对于上面的例子, 用 Siegel 方法得到截距和斜率的估计为 $\hat{\alpha} = 43.775$, $\hat{\beta} = -1.744$.

关于 Theil 回归和 Siegel 回归, 都可以用 R 网站的软件包 `mblm` 中的函数 `mblm()` 来实施. 利用这个函数所产生的结果, 可以输出对系数是否等于零的非参数检验, 各个系数的各种置信区间以及方差分析表等结果.

Theil 回归中的对 β 的检验 (零假设不一定是 $\beta = 0$)

下面考虑对回归系数 β 的一般性显著性检验

$$H_0 : \beta = \beta_0; H_1 : \beta \neq \beta_0.$$

当然备选假设 H_1 也可以为 $\beta > \beta_0$ 或 $\beta < \beta_0$. 由于在零假设下, 对 $T(\beta_0)$ 的检验等价于对于 x 及 $d = y - \beta_0 x$ 之间的 Kendall 相关系数 τ 的检验, 我们可以得到相应的 p 值. 事实上, 如果备选假设为 $H_1 : \beta \neq \beta_0$. 显然, 如果有太多的 b_{ij} 大于或小于 β_0, 零假设就可能有问题. 容易验证

$$b_{ij} = \frac{y_j - y_i}{x_j - x_i} = \beta_0 + \frac{e_j - e_i}{x_j - x_i} = \beta_0 + \frac{d_j - d_i}{x_j - x_i}.$$

因此, 总体上, b_{ij} 大于或小于 β_0 的情况依赖于 (x_i, d_i) 与 (x_j, d_j) 协同与否. (注意, α_0 在这里不出现.) 令 n_c 和 n_d 分别表示这些 (x_i, d_i) 的协同对子与不协同对子的数目. 于是检验斜率 $\beta = \beta_0$ 的问题就归结到利用前一节的和 Kendall τ 等价的检验统计量 $K = n_c - n_d = 2n_c - \binom{n}{2}$ 来检验 d 和 x 是否相关的问题. 在假定残差有零均值并且和 x 独立时, 如果对选定的 β_0, (x_i, d_i) 与 (x_j, d_j) 很协同或很不协同 (即 Kendall τ 的绝对值接近于 1 时), 则应拒绝 $H_0 : \beta = \beta_0$.

R 软件中用 cor.test(x,y-b0*x,meth="kendall") 可以进行双边或单边假设检验, 比如, 对于例 6.3, 如果我们要检验

$$H_0 : \beta = -0.7; H_1 : \beta < -0.7.$$

利用 R 语句 cor.test(x,y+0.7*x,meth="kendall",alt="less") 得到 p 值等于 0.0119. 这说明, 对于显著性水平 $\alpha \geqslant 0.012$ 都可以拒绝零假设, 认为 $\beta < -0.7$.

关于斜率的 95% 置信区间, 可以用本节的注中的反解的方式. 即先计算所有可能组合的两两点的斜率, 共 n(n+1)/2 个, 再将它们排序, 逐个再代入 cor.test(x,y-s[i]*x,method="kendall")$p.value 按输出的 p 值, 反解出对应的斜率的 95% 置信区间. 用 TT 函数 TT(x,y,0.05), 得到 95% 置信区间 (-2.6875000, -0.6969697), 即分别在 n(n+1)/2 个经过排序中的斜率中的第 293 和 488 位.

几种稳健回归简介

为了进行比较, 我们现在介绍几种稳健回归. 第一个介绍的为最小中位数二乘 (least median of squares, LMS) 回归, 它是由 Rousseeuw(1984) 提出的, 它适用于线性模型

$$y = \boldsymbol{x}^T \boldsymbol{\beta} + \epsilon,$$

这里 x 和 β 均为 $p \times 1$ 向量 (如有截距, 则 x 的第一个元素为 1). 它的思想也很简单. 令 (y_i, x_i^T) 为第 i 个观测值 (其中 x_i 为列向量). 它寻求的 β 满足

$$\min_{\beta}\{\text{median}_i|y_i - x_i^T\beta|^2\}.$$

对 OLS 回归稍加改造, 不考虑极端的值, 则有 Rousseeuw 建议的最小截尾二乘 (least trimmed squares, LTS) 回归, 它寻找的斜率 β 满足

$$\min_{\beta}\left\{\sum_{i=1}^{q}(y_i - x_i^T\beta)_{(i)}^2\right\}$$

这里 $(y_i - x_i^T\beta)_{(i)}(i = 1, 2, \cdots, q)$ 为最小的 q 个残差, 即使最小的 q 个残差之和达到最小的 β. 对于取多大的 q, 根据情况可有不同的选择.

另一个稳健回归方法为所谓的 S 估计, 它对回归系数的选择使得方程

$$\sum_{i=1}^{n}\chi\left(\frac{y_i - x_i^T\beta}{c_0 s}\right) = (n-p)g$$

的解有最小的 s. 这里函数 χ 通常选用 Tukey 的双平方函数

$$\chi(u) = \begin{cases} u^6 - 3u^4 + 3u^2 & |u| \leqslant 1; \\ 1 & |u| > 1. \end{cases}$$

的积分, 另外在前面方程中选择 $c_0 = 1.548$ 及 $g = 0.5$, 这种选择主要是为了和正态误差一致.

例 6.4 (数据: reg.txt) 现有 25 个观测值 $(x_1, y_1), (x_2, y_2), \cdots, (x_{25}, y_{25})$, 它们是 (四舍五入到小数点后两位):

x_i	0.84	1.39	−0.10	0.22	0.92	1.13	3.46	1.64	1.64	2.70	2.07	0.65	1.88
y_i	5.46	4.69	5.97	6.05	5.27	5.22	2.97	4.42	4.87	4.34	3.66	5.60	5.23
x_i	1.89	2.27	2.52	1.53	1.79	1.54	0.46	3.49	4.34	4.02	4.64	4.09	
y_i	5.07	4.18	3.45	5.00	4.60	4.84	5.80	6.73	6.80	6.34	6.97	7.60	

基于这个数据, 用前面介绍的几种稳健回归方法来拟合线性模型.

如下表中给出了几种回归方法得到的截距和斜率:

回归方法	截距	斜率
OLS	4.813	0.212
Theil	5.739	−0.459
LMS	6.063	−0.891
LTS	6.233	−0.924
S-est.	6.208	−0.936
Siegel	5.911	−0.690

图 6.4 显示了 "OLS Fit", "LMS Fit", "LTS fit", "S-est. fit" 和 "Theil Fit", 它们分别标出了最小二乘, 最小中位数二乘, 最小截尾二乘, S 估计, Theil 及 Siegel 等六条拟合直线, 其中 "LMS Fit", "LTS fit" 和 "S-est. fit" 三个拟合很类似 (我们称他们为稳健组), 不易区分, 而最小二乘及 Theil 或 Siegel 回归则很不一样.

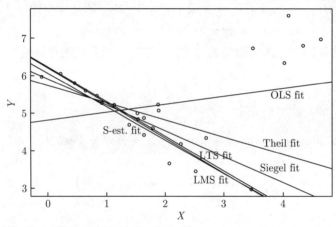

图 6.4　例 6.4 数据散点图及五种回归的拟合直线: OLS, Theil, Siegel, LMS, LTS 和 S 估计.

　　为什么会有这种现象呢? 实际上, 这个数据的前 20 个观测值的确有很强的线性关系. 而最后的 5 个观测值 "混入" 了这个数据. 从点图上可以看出, 数据点阵明显地分为两群, 左边的有明显的线性关系, 而右边的 5 个点看不出什么特性. 对此例子最稳健的方法是稳健组的三个回归, 看来它并不受那 5 个点的影响. 而 Siegel 和 Theil 拟合受不同程度的影响. 最小二乘法受影响而偏离的最大. 当然, 如果没有这 5 个影响点, 这三个拟合直线是不会有多大差别的. 反过来, 如果有限度地增加影响点的数目, 或不增加数目而仅仅增加它们和前 20 个点的距离时, 稳健组的拟合基本不受影响, 但是 Theil 拟合直线还是会和最小二乘拟合一起, 偏离很大. 最小二乘方法适用于很 "干净" 的数据, Theil 能够忍受有限度的数据污染. 和它们相比, 稳健组的拟合最稳健. 稳健回归方法实际上是把远离数据主体的点给忽略了, 这并不一定合适. 实际上, 应该查看是否数据来自于一个总体. 如果不是, 则应该分别进行分析. 既不能忽略一部分, 也不能 "和稀泥".

本节软件的注

关于 **Theil** 回归的系数的计算和 **95%** 置信区间的估计.

```
example.ci=function(){
d=read.table("D:/data/CPIGINI.txt",header=T); x=d[,1];y=d[,2];
TT=function(x,y,alpha){n=length(x);s=NULL for(i in 1:(n-1))for(j
in (i+1):n)s=c(s,(y[j]-y[i])/(x[j]-x[i]));
b=median(s);a=median(y-b*x); e=y-a-b*x; m=length(s);s=sort(s);
z=NULL;for(i in 1:m)
z=c(z,cor.test(x,y-s[i]*x,method="kendall")$p.value) for (i in
1:floor(m/2)) if (z[i]>alpha/2)
{bound=c(i-1,m-i+2,s[i-1],s[m-(i-2)],s[i-1]);break}
list(nrow(d),coefficient=c(a,b),residual=e,ci=bound[1:4],
confid=1-2*bound[5])} list(TT(x,y,0.05))}
```
操作中, 可以先确认上面语句中数据的位置, 再把这些语句一起拷贝粘贴到 R 的 Console 下形成 example.ci 函数, 再运行 example.ci() 即可得到有关结果.

有关 Siegel 回归和 Theil 回归的 R 程序包. 从 R 网站中下载软件包 mblm, 函数 mblm() 缺省状态输出的是 Siegel 回归结果, 而加上 repeated=F 时输出的是 Theil 回归结果. 例如, 对于数据 CPIGINI.txt, 可以使用下面的语句:

```
W=read.table("D:/data/CPIGINI.txt",header=T);
fit=mblm(GINI~CPI,W);summary(fit);anova(fit);confint(fit)
```

有关三个稳健回归的 R 程序包. 注意, 这里的 lqs 函数是在软件包 MASS 中, 应该先用 library(MASS) 打开该软件包. 在 lqs 选项中有 method="lms"(LMS 回归), method="lts"(LTS 回归), method="S"(S- 估计回归), 分别代表最小中位数二乘, 最小截尾二乘, S 估计的选项. 此外, 还有一个选项 method="lqs", 它和 method="lms" 选项类似, 只不过截尾点 q 不一样而已. 因此, 可以利用下面语句计算这三个稳健回归:

```
lms=lqs(Y~X,method="lms");lts=lqs(Y~X,method="lts");
se=lqs(Y~X,method="S")
```

第六节　习　　题

1. (数据 6.6.1.txt) 30 个地区的文盲率 (单位: 千分之一) 和人均 GDP(单位: 元) 的数据为:

文盲率	7.33	10.80	15.60	8.86	9.70	18.52	17.71	21.24	23.20	14.24
人均 GDP	15044	12270	5345	7730	22275	8447	9455	8136	6834	9513
文盲率	13.82	17.97	10.00	10.15	17.05	10.94	20.97	16.40	16.59	17.40
人均 GDP	4081	5500	5163	4220	4259	6468	3881	3715	4032	5122
文盲率	14.12	18.99	30.18	28.48	61.13	21.00	32.88	42.14	25.02	14.65
人均 GDP	4130	3763	2093	3715	2732	3313	2901	3748	3731	5167

利用 Pearon, Spearman 和 Kendall 检验统计量来检验文盲率和人均 GDP 之间是否相关? 是正相关还是负相关?

2. (数据 6.6.2.txt) 一个公司准备研究服务和销售额之间的关系, 这里是月销售额 (单位: 万元) 和顾客投诉的数目:

销售额	452	318	310	409	405	332	497	321	406	413	334	467
投诉数目	107	147	151	120	123	135	100	143	117	118	141	97

利用各种检验确认在投诉量和销售额之间是否可能存在某种相关. 试拟合一条回归直线. 求斜率的 95% 置信区间.

3. (数据 6.6.3.txt) 在美国 1920 到 1980 年间拥有拖拉机和拥有马匹的农场的百分比为:

年份	1920	1930	1940	1950	1960	1970	1980
拥有拖拉机的 (%)	9.2	30.9	51.8	72.7	89.9	88.7	90.2
拥有马匹的 (%)	91.8	88.0	80.6	43.6	16.7	14.4	10.5

是否这二者之间有某种相关? 何种相关? 利用各种检验来验证你的结论并拟合一条回归直线.

4. (数据 6.6.4.txt) 在对 13 个非同卵孪生兄弟所做的一个心理测验的记分如下:

218	139	178	189	46	166	237	254	145	211	157	167	175
378	122	200	92	40	217	170	181	34	229	43	193	110

检验这些孪生兄弟的分数是否相关.

5. (数据 6.6.5.txt) 为测量某种材料的保温性能, 把用其覆盖的容器从室内移到温度为 (x) 的室外, 三小时后记录其内部温度 (y). 经过若干次试验, 产生了如下的记录 (单位: 华氏度). 该容器放到室外前的内部温度是一样的.

x:	33	45	30	20	39	34	34	21	27	38	30
y:	76	103	69	50	86	85	74	58	62	88	210

请用各种方法做线性回归. 是否存在离群点? 如果存在, 请指出, 并在删除它后重新做拟合.

6. (数据 6.6.1.txt) 试对第一个习题做回归直线. 解释你的结果.

7. (数据 6.6.7.txt) 分别给 12 个图片 (A-L) 予两个同卵孪生兄弟, 并让他们把这些图片按照喜欢程度排序, 然后比较结果. 看是否有相关. 下面为这两个兄弟的排序:

图片	A	B	C	D	E	F	G	H	I	J	K	L
兄弟 A	10	7	9	11	4	2	3	1	5	6	8	12
兄弟 B	12	6	10	8	3	2	1	4	7	5	11	9

利用各种检验得出你的结论.

8. (数据 6.6.8.txt) 在一项身高与体重的关系的研究中 20 个人的身高 (厘米) 和体重 (公斤) 度量如下:

身高	127	155	127	131	153	180	144	189	172	160
体重	13	33	38	10	57	89	42	70	78	23
身高	170	176	179	163	173	183	184	169	153	159
体重	68	77	58	63	89	84	72	49	47	63

对此作出关于体重和身高的回归分析并得出斜率的 95% 置信区间.

9. (数据 6.6.9.txt) 一位妇产科医生想利用如下 311 个新生婴儿体重和胎次数据, 研究婴儿体重和胎次是否有关.

婴儿体重	婴儿胎次			
	一胎	二胎	三胎	4 胎及以上
低于平均水平	71	15	10	6
平均水平	10	62	21	12
高于平均水平	11	16	37	40

你能否利用 Kendall's τ_b, τ_c, Goodman-Kruskal's γ, Somers' $d(C|R)$, Somers' $d(R|C)$ 和 Somers' d 等, 帮他写出分析报告?

第七章 分布检验和拟合优度 χ^2 检验

拿到一列数据之后, 人们总希望知道它的总体分布是不是一个已知的分布. 比较一组样本 x 和一个已知分布的最直观的方法之一是 Q-Q 图. 最常用的是和正态分布比较. 样本 x 的分位数 (quantile) 为其经验累积分布函数的逆函数, 通常可由 $(i-1/2)/n,\ i=1,2,\cdots,n$ 的递增数列来产生分位点. 如果把数据列 x 的经验分位数点对一个已知分布的相应分位数点画出散点图来, 那么, 当 x 的经验分布类似于已知分布时, 图形就近似地形成一条直线, 否则, 图形中端部就会较大地偏离这个直线. 因此, 要比较两个数据列 x 和 y 的分布时, 可以把它们的分位数点出散点图. 这些图就叫做 Q-Q 图 (quantile-quantile plot). 有时还画出通过上下四分位点的直线, 作为对比的基础. 这些图在分析回归残差时经常用.

例 7.1 (数据: ind.txt, ind.sav) 在检验了一个车间生产的 20 个轴承外座圈的内径后得到下面数据 (单位: mm):

15.04 15.36 14.57 14.53 15.57 14.69 15.37 14.66 14.52 15.41

15.34 14.28 15.01 14.76 14.38 15.87 13.66 14.97 15.29 14.95

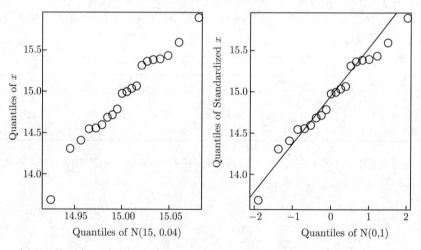

图 7.1 例 7.1 的两个 Q-Q 图: 左边是 x 对 $N(15, 0.04)$, 右边是 x 的标准化 $z=(x-\bar{x})/s$ 对标准正态分布 $N(0,1)$.

按照设计要求, 这个内径应为 $15 \pm 0.2mm$, 现在希望检验一下这个数据是否来自均值为 $\mu = 15$, 方差为 $\sigma^2 = 0.2^2 = 0.04$ 的正态分布.

图 7.1 是该数据排序后的 X 和相应的 $N(15, 0.04)$ 分布的分位点所作的 Q-Q 图. 其中, 左边是 x 对 $N(15, 0.04)$ 的 Q-Q 图, 右边是 x 的标准化 $z = (x - \bar{x})/s$ 对标准正态分布 $N(0, 1)$ 的 Q-Q 图. 这两个图可以由下面的 R 语句产生:

```
qqplot(qnorm(((1:length(x))-0.5)/20,15,0.04),x);
z=(x-mean(x))/sd(x);qqnorm(z);qqline(z)
```

注意, 在 Q-Q 图中, 通常可由 $(i - 1/2)/n$, $i = 1, 2, \cdots, n$ 的递增数列来产生分位点. 在 R 中, 当 $n \leqslant 10$ 时, 默认的产生分位点的递增数列为 $(i - 3/8)/(n + 1/4)$, $i = 1, 2, \cdots, n$. 这两个图的形状除了量纲之外, 完全相同. 但是, 可以看出这些散点并不明显成一直线.

本章将介绍几种检验方法. 包括 Kolmogorov-Smirnov 检验和其对于正态分布的改进型 Lilliefors 检验, Shapiro-Wilk 正态检验, 历史悠久的 χ^2 检验等.

第一节 Kolmogorov-Smirnov 单样本检验及一些正态性检验

一、Kolmogorov-Smirnov 单样本分布检验

由于 Kolmogorov-Smirnov 单样本分布检验的重要历史地位和影响, 我们对它的介绍比其他检验更加详细. 但是, 对于正态性的检验, 它并不比其他检验更有效.

一般来说, 要检验手中的样本是否来自某一个已知分布 $F_0(x)$, 假定它的真实分布为 $F(x)$, 有几组假设问题 (A 是双边检验, B 和 C 是单边检验):

A. H_0: 对所有 x 值:$F(x) = F_0(x)$; H_1: 对至少一个 x 值:$F(x) \neq F_0(x)$;

B. H_0: 对所有 x 值:$F(x) = F_0(x)$; H_1: 对至少一个 x 值:$F(x) < F_0(x)$;

C. H_0: 对所有 x 值:$F(x) = F_0(x)$; H_1: 对至少一个 x 值:$F(x) > F_0(x)$.

令 $S(x)$ 表示该组数据的经验分布. 一般来说随机样本 $X_1, X_2, \cdots, X_n$ 的经验分布函数 (empirical distribution function), 简称 EDF, 定义为阶梯函数

$$S(x) = \frac{X_i \leqslant x \text{ 的个数}}{n}.$$

它是小于等于 x 的值的比例. 它是总体分布 $F(x)$ 的一个估计. 对于上面的三种检验, 检验统计量分别为

A. $D = \sup_x |S(X) - F_0(X)|$;

B. $D^+ = \sup_x(F_0(X) - S(X))$;

C. $D^- = \sup_x(S(X) - F_0(X))$.

统计量 D 的分布实际上在零假设下对于一切连续分布 $F_0(x)$ 是一样的, 所以是与分布无关的. 由于 $S(x)$ 是阶梯函数, 只取离散值, 考虑到跳跃的问题, 在实际运作中, 如果有 n 个观测值, 则用下面的统计量来代替上面的 D(对 D^+ 和 D^- 也一样):

$$D_n = \max_{1 \leqslant i \leqslant n} \{\max(|S(x_i) - F_0(x_i)|, |S(x_{i-1}) - F_0(x_i)|)\}.$$

称它为 Kolmogorov 或 Kolmogorov-Smirnov 统计量 (Kolmogorov,1933). 在许多书上, 该统计量并没有考虑 $|S(x_{i-1}) - F_0(x_i)|$ 的值. 容易验证, 这种欠缺可能使 D_n 并不表示 S 和 F_0 的最大距离. 统计量 D_n 在零假设下的分布有表可查, 大样本的渐近分布也有表可查. 大样本的渐近公式为: 在零假设下当 $n \to \infty$,

$$P(\sqrt{n}D_n < x) \longrightarrow K(x),$$

这里分布函数 $K(x)$ 有表达式

$$K(x) = \begin{cases} 0 & x < 0; \\ \sum_{j=-\infty}^{\infty} (-1)^j \exp(-2j^2x^2) & x > 0. \end{cases}$$

对于上面的例子, $F_0(x)$ 为正态分布 $N(15, 0.04)$. $F_0(x)$ 和 $S(x)$ 的图形在图 7.2 中.

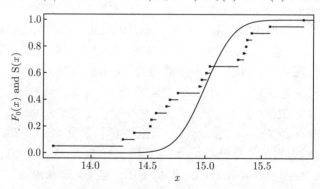

图 7.2　例 7.1 的经验累积分布函数和正态 $N(15, 0.2)$ 的累积分布函数.

为了比较, 把原数据按自小到大的次序排列. 下表为数据及有关的一些计算结果. 可以看出, 最后两列的绝对值最大的为 $D_{20} = 0.339$. 查表得对于水平 $\alpha = 0.02$, 临界值为 $d_\alpha = 0.32866$ (满足 $P(D_n \geqslant d_\alpha) = \alpha$). 因此, 在水平 0.02 时, 可以拒绝零假设.

许多计算机软件的 Kolmogorov-Smirnov 检验无论样本大小都用大样本近似的公式, 很不准确 (偏于保守, 即 p 值偏大). 使用软件则比查表方便得多. 在 R 中, 把 x 输入后, 只要用一个语句 ks.test(x,"pnorm",15,0.2), 就可得 $D = 0.3394$, 相应的精确双边检验的 p 值为 0.01470. 不仅如此, R 软件对于单样本双边检验提供了精确的 p 值. 这是按照 Marsaglia 等 (2003) 的公式得到的.

x_i	$F_0(x_i)$	$S(x_i)$	$F_0(x_i) - S(x_i)$	$F_0(x_i) - S(x_{i-1})$
13.66	0.000	0.05	-0.050	0.000
14.28	0.000	0.10	-0.100	-0.050
14.38	0.001	0.15	-0.149	-0.099
14.52	0.008	0.20	-0.192	-0.142
14.53	0.009	0.25	-0.241	-0.191
14.57	0.016	0.30	-0.284	-0.234
14.66	0.045	0.35	-0.305	-0.255
14.69	0.061	0.40	-0.339	-0.289
14.76	0.115	0.45	-0.335	-0.285
14.95	0.401	0.50	-0.099	-0.049
14.97	0.440	0.55	-0.110	-0.060
15.01	0.520	0.60	-0.080	-0.030
15.04	0.579	0.65	-0.071	-0.021
15.29	0.926	0.70	0.226	0.276
15.34	0.955	0.75	0.205	0.255
15.36	0.964	0.80	0.164	0.214
15.37	0.968	0.85	0.118	0.168
15.41	0.980	0.90	0.080	0.130
15.57	0.998	0.95	0.048	0.098
15.87	1.000	1.00	-0.000	0.050

如果样本量小于 100, 而且没有结的数据, 可以利用精确检验. 在 R 中, 双边精确检验的 p 值按 Marsaglia 等 (2003) 得到, 但由于这个检验在 p 值很小时单边检验比较费时间, 因此单边的精确检验的 p 值按照 Birnbaum 和 Tingey (1951) 得到. 对于本例数据 x, 只要用 R 语句 ks.test(x,"pnorm",15,0.2), 就可得 $D = 0.3394$, 相应的精确双边检验的 p 值为 0.01470.

二、 关于正态分布的一些其他检验和相应的 R 程序

正态分布是许多检验的基础, 对一组样本是否来自正态总体的检验是至关重要的. 当然, 我们无法证明某个数据的确来自正态总体, 但如果使用效率高的检验还无法否认总体是正态的零假设时, 我们就没有理由否认那些和正态分布有关的假设

检验有意义. 下面介绍一系列对于正态分布零假设的检验和有关的 R 程序. 这些假设检验的方法很多并不是非参数统计的内容, 除了 Pearson χ^2 检验会在下节介绍外, 我们不做详细讨论.

在使用 Kolmogorov-Smirnov 检验做关于正态分布的检验方面, 前面提到了大样本近似和按照 Marsaglia 等 (2003) 及 Birnbaum 和 Tingey (1951) 的公式得到的精确检验 (包含在 R 的 `ks.test` 函数), Lilliefors(1967) 提出的 (对 Kolmogorov-Smirnov) 修正, 这可以从从网上下载的 R 软件包 `nortest` 中的 `lillie.test` 函数). 在 R 的软件包 `nortest` 中还有 Anderson-Darling 正态性检验 (`ad.test`), Cramér-von Mises 正态性检验 (`cvm.test`), Pearson χ^2 正态性检验 (`pearson.test`), 以及 Shapiro-Francia 正态性检验 (`sf.test`). 在 R 本身固有的软件包中还有关于正态分布的 Shapiro-Wilk 正态性检验 (`shapiro.test`).

这些检验的效率如何, 或者说它们的势 (power) 如何? 我们不做一般的理论上的讨论, 但给出一些模拟结果, 让读者一起判断哪个检验更有效. 简单地说, 一个检验的效率高, 或者势高, 是在零假设不正确时, 该检验否定零假设时所需要的样本量比其他检验要少, 或者说, 对于不正确的零假设, 在同样样本量时, 效率高的检验往往给出较小的 p 值. 注意, 效率是对特定的零假设和特定的备选假设而言. 绝对不能笼统地说, 某个检验的效率一定都比另外一个检验要高.

下面我们进行 200 次模拟, 每次模拟分别产生出正态 $N(0,1)$ 分布, 指数 $Exp(1)$ 分布, $Gamma(1,2)$ 分布, 均匀 $U(1,2)$ 分布, $t(1)$ 分布, $\chi^2(1)$ 分布, 和 $F(1,2)$ 分布的 30 个随机数 [1], 并且用上面谈到各种检验进行零假设为正态分布的检验. 我们把这 200 次对不同分布作出的模拟结果进行的各种检验的 p 值作出均值, 以进行比较. R 软件计算的结果在下面表中.

对于各种分布的不同分布样本 (样本量均为 30) 检验所得的 200 次 p 值的均值

检验	$N(0,1)$	$Exp(1)$	$Gamma(1,2)$	$U(1,2)$	$t(1)$	$\chi^2(1)$	$F(1,2)$
K-S(Marsaglia)	0.948	0.802	0.786	0.948	0.572	0.685	0.454
K-S(Lilliefors)	0.535	0.057	0.057	0.324	0.011	0.004	2.54e-04
Pearson χ^2	0.476	0.054	0.060	0.363	0.021	0.005	2.23e-04
Cramér-von Mises	0.516	0.031	0.027	0.259	0.005	0.002	9.69e-06
Anderson-Darling	0.509	0.022	0.015	0.215	0.005	0.001	3.30e-06
Shapiro-Francia	0.511	0.019	0.011	0.257	0.004	0.001	1.61e-05
Shapiro-Wilk	0.517	0.013	0.007	0.152	0.007	0.000	5.82e-06

可以看出, 当随机数产生于正态总体时, 所有检验的 p 值都大于或接近 0.5,

---

[1] 注意: 最后三种分布不是自然界中常出现的分布, 这里仅仅为了参考而列出.

不能拒绝零假设. 当随机数产生于 $Exp(1)$ 和 $Gamma(1,2)$ 分布时, Cramér-von Mises, Anderson-Darling, Shapiro-Francia, Shapiro-Wilk 四种检验可在水平 0.05 时拒绝零假设, 而 Kolmogorov-Smirnov 检验 (K-S) 的两种修正及 Pearson χ^2 检验都无法拒绝零假设; 当随机数产生于均匀分布 $U(1,2)$ 时, 所有检验都无法在即使显著性水平 0.1 的情况下拒绝零假设; 当随机数产生于 $t(1)$, $\chi^2(1)$ 和 $F(1,2)$ 分布时, 除了 K-S(Marsaglia) 检验之外, 其他检验都能够在 0.02 水平拒绝零假设. 总起来说, 对于正态性的检验, Shapiro-Wilk 检验表现最好, 而 Kolmogorov-Smirnov 检验和 Pearson χ^2 检验表现最差. 因此, 在处理实际问题时, 如果需要检验正态性, 应该避免使用而 Kolmogorov-Smirnov 检验和 Pearson χ^2 检验, 而应该常规地使用 Shapiro-Wilk 检验.

本节软件的注

关于 Kolmogorov-Smirnov 单样本分布检验的 R 程序. 对于本节例子, 零假设为 $N(15, 0.2)$, 在 R 中, 把 x 输入后, 用语句 `ks.test(x,"pnorm",15,0.2)` 就可以得到精确的检验结果 (不是大样本近似). 如果不是和正态分布比较, 则可以在分布选项中选 "pexp", "pgamma" 等其他分布, 并且后面加上相应的零假设时的参数. 如果需要用大样本近似则加上选项 "exact=F" 等等 (默认值是 "exact=T"). 前面已经提到关于正态性的各种检验的 R 语句, 这里不再重复.

关于正态性的其他检验的 R 程序. R 软件包 `nortest` 中的 `lillie.test` 实行更精确的 Kolmogorov-Smirnov 检验. 在此软件包中还有 Anderson-Darling 正态性检验 (命令为 `ad.test`), Cramér-von Mises 正态性检验 (命令为 `cvm.test`), Pearson χ^2 正态性检验 (命令为 `pearson.test`), 以及 Shapiro-Francia 正态性检验 (命令为 `sf.test`). 在 R 本身固有的软件包中还有 Shapiro-Wilk 正态性检验 (命令 `shapiro.test`). 在软件包 `fBasics` 中有 `normalTest`(Kolmogorov-Smirnov 正态性检验), `ksnormTest`(Kolmogorov-Smirnov 正态性检验), `shapiroTest`(Shapiro-Wilk's 关于正态性检验), `jarqueberaTest`(Jarque-Bera 正态性检验), `dagoTest`(D'Agostino 正态性检验) 和 `gofnorm`(打印出 13 种关于正态性检验的结果).

关于 Kolmogorov-Smirnov 单样本分布检验的 SPSS 操作. 选项为 Analyze-Nonparametric Tests-1 Sample K-S. 然后把变量 (这里是 x) 选入 Variable List. 再在下面 Test Distribution 选中零假设的分布 (Normal, Poisson, Uniform 和 Exponential) 作为零假设, 而所需零假设的参数则用相应的样本估计量来代替 (不能自己选零假设的参数). 在点 Exact 时打开的对话框中可以选择精确方法 (Exact), Monte

Carlo 抽样方法 (Monte Carlo) 或用于大样本的渐近方法 (Asymptotic only). 最后 OK 即可.

正态分布的一些检验的 SPSS 实现. 在 SPSS 中, 要选择 Analyze-Discriptive Statistics-Explore. 然后, 选择方格 Plots, 把变量 (这里是 x) 选入 Dependent list, 在 Plots 选项中选择 Normality plots with tests, 这样可得到 Lilliefors 显著性修正 的 Kolmogorov-Smirnov 检验, Shapiro-Wilk 检验. 在关于正态性检验时, 最好不要 用没有修正的效率很低的 Kolmogorov-Smirnov 检验.

关于 Kolmogorov-Smirnov 单样本分布检验的 SAS 程序. 利用 univariate 语句进行关于正态分布的 Kolmogorov-Smirnov 检验 (假定数据为 ksdata.txt):

```
data ksdata;infile "D:/ksdata.txt";input ks;run;
proc univariate normaltest;var ks;run;
```

得到 Shapiro-Wilk 检验, Kolmogorov-Smirnov 检验, Cramér-von Mises 检验, Anderson-Darling 检验的结果. 利用 univariate 语句也可以检验几个其他 (包括正态) 的分布: Weibull 分布, 对数正态, 指数等分布, 程序为

```
data ksdata;infile "D:/ksdata.txt";input ks;run;
proc univariate data=ksdata  noprint;var KS;
histogram noplot normal(mu=est sigma=est);
lognormal(zeta=est sigma=est theta=est)
exponential(sigma=est theta=est);
weibull(sigma=est c=est theta=est);run;
```

也可利用选项方式: Solutions-Analysis-Analyst, 在输入数据后, 选择 Statistics-Descriptive-Distributions, 然后在 Fit 中点击所需检验的分布就可以得到同样检验结果.

第二节   Kolmogorov-Smirnov 两样本分布检验

例 7.2(数据: ks2.txt, ks2.sav)   下面是 13 个非洲地区和 15 个欧洲地区的人均酒精年消费量 (合纯酒精, 单位升):

13 个非洲: 5.38 4.38 9.33 3.66 3.72 1.66 0.23 0.08 2.36 1.71 2.01 0.90 1.54

15 个欧洲: 6.67 16.21 11.93 9.85 10.43 13.54 2.40 12.89 9.30 11.92 5.74 14.45 1.99

9.14 2.89

想要看这两个地区的酒精人均年消费量是否分布相同. 在看两组样本是否来自同一个总体时, 有 Smirnov 检验 (Smirnov, 1939), 它的基本思想和 Kolmogorov 检验

一样, 因此经常通称这两个检验为 Kolmogorov-Smirnov 拟合优度检验. 假定样本 $x_1, x_2, \cdots, x_m$ 来自 $F(x)$ 分布, 而样本 $y_1, y_2, \cdots, y_n$ 来自 $G(y)$ 分布. 这里的检验问题是类似的 (A 是双边检验, B 和 C 是单边检验):

A. H_0: 对所有 x 值: $F(x) = G(x)$; H_1: 对至少一个 x 值: $F(x) \neq G(x)$;

B. H_0: 对所有 x 值: $F(x) \geqslant G(x)$; H_1: 对至少一个 x 值: $F(x) < G(x)$;

C. H_0: 对所有 x 值: $F(x) \leqslant G(x)$; H_1: 对至少一个 x 值: $F(x) > G(x)$.

令 $F_m(x)$ 和 $G_n(y)$ 表示这两组样本的经验分布. 对于上面的检验 A, 实用的检验统计量为 (令 $N = m + n$)

$$D_N = \max\{\max_i(|F_m(x_i) - G_n(x_i)|), \max_j(|F_m(y_j) - G_n(y_j)|)\}$$

其余的对 B 和 C 的统计量的表达式也类似 (作为练习留给读者). 关于统计量 D_N 有表可查, 也有零假设下的大样本近似公式:

$$\lim_{\min(m,n) \to \infty} P\left(\sqrt{\frac{mn}{m+n}} D_N < x\right) = \begin{cases} 0 & x \leqslant 0; \\ \sum_{j=-\infty}^{\infty} (-1)^j \exp(-2j^2 x^2) & x > 0. \end{cases}$$

这里两个分布不同的原因可以是多种多样的. 比如, 它们可能有同样的均值但方差不同. 或者一个对称而另一个不对称等等. 和前面一节一样, Kolmogorov-Smirnov 两样本分布检验也用 R 中的 ks 来实现. 就我们的例 7.2 数据来说, 用

```
z=read.table("D:/ks2.txt",header=F);
x=z[z[,2]==1,1];y=z[z[,2]==2,1]
```

输入数据, 然后使用命令 `ks.test(x,y)` 就可以得到 $D = 0.7231$ 和精确的双边检验 p 值 (=0.00047). 因此我们可以在显著性水平不小于 0.00048 时, 拒绝两样本有同样分布的零假设. 只要两样本量的乘积不超过 10000, 该函数对于两样本就能给出精确的 p 值.

本节软件的注

关于 Kolmogorov-Smirnov 两样本分布检验的 R 程序. 上面已经说明, 使用 R 中的 `ks.test` 函数来实现. 在下载的软件包 fBasics 中, `ks2Test` 可以产生对于对于两样本的各种备选假设的检验的 p 值.

关于 Kolmogorov-Smirnov 两样本分布检验的 SPSS 操作. 打开数据 ks2.sav, 依次选 Analyze-Nonparametric Tests-2 Independent Samples, 然后把变量 (这里是

alcohol) 选入 Test Variable List, 再把数据中用 1 和 2 分类的变量 region 输入到 Grouping Variable, 在 Define Groups 输入 1 和 2. 然后在下面 Test Type 选中 Kolmogorov-Smirnov Z. 在点 Exact 时打开的对话框中可以选择精确方法 (Exact), Monte Carlo 抽样方法 (Monte Carlo) 或用于大样本的渐近方法 (Asymptotic only). 最后 OK 即可.

关于 Kolmogorov-Smirnov 两样本分布检验的 SAS 程序. 利用下面的数据和程序语句 (数据: ks2.txt):

```
data twonp;infile "D:/ks2.txt";input duration type$;run;
proc npar1way D;var duration;class type;run;
```

得到包括 Kolmogorov-Smirnov 检验 (大样本近似) 在内的结果.

第三节 Pearson 和似然比 χ^2 拟合优度检验

一个随机变量 X, 无论是连续的还是离散的都可以用一系列离散随机变量来近似. 可以把 X 的样本空间 S 分划成 k 个互不相交的部分 $S_1, S_2, \cdots, S_k$, 满足

$$\cup_{i=1}^k S_i = S \quad 及 \quad S_i \cap S_j = \emptyset, \ (i \neq j).$$

令 $p_i = P(X \in S_i)$, $i = 1, 2, \cdots, k$ 及 $\mathbf{p} = (p_1, p_2, \cdots, p_k)$. 如果抽取 n 个观测值 (做 n 次试验), 则 X 落在 S_i 中的数目 N_i (记 $\sum_{i=1}^k N_i = n$) 服从一个参数为 $(n, \mathbf{p})$ 的多项分布. 有

$$P(N_1 = n_1, N_2 = n_2, \cdots, N_k = n_k) = \frac{n!}{n_1! n_2! \cdots n_k!} p_1^{n_1} p_2^{n_2} \cdots p_k^{n_k}.$$

当 $k = 2$ 时, 这就是二项分布, 显然, 如果让 k 趋于无穷而且 $\max_i p_i$ 趋于零时, 该多项分布就接近于 X 的分布了. 因为这种近似对所有连续分布都适用, 因此有广泛应用.

对于多项分布参数 $\mathbf{p}$ 的检验通常为 $H_0 : \mathbf{p} = \mathbf{p}_0$ 对 H_1: 至少一个 $p_i \neq p_{i0}$(这里用了记号 $\mathbf{p}_0 = (p_{10}, p_{20}, \cdots, p_{k0})$). 当 n 大时, 多项分布的似然比检验统计量可用下面的 Pearson 统计量来近似:

$$Q = \sum_{i=1}^k \frac{(N_i - np_{i0})^2}{np_{i0}}.$$

因为 N_i 是观测值, 它零假设下的期望为 np_{i0}, 上式也常被写为

$$Q = \sum_{i=1}^k \frac{(O_i - E_i)^2}{E_i},$$

这里 O_i 代表观测值 (Observation), 而 E_i 代表期望值 (Expectation). 当 $k > 2$, $\min_i n_i \to \infty$ 时, 该统计量趋于 χ^2_{k-1} 分布. 我们已经在中位数检验中遇到了这个形式的统计量. 当不知道参数时, 往往用它 (们) 的估计值来代替, 但是这时的自由度就要相应地减少, 减少的数目和估计参数的数目一样, 例如假定有一个参数用估计值, 则 χ^2 分布的自由度为 $k - 2$.

例 7.3 下面是一个离散分布的例子. 某饭店想知道它的顾客用电话是否服从 Poisson 分布. 在他们的计算机上获得的 (总共 $n = 908$ 个顾客) 在一小时内打电话的数据为:

打电话次数 (x_i)	0	1	2	3
相应的人数 (N_i)	490	334	68	16

这里零假设为电话数目 x 服从 Poisson 分布, 即 $H_0 : X \sim P(\lambda)$, 这里 λ 由估计值代替. 在 Poisson 分布的零假设下, 均值和方差应该一样, 我们用均值来估计 λ:

$$\hat{\lambda} = \frac{\sum\limits_{i=1}^{k} x_i N_i}{\sum\limits_{i=1}^{k} N_i} = \frac{490 \times 0 + 334 \times 1 + 68 \times 2 + 16 \times 3}{490 + 334 + 68 + 16} = \frac{518}{908} = 0.57.$$

也就是说, 零假设为 $H_0 : X \sim P(0.57)$. 前面谈到的多项分布的零假设看起来和这个不同, 但实际上是一样的, 因为多项分布是对 Poisson 分布的近似. 按照上面的公式, O_i 就是上面的人数 (490, 334, 68, 16). 为了计算 E_i, 先要找出对应于上面 $x = 0, 1, 2, 3$ 值的概率, 为此要把零假设中 (估计) 的参数 $\hat{\lambda} = 0.57$ 代入大家熟知的 Poisson 概率分布函数 $p_x = e^{-\lambda} \lambda^x / x!$ 算得 $\hat{p}_x$. 令上面的多项分布的概率为 $p_{10} = \hat{p}_0, p_{20} = \hat{p}_1, p_{30} = \hat{p}_2, p_{40} = P_{\hat{\lambda}}(X \geqslant 3) = 1 - (\hat{p}_0 + \hat{p}_1 + \hat{p}_2)$ 然后可以得到 $E_i = n p_{i0}$. (注: 因为多项分布是有穷的, 所以最后一个概率应为 Poisson 分布的余下的 (尾部) 概率和. 再者, 如果算出的后面的 E_i 有小于 1 的, 也合并, 使其不小于 1, 同时多项分布的后面的概率也做相应的合并.)

p_{i0}	0.5653	0.3225	0.0920	0.0175
$E_i = n p_{i0}$	513.248	292.800	83.519	15.882

根据得到的 E_i 和 O_i, 带入前面的 Q 统计量公式, 可以得到 Pearson 统计量的值为 9.7348, 对于自由度为 $k - 2 = 2$ 的 χ^2 分布, 相应的 p 值小于 0.01 (大约 0.00769). 因此可以在水平 0.01 时拒绝零假设. 即该饭店顾客用电话的数目不服从 Poisson 分布. 对于例 7.3 而言, 计算用的 R 语句为

```
Ob=c(490,334,68,16);n=sum(Ob);lambda=t(0:3)%*%Ob/n
p=exp(-lambda)*lambda^(0:3)/factorial(0:3)
E=p*n;Q=sum((E-Ob)^2/E);pvalue=pchisq(Q,2,low=F)
```

本节软件的注

关于 Pearson χ^2 拟合优度检验的 R 程序. 对于例 7.3 的情况, R 语句已经在上面给出. 对于一般的零假设为多项分布 (参数为 $\mathbf{p} = (\mathbf{p_1}, \mathbf{p_2}, \cdots, \mathbf{p_k})$), 观测为 $Ob = O_1, \cdots, O_k$ 时, 使用上面 Q 检验统计量的 R 语句为

```
chisq.test(Ob, p = p, rescale.p =T)
```

这时计算所用的自由度为 $k-1$. 但对于刚才的例 7.3, 我们由于估计了一个参数, 因此自由度为 $k-2$, 不能直接用这个语句. 但如果零假设的参数是事先给定的, 那么就可以用 chisq.test 语句了.

第四节 习　　题

1. (数据 7.4.1.txt, 7.4.1.sav) 从一个空气严重污染的工业城市某观测点测得的臭氧数据如下 (单位: 毫克/立方米):

> 7.5 6.1 10.7 9.2 13.8 12.8 15.7 11.8 15.2 9.5 10.2 10.6 11.7 9.2 11.6
>
> 8.5 12.9 10.0 11.5 8.3 12.1 12.1 17.4 6.0 7.5 11.6 15.3 2.6 11.6 4.8

能否表明臭氧分布为正态分布. 利用各种方法来检验, 并比较结果.

2. (数据 7.4.2.txt, 7.4.2.sav) 下面是某车间生产的一批轴的的实际直径 (单位:mm):

> 9.967 10.001 9.994 10.023 9.969 9.965 10.013 9.992 9.954 9.934

能否表明该尺寸服从均值为 10, 标准差为 0.022 的正态分布? 利用各种方法来检验, 并比较结果.

3. (数据 7.4.3.txt, 7.4.3.sav) 某日观测到的流星出现的 30 个时间间隔为 (单位: 分钟):

> 1.289 0.102 1.206 3.120 1.278 0.020 0.783 0.603 1.048 0.011 0.389 0.141 1.640 0.787
> 0.338
>
> 0.336 0.288 1.226 0.227 0.018 2.433 0.150 0.005 1.481 0.311 0.100 1.171 0.079 0.216
> 2.056

能否表明该间隔服从指数分布?

4. (数据 7.4.4.txt, 7.4.4.sav) 某种岩石中的一种元素的含量在 25 个样本中为:

0.32 0.25 0.29 0.25 0.28 0.30 0.23 0.23 0.40 0.32 0.35 0.19 0.34 0.33 0.33 0.28 0.28
0.22 0.30 0.24 0.35 0.24 0.30 0.23 0.22

有人认为该样本来自对数正态总体. 请设法检验.

5. (数据 7.4.5.txt, 7.4.5.sav) 两个工人加工零件. 质量管理人员想知道他们的加工误差是否有同样的分布. 在测量了两个工人的 (分别为 20 个和 15 个) 加工完的产品时, 记录了如下的误差值:

工人 A: 0.05 2.51 −0.56 −0.18 0.36 1.76 0.70 −1.53 1.02 1.25 0.12 0.34 0.83 0.87
0.60 2.74 1.18 −0.08 1.43 0.71

工人 B: 1.09 1.12 0.44 −0.09 −0.31 −1.59 −0.30 −0.92 0.93 −0.59 −0.07 −1.06
0.06 −2.04 −0.61

请检验这两组样本是否来自一个总体分布.

6. (数据 7.4.6.txt, 7.4.6.sav) 某商业中心有 5000 部电话, 在上班的第一小时内打电话的人数和次数记录在下表中:

打电话次数 (x)	0	1	2	3	4	5	6	7	$\geqslant 8$
相应的人数 (N_i)	1875	1816	906	303	82	15	1	2	0

请检验打电话的次数是否符合 Poisson 分布.

第八章 列 联 表

第一节 二维列联表的齐性和独立性的 χ^2 检验

在前面的中位数检验中的 χ^2 检验统计量实际上和一般的 $r \times c$ 维列联表的 χ^2 检验统计量是一样的. 但是对不同的目的和不同的数据结构, 解释不一样. 先看两个例子:

例 8.1(数据: wid.txt, wid.sav) 对于某种疾病有三种处理方法. 某医疗机构分别对 22, 15 和 19 个病人用这三种方法处理, 处理的结果分 "改善" 和 "没有改善" 两种, 并且列在下表中:

	改善	没有改善	合计
处理 A	10	12	22
处理 B	7	8	15
处理 C	6	13	19
合计	23	33	56

我们希望知道不同处理的改善比例是不是一样.

例 8.2(数据: shop.txt, shop.sav, shopA.txt) 在一个有三个主要百货商场的商贸中心, 调查者问 479 个不同年龄段的人首先去三个商场中的哪个. 结果如下:

年龄段	商场 1	商场 2	商场 3	总和
$\leqslant 30$	83	70	45	198
$31 - 50$	91	86	15	192
> 50	41	38	10	89
总和	215	194	70	479

问题是想知道人们对这三个商场的选择和他们的年龄是否独立.

这两个例子的数据都有下面的两因子列联表形式:

这里, 行频数总和 $n_{i.} = \sum_j n_{ij}$, 列频数总和 $n_{.j} = \sum_i n_{ij}$, 频数总和 $n_{..} = \sum_i n_{i.} = \sum_j n_{.j}$, 而 $A_1, A_2, \cdots, A_r$ 为行因子的 r 个水平, $B_1, B_2, \cdots, B_c$ 为列因子的 c 个水平. 用 p_{ij} 表示第 ij 个格子频数占总频数的理论比例 (概率). 显然, $p_{ij} = \mathrm{E}(n_{ij})/n_{..}$, 这里 $\mathrm{E}(n_{ij})$ 为对 n_{ij} 的数学期望, 而相应的第 i 行的理论比例 (概率)$p_{i.}$ 及第 j 列

的理论比例 (概率)$p_{.j}$ 分别为 $p_{i.} = \sum_{j=1}^{c} p_{ij}$ 和 $p_{.j} = \sum_{i=1}^{r} p_{ij}$.

	B_1	B_2	$\cdots$	B_c	总和
A_1	n_{11}	n_{12}	$\cdots$	n_{1c}	$n_{1.}$
$\vdots$	$\vdots$	$\vdots$	$\vdots$	$\vdots$	$\vdots$
A_r	n_{r1}	n_{r2}	$\cdots$	n_{rc}	$n_{r.}$
总和	$n_{.1}$	$n_{.2}$	$\cdots$	$n_{.c}$	$n_{..}$

关于齐性的检验. 对于例 8.1 所代表的那一类问题, 要检验的是行分布的齐性 (homogeneity). 一般来说, 对齐性的检验就是检验 H_0 :" 对给定的行, 条件列概率相同". 或者, 用数学语言, 记 (给定第 i 行后) 第 j 列条件概率为 $p_{j|i} = p_{ij}/p_{i.}$, 零假设则为

$$H_0 : p_{j|i} = p_{j|i^*}, \text{对于所有不同的 } i \text{ 和 } i^* \text{ 及所有的 } j \text{ 成立}.$$

而备选假设为 H_1 : "零假设中的等式至少有一个不成立". 在零假设下, 我们可以记上面的条件概率为统一的 $p_{.j}$, 它对于所有的行都是一样的.

对于例 8.1 关于不同处理下患者状况的改善情况的具体问题, 零假设为: 对于各种不同的处理, 改善的比例 (或概率) 相同. 注意, 这里因为只有两种结果, 所以, 对不同处理改善的比例相同就意味着对各种处理没有改善的比例也相同. 这种关于齐性的检验的数据获取, 一般都类似于例 8.1, 对行变量的每一水平 i 都事先 (试验前) 选定一定数目 ($n_{i.}$) 的对象, 然后在试验时观测并记录下在列变量的不同水平所得到的相应频数.

在零假设之下, 第 ij 个格子的期望值 e_{ij} 应该等于 $p_{.j}n_{i.}$, 但 $p_{.j}$ 未知, 在零假设下, 可以用其估计 $\hat{p}_{.j} = n_{.j}/n_{..}$ 代替. 这样期望值

$$e_{ij} = \hat{p}_{.j}n_{i.} = \frac{n_{i.}n_{.j}}{n_{..}}.$$

而观测值 O_{ij}(按照前一章的记号) 为 n_{ij}. 如此, 前一章提到的 Pearson χ^2 统计量为

$$Q = \frac{\sum_{i=1}^{r}\sum_{j=1}^{c}(O_{ij} - e_{ij})^2}{e_{ij}} = \frac{\sum_{i=1}^{r}\sum_{j=1}^{c}(n_{ij} - \frac{n_{i.}n_{.j}}{n_{..}})^2}{\frac{n_{i.}n_{.j}}{n_{..}}}$$

它在样本量较大时 (比如每个格子的期望频数 e_{ij} 大于等于 5 时) 近似地服从自由度为 $(r-1)(c-1)$ 的 χ^2 分布.

关于例 8.1, 可以用 R 语句 y=matrix(scan("D:data/wid.txt"),3,2,b=T) 读入数据, 然后用语句 chisq.test(y) 得到 $Q = 1.076$, 自由度为 2, 而 p 值 =0.5839. 这说明我们没有理由认为, 各种处理的结果有所不同.

关于独立性的检验. 而对于例 8.2 那一类问题, 要检验的是行和列变量的独立性 (independence). 当行列变量独立时, 一个观测值分配到第 ij 个格子的理论概率 p_{ij} 应该等于行列两个概率之积 $p_i.p_{.j}$, 即零假设为:

$$H_0 : p_{ij} = p_i.p_{.j}.$$

这时, 在零假设下, 它的估计值为 $\hat{p}_{ij} = \hat{p}_i.\hat{p}_{.j} = \dfrac{n_i.}{n..}\dfrac{n_{.j}}{n..}$, 而第 ij 格子的期望值为

$$e_{ij} = \hat{p}_{ij}n.. = \dfrac{n_i.n_{.j}}{n..}.$$

这和前面检验齐性时零假设下的期望值一样. 利用与前面齐性检验一样的统计量 Q, 当然也有同样的渐近 χ^2 分布. 这类关于独立性的问题的数据获取, 通常是随机选取一定数目的样本, 然后记录这些个体分配到各个格子的数目 (频数). 它并不事先固定某变量各水平的观测对象数目, 这和齐性问题有所区别.

对于例 8.2, 用 y=matrix(scan("D:/data/shop.txt"),3,3,b=T)R 语句读入数据, 然后用语句 chisq.test(y) 得到 $Q = 18.65$, 自由度为 4, 而 p 值为 0.0009. 这说明在显著性水平不小于 0.001 时, 我们可以拒绝零假设, 即认为, 顾客的年龄与去哪个商场的选择是相关的.

关于齐性检验和独立性检验还可以采用另一个基于多项分布的似然函数的检验统计量, 称为似然比检验统计量 (likelihood ratio test statistic). 它是用一般的最大似然函数与在零假设下的最大似然的比, 取其对数的二倍而得 (简称为 LRT):

$$T = 2 \sum_{i,j} n_{ij} \ln \left(\frac{n_{ij}}{e_{ij}} \right).$$

在零假设下, T 有自由度为 $(r-1)(c-1)$ 的 χ^2 分布. T 和 Q 的值可能会很不同, 但只要样本不太小, 结果差不多. 对于例 8.2, 在如前面描述的那样输入数据之后, 我们可以使用下面的 R 语句: a=loglin(x,list(1,2)), 得到 $T = 18.69$, 再把得到的结果 a 代入语句 pchisq(a\$lrt,a\$df,low=F) 得到 p 值为 0.0009. 结论和用 Q 差不多. 这里的函数 a=loglin 是后面要介绍的拟合对数线性模型的函数. 利用这个对数线性模型的函数可以处理比这一节更加复杂的问题.

本节软件的注

关于二维列联表的齐性和独立性的 χ^2 检验的 R 程序. 对于这两种检验, 都可以在输入数据后 (假定数据矩阵为 x) 用 chisq.test(x) 语句得到 Q, 自由度和 p 值. 二者也都可以用 a=loglin(x,list(1,2)) 语句, 这里的输出包含 Pearson 统计量 Q("pearson") 和似然比统计量 T("lrt") 以及自由度, 但没有给出 p 值, 必须要用 pchisq(a\$pearson,a\$df,low=F) 或 pchisq(a\$lrt,a\$df,low=F) 得到所需要的 p 值.

也可用另外一种形式 (data.frame) 的数据 (数据名: shopA.txt), R 语句如下:

1. 输入 data.frame 形式数据: x=read.table("D:/shopA.txt",header=T),

2. 变成列联表:class(xt<-xtabs(Freq~.,x)) (可用 as.data.frame(xt) 变回到 data.frame 形式)

3. 选用对数线性模型:a=loglin(xt,list(1,2))

4. 利用上面提到的 pchisq 语句计算 p 值.

关于二维列联表的齐性和独立性的 χ^2 检验的 SPSS 程序. 以例 8.2 数据为例, 打开数据 shop.sav, 其中有变量商店 (shop), 年龄段 (agegroup), 每一列相应于其代表的变量的水平, 每一行为一种水平的组合 (一共有 $3 \times 3 = 9$ 种组合, 12 行), 而每种组合的数目 (也就是列联表中的频数) 在 number 那一列上面, 这就是每种组合的权重 (weight), 需要把这个数目考虑进去, 称为加权 (weight). 如果不加权, 最后结果按照所有组合只出现一次来算 (也就是说, 按照列联表每一格的频数为 1 来计算). 由于在后面的选项中没有加权的机会, 因此在一开始就要加权. 方法是点击图标中的小天平 (古汉语 "权" 就是秤砣的意思), 出现对话框之后点击 Weight cases, 然后把 "number" 选入即可. 加权之后, 按照次序选 Analyze-Descriptive Statistics-Crosstabs. 在打开的对话框中, 把 agegroup 和 shop 分别选入 Row(行) 和 Column(列), 至于哪个放入行或哪个放入列是没有关系的. 如果要 Fisher 精确检验 (下一节介绍) 则可以点 Exact, 另外在 Statistics 中选择 Chi-square, 以得到 Pearson χ^2 和似然比统计量两种检验结果. 其他选项, 这里就不解释了. 最后点击 OK 之后, 就得到有关输出了 (这里的 Sig 就是 p 值).

关于二维列联表的齐性和独立性的 χ^2 检验的 SAS 程序. 对于例 8.2 数据, 用编程语句 (第一行输入数据):

```
data shop;infile "D:/shopA.txt";input number shop$ agegrp$;run;
proc freq data=shop;tables shop*agegrp/measures chisq exact
nopercent norow;weight number;run;
```

这里的输出也包括了下节要介绍的 Fisher 精确检验的结果.

第二节 低维列联表的 Fisher 精确检验

对于观测值数目不大的低维列联表的齐性和独立性问题还可以不用近似的 χ^2 统计量来检验. 这就是所谓 Fisher 精确检验 (Fisher's exact test 或 Fisher-Irwin test 及 Fisher-Yates test(Fisher, 1935ab; Yates, 1934). 我们以 2×2 列联表为例来讨论. 假如列联表为

	B_1	B_2	总和
A_1	n_{11}	n_{12}	$n_{1.}$
A_2	n_{21}	n_{22}	$n_{2.}$
总和	$n_{.1}$	$n_{.2}$	$n_{..}$

在这里, 假定边际频数 (行和列的频数总和)$n_{1.}, n_{2.}, n_{.1}, n_{.2}$ 及 $n_{..}$ 都是固定的. 在 A 和 B 独立或没有齐性的零假设下, 在给定边际频率时, 这个具体的列联表的条件概率只依赖于四个频数中的任意一个 (因为由给定的边际频数可以得到另外三个). 在零假设下, 该概率满足超几何分布, 它可以写成 (对任意的 $i = 1, 2$ 和 $j = 1, 2$)

$$P(n_{ij}) = \frac{\binom{n_{1.}}{n_{11}}\binom{n_{2.}}{n_{21}}}{\binom{n_{..}}{n_{.1}}} = \frac{\binom{n_{.1}}{n_{11}}\binom{n_{.2}}{n_{12}}}{\binom{n_{..}}{n_{1.}}} \frac{n_{.1}! n_{1.}! n_{.2}! n_{2.}!}{n_{..}! n_{11}! n_{12}! n_{21}! n_{22}!}.$$

举一个简单例子来说明这一点. 比如行总和为 1, 3, 列总和为 2, 2 时, 所有可能产生的列联表实现只有两种:

$$\begin{bmatrix} 0 & 1 \\ 2 & 1 \end{bmatrix} \quad 和 \quad \begin{bmatrix} 1 & 0 \\ 1 & 2 \end{bmatrix}$$

显然每一个的概率都是二分之一. 当行和列的总和增加时, 情况就复杂一些. 比如行总数为 5, 3, 列总数为 5, 3 时, 所有可能产生的列联表实现只有四种:

$$\begin{bmatrix} 2 & 3 \\ 3 & 0 \end{bmatrix} \quad \begin{bmatrix} 3 & 2 \\ 2 & 1 \end{bmatrix} \quad \begin{bmatrix} 4 & 1 \\ 1 & 2 \end{bmatrix} \quad \begin{bmatrix} 5 & 0 \\ 0 & 3 \end{bmatrix}$$

四种. 容易用上面公式算出它们的概率分别为

$$P(n_{11}=2)=\frac{\binom{5}{2}\binom{3}{3}}{\binom{5+3}{5}}=0.1785714; \quad P(n_{11}=3)=\frac{\binom{5}{3}\binom{3}{2}}{\binom{5+3}{5}}=0.5357143;$$

$$P(n_{11}=4)=\frac{\binom{5}{4}\binom{3}{1}}{\binom{5+3}{5}}=0.2678571; \quad P(n_{11}=5)=\frac{\binom{5}{5}\binom{3}{0}}{\binom{5+3}{5}}=0.01785714.$$

当然, 它们的和为 1. 由此很容易得到在零假设下的各种有关的概率. 比如可以求尾概率

$$P(n_{11}\leqslant 3)=P(n_{11}=2)+P(n_{11}=3)=0.1785714+0.5357143=0.7142857.$$

等价地, 这个尾概率也可用 R 语句 `phyper(3,5,3,5)` 得到, 或尾概率 (用语句 `dhyper(5,5,3,5)` 或 `1-phyper(4,5,3,5)`)

$$P(n_{11}\geqslant 5)=P(n_{11}=5)=0.01785714.$$

如果零假设 (无论是齐性或独立性) 正确, 任何一个与 n_{ij} 的实现值有关的尾概率不应该太小. 因此, 如果与 n_{11}(或任何一个 n_{ij}) 的实现值相关的尾概率过小都可能导致拒绝零假设. 由此可以做各种检验. 看一个医学例子.

例 8.3(数据: stroke.txt, strokeA.txt, stroke.sav) 要研究目前的中风和以前中风的关系, 零假设可以为:"目前的中风和以前的中风病史没有关系" (即独立性). 下面是 113 个人按照目前和过去中风状况的 2×2 分类表.

	以前中风过	以前未中风过	总和
目前中风	35	15	50
目前未中风	25	38	63
总和	60	53	113

可以算得 $P(n_{11}\geqslant 35)=P(n_{12}\leqslant 15)=0.001$, 因此, p 值为 0.001(单边检验) 或 0.002(双边检验). 此问题如果用 χ^2 检验, 则 Pearson 统计量为 10.288 而 p 值为 0.0024. 在大样本时, 精确分布不易计算, 可以用正态近似. 在零假设下

$$z=\frac{\sqrt{n_{..}}(n_{11}n_{22}-n_{12}n_{21})}{\sqrt{n_{1\cdot}n_{2\cdot}n_{\cdot 1}n_{\cdot 2}}}$$

有渐近标准正态分布. 在 $n_1.$ 和 $n_2.$ 几乎相等时, 该近似和精确分布对于单边检验比较一致. 当然用 R 语句 fisher.test, 可以直接得到 p 值 =0.002242.

Fisher 精确检验假设了双边固定, 但实际列联表也可能是单边固定或总和固定, 要根据具体情况进行分析.

本节软件的注

关于 Fisher 检验的 R 程序. 这里有两种数据形式.

1. 一种数据是表格形式 (如方阵型数据 stroke.txt), 对于这类数据可用语句 x=read.table("D:/data/stroke.txt",header=F) 读入数据, 然后用语句 fisher.test(x) 得到结果.

2. 另一种数据形式是不同的行代表各个观测值, 而列代表各个变量和每个变量组合的频数, 称为数据框 (data.frame) 形式 (如数据 strokeA.txt), 先用语句 x=read.table("D:/data/strokeA.txt",header=T) 读入数据, 再用 attach(x); fisher.test(xtabs(Freq~.,x)) 得到结果.

关于 Fisher 检验的 SPSS 操作. 见上一节注.

关于 Fisher 检验的 SAS 程序. 见上一节注.

第三节　两个比例的比较

我们常常关心比较 2×2 列联表中的两个比例. 如果按行 (变量) 结果固定, 用例 8.3 中的变量, 我们可以比较

$$p_1 = (以前中风过|目前中风) 和 p_2 = (以前中风过|目前未中风)$$

如按列变量结果固定, 可以比较

$$p_1 = (目前中风|以前中风过) 和 p_2 = (目前中风|以前未中风过).$$

在对两个比例进行比较时, 零假设可以写为 $H_0 : p_1 = p_2$, 双边备择假设为 $H_1 : p_1 \neq p_2$ (单边备择 $H_1 : p_1 > p_2$ 或 $H_1 : p_1 < p_2$).

下面介绍三种通常使用的比较方法: 两个比例之差, 相对风险 (Relative Risk) 和胜算比 (Odds ratio).

两个比例之差. 按行变量结果固定, 两个比例之差 $p_1 - p_2$ 的点估计为

$$\hat{p}_1 - \hat{p}_2 = n_{11}/n_{1+} - n_{21}/n_{2+}.$$

$\hat{p}_1 - \hat{p}_2$ 的标准差为

$$SE = \sqrt{\frac{\hat{p}_1(1-\hat{p}_1)}{n_{1+}} + \frac{\hat{p}_2(1-\hat{p}_2)}{n_{2+}}}.$$

按列变量结果固定, 两个比例之差 $p_1 - p_2$ 的点估计为

$$\hat{p}_1 - \hat{p}_2 = n_{11}/n_{+1} - n_{12}/n_{+2}.$$

$\hat{p}_1 - \hat{p}_2$ 的标准差为

$$SE = \sqrt{\frac{\hat{p}_1(1-\hat{p}_1)}{n_{+1}} + \frac{\hat{p}_2(1-\hat{p}_2)}{n_{+2}}}.$$

两比例之差的点估计取值范围在 -1 和 +1 之间, 两个比例之差 $p_1 - p_2$ 的 $100(1-\alpha)\%$ 置信区间为

$$(\hat{p}_1 - \hat{p}_2 - z_{\alpha/2}SE, \hat{p}_1 - \hat{p}_2 + z_{\alpha/2}SE).$$

实践中要根据具体问题决定是按行结果还是列结果固定计算两比例之差.

对于例 8.3 中数据, 如果数据是对某个群体抽样调查的结果, 不管是按行结果还是列结果固定, 分析方法和得到的结论都有意义. 按行变量结果固定, $p_1 - p_2$ 的点估计和 95% 置信区间分别为 0.303 和 $(0.128, 0.478)$, 拒绝零假设. 按列结果固定, $p_1 - p_2$ 的点估计和 95% 置信区间分别为 0.300 和 $(0.126, 0.474)$, 拒绝零假设.

相对风险 (Relative Risk). 按行结果固定, 相对风险的定义为 p_1/p_2, 其点估计为

$$RR = \hat{p}_1/\hat{p}_2 = \frac{n_{11}/n_{1+}}{n_{21}/n_{2+}}.$$

$\hat{p}_1/\hat{p}_2$ 的方差不容易计算, 但 $\ln(\hat{p}_1/\hat{p}_2)$ 的均方差估计为

$$SE = \sqrt{Var(\ln(\hat{p}_1/\hat{p}_2))} = \sqrt{\frac{1 - n_{11}/n_{1+}}{n_{11}} + \frac{1 - n_{21}/n_{2+}}{n_{21}}}.$$

按列结果固定, 相对风险 p_1/p_2 的点估计为

$$\hat{p}_1/\hat{p}_2 = \frac{n_{11}/n_{+1}}{n_{12}/n_{+2}}.$$

$\ln(\hat{p}_1/\hat{p}_2)$ 的均方差估计为

$$SE = \sqrt{Var(\ln(\hat{p}_1/\hat{p}_2))} = \sqrt{\frac{1 - n_{11}/n_{+1}}{n_{11}} + \frac{1 - n_{12}/n_{+2}}{n_{12}}}$$

相对风险 p_1/p_2 的 $100(1-\alpha)\%$ 置信区间为

$$(\hat{p}_1/\hat{p}_2 \exp(-z_{\alpha/2}SE), \hat{p}_1/\hat{p}_2 \exp(z_{\alpha/2}SE)).$$

相对风险取值范围在 0 到 $+\infty$ 之间; 当两个比例相等时, 相对风险为 1.

对于例 8.3 中数据, 如果按行变量结果固定, 相对风险的点估计和 95% 置信区间分别为 1.764 和 (1.238, 2.514), 拒绝零假设. 按列变量结果固定, 相对风险的点估计和 95% 置信区间分别为 2.061 和 (1.277, 3.327), 拒绝零假设.

胜算比 (Odds ratio). 胜算比的定义为

$$OR = \frac{p_1/(1-p_1)}{p_2/(1-p_2)},$$

不管是按行 (变量) 结果固定还是列 (变量) 结果固定, 其点估计均为

$$\hat{OR} = \frac{n_{11}/n_{21}}{n_{12}/n_{22}} = \frac{n_{11}n_{22}}{n_{12}n_{21}}.$$

胜算比的取值范围在 0 到 $+\infty$ 之间. 当两个比例相等时, 胜算比为 1. 胜算比的 $100(1-\alpha)\%$ 置信区间为

$$(\hat{OR} \times \exp(-z_{\alpha/2}SE), \hat{OR} \times \exp(z_{\alpha/2}SE))$$

其中

$$SE = \sqrt{Var(\ln(\hat{OR}))} = \sqrt{\frac{1}{n_{11}} + \frac{1}{n_{12}} + \frac{1}{n_{21}} + \frac{1}{n_{22}}}.$$

易见, 无论是按行结果固定还是列结果固定, 得到的均方差结果相同. 换句话, 将行列变量置换位置, 并不影响胜算比的点估计和区间估计.

对于例 8.3 中数据, 胜算比的点估计为 3.547, 其 95% 置信区间为 (1.613,7.797), 拒绝零假设.

前面介绍了比例之差、相对风险和胜算比的定义、估计和统计推断方法. 实践中, 对于一个具体的问题到底用哪种方法更合适, 用行结果固定还是列结果固定, 要看情况而定. 如果例 8.3 中数据是对某人群的抽样调查结果, 即横断面研究 (Cross-sectional study), 三种比较方法都有意义. 一般地, 在流行病学中, 胜算比方法多用于病例对照研究 (Case-Control Study), 相对风险方法多用于群组研究 (Cohord Study), 详见 Agresti (2002).

本节软件的注

关于相对风险和胜算比的 R 程序. 下载 spsurvey 程序包, 用 relrisk 可以计算相对风险的点估计和置信区间. 也可以利用下面的 R 程序直接计算.

```
x=read.table("d:/data/stroke.txt");
p1=x[1,1]/sum(x[1,]);p2=x[2,1]/sum(x[2,]);pdif1=p1-p2;
se1=sqrt(p1*(1-p1)/sum(x[1,])+p2*(1-p2)/sum(x[2,]))
pdifc1=c(p1-p2-1.96*se1,p1-p2+1.96*se1)
rr1=p1/p2;ser1=sqrt((1-p1)/x[1,1]+(1-p2)/x[2,1]);
rrc1=c(rr1*exp(-1.96*ser1),rr1*exp(1.96*ser1))
or1=(p1/(1-p1))/(p2/(1-p2));seor1=sqrt(sum(1/x))
orc1=c(or1*exp(-1.96*seor1),or1*exp(1.96*seor1))
list(dif=pdif1,difCI=pdifc1,RR=rr1,RRCI=rrc1,OR=or1,ORCI=orc1)
```

这个程序是按行变量结果固定计算的三种比例比较方法的点估计和区间估计. 如果想得到列变量结果固定的相应结果, 可以在读入 x 之后, 添加 x=t(x).

关于相对风险和胜算比的 SPSS 操作. 以例 8.3 数据为例, 打开数据 stroke.sav, 依次点击 Data-Weight cases, 把 "Count" 选入加权. 之后, 依次点击 Analyze-Descriptive Statistics-Crosstabs, 在打开的对话框中, 把 Before 和 Now 分别选入 Row(行) 和 Column(列), 在 Statistics 中选择 Risk, 得到胜算比的点估计和 95% 置信区间分别为 3.547 和 (1.613, 7.797). 相对风险的点估计和 95% 置信区间分别为 2.061 和 (1.277, 3.327). 如果将 Now 和 Before 分别选入 Row 和 Column, 得到相对风险的点估计和 95% 置信区间分别为 1.764 和 (1.238,2.514).

关于相对风险和胜算比的 SAS 程序. 利用下面 SAS 程序, 可以计算出胜算比的点估计和 95% 置信区间及将 Now 作为行的相对风险.

```
 data stroke;infile "D:/data/strokeA.txt"; input
count Now$ Before$;run; proc freq;tables Now*Before/relrisk;weight
count;run;
```

第四节 Cochran-Mantel-Haenszel 估计

应用中有很多 $2 \times 2 \times K$ 的列联表数据, 见下例.

例 8.4 四个医院参加了同一项医学实验. 每个医院都随机地将两种药 A 和 B 给病人服用, 之后记录下是否有效, 具体数据见下表.

	药 A($X = 1$)		药 B($X = 2$)	
	有效 ($Y = 1$)	无效 ($Y = 0$)	有效 ($Y = 1$)	无效 ($Y = 0$)
医院 I ($Z = 1$)	8	21	2	35
医院 II ($Z = 2$)	11	10	2	13
医院 III($Z = 3$)	4	7	1	22
医院 IV ($Z = 4$)	19	7	2	4

这里每个医院的数据都可以放入一个 2×2 的列联表, 我们想通过分析这 4 个按 Z 取值分层的 2×2 列联表, 研究药 A 和药 B 的有效比例是否相等, 或药品种类 (X) 和药效 (Y) 是否独立. 这里的情况类似于第四章中的区组数据, 不能按 (X, Y) 的边际分布构成的 2×2 列联表分析.

按上面 (X, Y, Z) 顺序构成的 $2 \times 2 \times K$ 列联表数据可以记为 $(n_{ijk}, i = 1, 2, j = 1, 2, k = 1, 2, \cdots, K)$. 假设每个医院的胜算比 (odds ratio) 都相等, 那么这个公共的胜算比可以用下式估计

$$OR_{MH} = \frac{\sum\limits_{k=1}^{K} n_{11k} n_{22k} / n_{++k}}{\sum\limits_{k=1}^{K} n_{12k} n_{21k} / n_{++k}}$$

此胜算比的 $100(1 - \alpha)\%$ 置信区间为

$$(OR_{MH} \times \exp(-z_{\alpha/2}\hat{\sigma}), OR_{MH} \times \exp(z_{\alpha/2}\hat{\sigma}))$$

其中

$$\hat{\sigma}^2 = Var(ln(OR_{MH})) = \frac{\sum\limits_{k=1}^{K} (n_{11k} + n_{22k})(n_{11k} n_{22k}) / n_{++k}^2}{2 \left(\sum\limits_{k} n_{11k} n_{22k} / n_{++k} \right)^2} +$$

$$\frac{\sum\limits_{k=1}^{K} [(n_{11k} + n_{22k}) n_{12k} n_{21k} + (n_{12k} + n_{21k}) n_{11k} n_{22k}] / n_{++k}^2}{2 \left(\sum\limits_{k} n_{11k} n_{22k} / n_{++k} \right) \left(\sum\limits_{k} n_{12k} n_{21k} / n_{++k} \right)} +$$

$$\frac{\sum_{k=1}^{K}(n_{12k}+n_{21k})(n_{12k}n_{21k})/n_{++k}^2}{2\left(\sum_{k}n_{12k}n_{21k}/n_{++k}\right)^2}$$

如果每个 2×2 列联表的相对风险 (Relative Risk) 都相等, 那么这个公共的相对风险可用下式估计

$$RR_{MH}=\frac{\sum_{k}n_{11k}n_{2+k}/n_{++k}}{\sum_{k}n_{21k}n_{1+k}/n_{++k}}$$

此相对风险的 $100(1-\alpha)\%$ 置信区间为

$$(RR_{MH}\times\exp(-z_{\alpha/2}\hat{\sigma}),RR_{MH}\times\exp(z_{\alpha/2}\hat{\sigma}))$$

其中

$$\hat{\sigma}^2=Var(ln(RR_{MH}))=\frac{\sum_{k}(n_{1+k}n_{2+k}n_{+1h}-n_{11k}n_{21k}n_{++h})/n_{++k}^2}{\left(\sum_{k}n_{11k}n_{2+k}/n_{++k}\right)\left(\sum_{k}n_{21k}n_{1+k}/n_{++k}\right)}$$

上述胜算比和相对风险的计算公式由 Cochran(1954) 和 Mantel 和 Haenszel(1959) 提出, 被称 Mantel-Haenszel 估计, 也称 Cochran-Mantel-Haenszel 估计, 上面置信区间和方差的计算公式由 Greenland 和 Robins(1985) 给出.

对于 (X,Y,Z) 三维数据, 要检验 X 和 Y 是否关于 Z 条件独立, 用如下 Cochran-Mantel-Haenszel 检验统计量

$$CMH=\frac{\left(\sum_{k}n_{11k}-\sum_{k}E(n_{11k})\right)^2}{\sum_{k}Var(n_{11k})},$$

其中

$$E(n_{11k})=n_{1+k}n_{+1k}/n_{++k},$$

$$Var(n_{11k})=n_{1+k}n_{2+k}n_{+1k}n_{+2k}/(n_{++k}^2(n_{++k}-1)).$$

CMH 在零假设下渐近服从自由度为 1 的 χ^2 分布.

要检验 K 个胜算比相等的零假设, 可用 Breslow-Day 检验统计量,

$$Q_{BD} = \frac{\sum_k (n_{11k} - E(n_{11k}|OR_{MH}))^2}{Var(n_{11k}|OR_{MH})}$$

其中 $E(n_{11k}|OR_{MH})$ 和 $Var(n_{11k}|OR_{MH})$ 是零假设成立时的期望值和方差值. 在零假设下, Q_{BD} 近似服从自由度为 $k-1$ 的 χ^2 分布, 详见 Breslow 和 Day(1980).

对于例 8.4 中数据, 利用本节注中的软件得到药 A 和药 B 之间治疗有效的胜算比和 95% 置信区间分别为 7.180 和 (2.849,18.094). 由此得到, 药 B 和药 A 之间治疗有效的胜算比是 1/7.180=0.139, 其 95% 置信区间分别为 (1/18.094,1/2.849)=(0.055,0.351). 拒绝药 A 和药 B 之间治疗效果相等的零假设.

本节软件的注

关于 **Cochran-Mantel-Haenszel** 的 **R 程序**. 利用 R 中 mantelhaen.test 可用得到药 A 和药 B 之间治疗有效的胜算比和 95% 置信区间分别为 7.180 和 (2.849, 18.094).

```
x=read.table("d:/data/hospital.txt");
tmp=array(c(x[,4]),dim=c(2,2,4),dimnames=list(effect=c("Y","N"),
med=c("A","B"),hosptl=c("I", "II","III","IV"))); tab=ftable(. ~
med+effect,tmp);list(tab,mantelhaen.test(tmp))
```

关于 **Cochran-Mantel-Haenszel** 的 **SPSS 操作**. 以例 8.4 数据为例, 打开数据
hospital.sav, 依次点击 Data-Weight cases, 把 "count" 选入加权. 之后, 依次点击 Analyze-Descriptive Statistics-Crosstabs, 在打开的对话框中, 把 med 和 effect 分别选入Row 和 Column, 把 hospital 选入 Layer, 在 Statistics 中选择 Cochran's and Mantel-Haenszel statistics, 得到药 B 与药 A 之间治疗有效胜算比的点估计和 95% 置信区间分别为 0.139 和 (0.055, 0.351). 输出中还有 Breslow-Day 检验统计量值 0.313, 自由度为 3, p 值为 0.958.

关于 **Cochran-Mantel-Haenszel** 的 **SAS 程序**. 利用下面 SAS 程序, 可以计算出 Mantel-Haenszel 胜算比的点估计和 95% 置信区间, 分别为 0.1393 和 (0.0553, 0.3510). Mantel-Haenszel 相对风险比的点估计和 95% 置信区间分别为分

别为 0.6597 和 (0.5428, 0.8017). 输出中还有所有 K 个胜算比相等的假设检验, 得到 Breslow-Day 检验统计量值为 0.3129, 自由度为 3, p 值为 0.9576.

```
 data hospital;infile "D:/data/hospital.txt";
input hospt med effect count;run; proc freq;tables
hospt*med*effect/cmh;weight count;run;
```

第五节   对数线性模型与高维列联表的独立性检验简介

列联表的独立性检验问题与对数线性模型的交互项系数是否显著不为零有联系, 而对数线性模型是广义线性模型中的一种. 列联表和对数线性模型的内容十分丰富, 但大部分超出了本书范围 (可参见例如: 张尧庭, 1991; Bishop 等, 1975; McCullagh 和 Nelder, 1989; Rao 和 Toutenburg, 1995, Fienberg, 1980 等). 这里仅仅引进对数线性模型的概念, 而且仅考虑和独立性问题有关的检验.

一、 处理三维表的对数线性模型

假定列联表的的三个变量是 X_1, X_2 和 X_3, 它们分别有 I, J 和 K 个水平, 列联表的第 (i, j, k) 个格子上的频数是 n_{ijk}, 其中 $i = 1, \cdots, I, j = 1, \cdots, J, k = 1, \cdots, K$(本节其余部分出现 i, j 和 k 时也有这样的值域). 采用下面的记号: 记 $n_{.jk} = \sum_{i=1}^{I} n_{ijk}$, $n_{..k} = \sum_{j=1}^{J} n_{.jk}$ 等等.

定义期望频数 $m_{ijk} = E(n_{ijk})$; 则 $p_{ijk} = m_{ijk}/n_{...}$. 采用类似的记号, 有 $m_{.jk} = \sum_{i=1}^{I} m_{ijk}$, $m_{..k} = \sum_{j=1}^{J} m_{.jk}$ 等等, 以及 $p_{.jk} = \sum_{i=1}^{I} p_{ijk}$, $p_{..k} = \sum_{j=1}^{J} p_{.jk}$ 等等.

定义长度为 IJK 的向量 $\mathbf{n}$, $\mathbf{m}$ 和 $\mathbf{p}$, 它们的元素分别为 n_{ijk}, m_{ijk} 和 p_{ijk}.

考虑固定样本总量 $n_{...}$ 的完全随机抽样, 在总体很大的情况下, 这 $n_{...}$ 个观测值之一落入第 (i, j, k) 个格子的概率应等于 p_{ijk}. 那么 $\mathbf{n} \sim M(n_{...}, \mathbf{m}/n_{...})$(其中 $M(N, \boldsymbol{\pi})$ 表示参数为 N 和 $\boldsymbol{\pi}$ 的多项分布, N 是样本总量, $\boldsymbol{\pi}$ 的元素相加之和等于 1).

定义 $\boldsymbol{\mu} = \log \mathbf{m}$, 有

$$\mu_{ijk} = \lambda + \lambda_i^{(1)} + \lambda_j^{(2)} + \lambda_k^{(3)} + \lambda_{ij}^{(12)} + \lambda_{jk}^{(23)} + \lambda_{ik}^{(13)} + \lambda_{ijk}^{(123)} \tag{8.1}$$

显然, 式 (8.1) 中的系数不能唯一确定, 也就是说, 这些系数不可估计, 为了得到具体的数值结果, 必须对 $\boldsymbol{\beta}$ 作某种约束, 有很多约束方法 (在软件中, 这属于各种选

项). 例如, 选定下面的约束

$$
\begin{cases}
\sum_{i=1}^{I} \lambda_i^{(1)} = \sum_{j=1}^{J} \lambda_j^{(2)} = \sum_{k=1}^{K} \lambda_k^{(3)} = 0 \\[2mm]
\sum_{j=1}^{J}\sum_{i=1}^{I} \lambda_{ij}^{(12)} = \sum_{k=1}^{K}\sum_{i=1}^{I} \lambda_{ik}^{(13)} = \sum_{k=1}^{K}\sum_{j=1}^{J} \lambda_{jk}^{(23)} = 0 \quad , \\[2mm]
\sum_{k=1}^{K}\sum_{j=1}^{J}\sum_{i=1}^{I} \lambda_{ijk}^{(123)} = 0
\end{cases}
\tag{8.2}
$$

就可以计算这些系数 (换言之, 在 (8.2) 的条件下, (8.1) 定义的模型定义了一个 1-1
映射).

考虑假设检验问题, 零假设 $H_0 : m_{ijk}m_{...} = m_{i.k}m_{.j.}$, 这等价于 $p_{ijk} = p_{i.k}p_{.j.}$,
也就是说 X_2 和 (X_1, X_3) 独立. 在零假设成立的条件下, 式 (8.1) 退化成

$$
\mu_{ijk} = \lambda + \lambda_i^{(1)} + \lambda_j^{(2)} + \lambda_k^{(3)} + \lambda_{ik}^{(13)}
\tag{8.3}
$$

对其系数做适当的约束, 也可以计算出这些值 (计算机软件的输出). 对不同的约束,
计算出来的系数的值也不同, 但是, 在不同约束下 (这也是一些统计软件的选项),
这些变量水平的线性组合结果 μ_{ijk} 保持不变, 即可以估计的.

下表给出了在不同的假设检验条件下, 对应的对数线性模型.

编号	记号	相应模型 $\mu_{ijk} =$	统计意义
(8)	(X_1, X_2, X_3)	$\lambda + \lambda_i^{(1)} + \lambda_j^{(2)} + \lambda_k^{(3)}$	X_1, X_2, X_3 相互独立
(7)	(X_3, X_1X_2)	$\lambda + \lambda_i^{(1)} + \lambda_j^{(2)} + \lambda_k^{(3)} + \lambda_{ij}^{(12)}$	$(X_1, X_2), X_3$ 相互独立
(6)	(X_2, X_1X_3)	$\lambda + \lambda_i^{(1)} + \lambda_j^{(2)} + \lambda_k^{(3)} + \lambda_{ik}^{(13)}$	$(X_1, X_3), X_2$ 相互独立
(5)	(X_1, X_2X_3)	$\lambda + \lambda_i^{(1)} + \lambda_j^{(2)} + \lambda_k^{(3)} + \lambda_{jk}^{(23)}$	$(X_2, X_3), X_1$ 相互独立
(4)	(X_1X_3, X_2X_3)	$\lambda + \lambda_i^{(1)} + \lambda_j^{(2)} + \lambda_k^{(3)} + \lambda_{ik}^{(13)} + \lambda_{jk}^{(23)}$	给定 X_3, X_1, X_2 相互独立
(3)	(X_1X_2, X_2X_3)	$\lambda + \lambda_i^{(1)} + \lambda_j^{(2)} + \lambda_k^{(3)} + \lambda_{ij}^{(12)} + \lambda_{jk}^{(23)}$	给定 X_2, X_1, X_3 相互独立
(2)	(X_1X_2, X_1X_3)	$\lambda + \lambda_i^{(1)} + \lambda_j^{(2)} + \lambda_k^{(3)} + \lambda_{ij}^{(12)} + \lambda_{ik}^{(13)}$	给定 X_1, X_2, X_3 相互独立
(1)	(X_1X_2, X_2X_3, X_1X_3)	$\lambda + \lambda_i^{(1)} + \lambda_j^{(2)} + \lambda_k^{(3)} + \lambda_{ij}^{(12)} + \lambda_{ik}^{(13)} + \lambda_{jk}^{(23)}$	各种优比分类取相同的值

表中的模型统计意义是根据前面的模型对应的假设检验问题而来.

上面的模型被称作分层 (hierachical) 对数线性模型, 因为模型中只要有交互效
应项, 例如 $\lambda_{jk}^{(23)}$, 那么一定就会有 $\lambda_j^{(2)}, \lambda_k^{(3)}$, 而式 (8.1) 定义的模型被称作饱和模型
(saturate model), 它的自由参数的个数等于列联表格子的数目, 它的自由参数的数
目不能再增加了.

二、 假设检验和模型的选择

有了某个模型下的 $\hat{\mathbf{m}}$, 通常选用两个统计量: Pearson 统计量

$$X^2 = \sum \frac{(n_{ijk} - \hat{m}_{ijk})^2}{\hat{m}_{ijk}}$$

和 似然比统计量

$$G^2 = -2\sum n_{ijk} \log(\frac{\hat{m}_{ijk}}{n_{ijk}})$$

来判断能否拒绝这个模型, 或者其对应的零假设.

一般情况下, 可能同时有多个模型不能被拒绝, 可有两个方法来选择模型. 其一为进行检验: 如果一个模型包含另一个模型, 例如上表中编号为 (4) 的模型就包含编号为 (7) 的模型. 我们建立零假设: "模型 (7) 和模型 (4) 没有区别". 这时检验统计量可为模型 (4) 和模型 (7) 的 G^2 之差, 这个差在模型 (7) 成立的条件下服从 χ^2 分布 (自由度为模型 (7) 和模型 (4) 的自由度之差). 如果该检验显著, 就认为两个模型有差异, 较大的模型 (4) 可能更为适合, 如果不显著, 则两个模型类似, 选择简单的模型 (7). 这可以通过编写简单的 R 软件程序来实现, 感兴趣的读者请自己实践. 其二为利用 AIC: 如果两个模型的参数空间没有互相包含的关系, 那么可以通过 AIC 等来选择模型, 或者两个模型都不拒绝.

例 8.5(数据: wmq.txt, wmq.sav) 下面是对三种品牌的洗衣机的需要的问卷调查结果:

	城乡因素 (Y)			
	城市		农村	
地域因素 (X)	南方	北方	南方	北方
品牌因素 (Z)				
A(大容量)	43	45	51	66
B(中等容量)	51	39	35	32
C(小容量)	67	54	32	30

目的要想看这些变量哪些独立, 哪些不独立. 下面是就某些独立性问题所做的检验结果:

模型	d.f	LRT T	p 值	Pearson Q	p 值	结论
(X,Y,Z)	7	26.57	0.0004	27.29	0.0003	X,Y,Z 不独立
(XY,Z)	5	22.80	0.0004	22.61	0.0004	(X,Y) 和 Z 不独立
(X,YZ)	6	24.70	0.0004	24.52	0.0004	X 和 (Y,Z) 不独立
(XZ,Y)	5	4.87	0.4324	4.86	0.4336	Y 和 (X,Z) 独立
(XZ,XY)	3	1.10	0.7772	1.10	0.7771	给定 X,Y 和 Z 独立
(XY,YZ)	4	20.93	0.0003	20.79	0.0003	给定 Y,X 和 Z 不独立
(XZ,YZ)	4	3.00	0.5579	3.00	0.5580	给定 Z,X 和 Y 独立

上表中给出的模型 (XZ,XY), 模型 (XZ,YZ) 和模型 (XZ,Y) 都是没有被拒绝的模型. 采用前面的第一个方法来进行模型选择. 模型 (XZ,XY) 和模型 (Y,XZ) 的 G^2(对应表中的第三列 LRT) 的差是 3.77, 模型 (XZ,Y) 和模型 (XZ,XY) 的自由度之差是 2, 而自由度是 2 的 χ^2 分布随机变量大于等于 3.77 的概率是 0.1518, 也即模型 (XZ,XY) 和模型 (XZ,Y) 的差异不显著. 同样, 模型 (XZ,YZ) 和模型 (XZ,Y) 的差异也不显著. 所以可以认为 (XZ,Y) 较为适合数据. 也就是说, 地域因素对洗衣机的容量要求是不同的, 因此对数线性模型应该加上 X 和 Z 的交互作用项.

本节软件的注

关于多项分布对数线性模型有关检验的 R 程序. 就例 8.5 数据 (wmq.txt) 来描述如何使用 R 中关于对数线性模型的函数 loglin. 首先输入 data.frame 形式的数据 wmq.txt, 然后转换成列联表形式, 这是由下面两个语句完成的: x=read.table ("D:/data/wmq.txt",header=T);xt=xtabs(Count~.,x).
下面的表给出了与前面各种模型的检验对应的 R 语句.

模型记号	可作的检验	R 语句
(X,Y,Z)	X,Y,Z 互相独立	`loglin(xt,list(1,2,3))`
(XY,Z)	(X,Y) 与 Z 独立	`loglin(xt,list(1:2,3))`
(X,YZ)	X 与 (Y,Z) 独立	`loglin(xt,list(1,2:3))`
(Y,XZ)	(X,Z) 与 Y 独立	`loglin(xt,list(2,c(1,3)))`
(XY,XZ)	给定 X 时 Y 与 Z 独立	`loglin(xt,list(1:2,c(1,3)))`
(XY,YZ)	给定 Y 时 X 与 Z 独立	`loglin(xt,list(1:2,2:3))`
(XZ,YZ)	给定 Z 时 X 与 Y 独立	`loglin(xt,list(c(1,3),2:3))`

如果在使用 loglin 语句时进行赋值, 比如 a=loglin(xt,list(1:2,c(1,3))), 那么相应的数值结果可以从下面表中的语句得到:

自由度 (d.f.)	a$df
似然比检验统计量 (LRT)T	a$lrt
似然比检验统计量 (LRT)T 的 p 值	pchisq(alrt,adf,low=F)
Pearson 检验统计量 Q	a$pear
Pearson 检验统计量 Q 的 p 值	pchisq(a$pear,a$df,low=F)

如果要输出对数线性模型 (有约束) 的各种效应的参数估计, 可以用 para=T 加到 loglin 函数之中, 比如 a=loglin(xt,list(1:2,c(1,3)),para=T).

第六节 习 题

1. (数据 8.6.1.txt, 8.6.1a.txt, 8.6.1.sav) 美国在 1995 年因几种违法而被捕的人数按照性别为:

犯罪种类	性别	
	男	女
谋杀	13927	1457
抢劫	116741	12068
恶性攻击	328476	70938
偷盗	236495	29866
非法侵占	704565	351580
盗窃机动车	119175	18058
纵火	11413	2156

从这些罪行的组合看来, 是否与性别无关? 如果只考虑谋杀与抢劫罪, 结论是否一样?

2. (数据 8.6.2.txt, 8.6.2a.txt, 8.6.2.sav) 在一项是否应提高小学生的计算机课程的比例的调查结果如下:

年龄	同意	不同意	不知道
55 岁以上	32	28	14
36-55 岁	44	21	17
18-35 岁	47	12	13

年龄因素是否影响了对问题的回答? 如何影响的?

3. (数据 8.6.3.txt, 8.6.3a.txt, 8.6.3.sav) 某家电企业为其出口产品用不同的语言为各地顾客提供说明书. 它为葡萄牙和巴西的顾客用葡萄牙文, 为德国和瑞士顾客用德文, 英国和美国顾客用英国英文. 但是人们认为巴西的葡萄牙文和葡萄牙本土的语言习惯不尽相同, 美国英语和英国英语也很有区别, 瑞士人学的是德国德语但口语大不一样. 到底是否应对这些讲 "同样" 语言的国家用不同的说明书呢? 该公司进行了问卷调查, 对其说明书的评价按国别列于

下表:

顾客所属国家	对说明书的评价		
	很好	可以	很不好
葡萄牙	20	35	23
巴西	34	40	5
德国	21	34	10
瑞士	27	25	13
英国	45	34	30
美国	17	38	20

对评价和国别的独立性进行检验. 同时对于说"同样"语言的国家的评价的 3 个 2×3 表分别作 3 个检验. 你的结论是什么? 在对 2×3 表作检验时, 比较 χ^2 检验和 Fisher 精确检验的结果.

4. (数据 8.6.4.txt, 8.6.4a.txt, 8.6.4.sav) 某报社的 6 个不同性别和年龄的记者在同一城区各采访 100 个行人, 问他们对是否应该建立社区养老中心以减轻年轻一代的负担. 这六个人的采访结果如下:

采访者	A	B	C	D	E	F
回答同意者人数	30	40	55	33	32	18

问: 受采访者回答结果是否与记者不同有关? 举例说明哪两个采访者的结果可能类似, 用检验来验证. 如果把被采访人分类, 结果是否更加说明问题?

5. (数据 8.6.5.txt, 8.6.5.sav) 关于儿童在医院里喜欢何种衣着和性别的医务人员, 不同性别的 99 名儿童作了选择, 列在下面 $2 \times 2 \times 2$ 表中:

	女护士		男护士	
儿童性别	女	男	女	男
医务人员衣服颜色				
花衣	36	8	25	13
白衣	12	4	1	0

检验这三个变量之间哪些是独立的. 哪些不能说是独立的.

6. (数据 8.6.6.txt, 8.6.6.sav) 在关于一项议案的调查中, 得到 $2 \times 2 \times 3$ 列联表:

态度	支持		反对		不知道	
工种	蓝领	白领	蓝领	白领	蓝领	白领
性别						
男	60	50	95	40	34	45
女	80	45	105	41	44	53

请检验哪些因素和态度有关. 是否有的因素和态度无关.

7. 利用本章 8.3 和 8.4 两节介绍的方法分析前面第 5 题中数据, 写出分析报告.

8. 利用本章 8.3 和 8.4 两节介绍的方法分析前面第 6 题中数据, 写出分析报告.

第九章　非参数密度估计和非参数回归简介*

非参数回归和密度估计问题在许多方面和前面讨论的基于秩的统计问题很不一样, 需要的数学方法也不相同. 由于非参数回归和密度估计需要大量的计算, 只有在近些年来计算机飞速发展之后, 才得到长足的进展. 这方面有不少专著. 本书仅通过两个著名例子来介绍一些典型的方法和思路, 以使读者对此方向有些直观印象. 想了解本节方法细节的读者, 请阅读有关的文献.

第一节　非参数密度估计

例 9.1(数据: faithful.txt, faithful.sav)　这是一个很著名的例子. 在美国黄石国家公园有一个间歇式温泉, 它的喷发间隔很有规律, 大约 66 分钟喷发一次, 但实际上从 33 分钟到 148 分钟之间变化. 水柱高度可达 150 英尺. 由于其喷发保持较明显的规律性, 人们称之为老忠实 (Old Faithful). 图 9.1 是其喷发持续时间 (eruptions) 和间隔时间 (waiting) 的散点图 (单位为分钟, 共 272 个点).

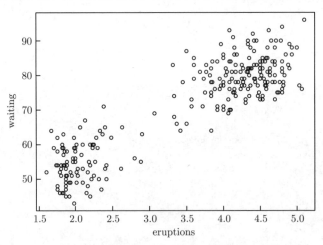

图 9.1　"老忠实" 温泉的喷发持续时间和间隔时间的散点图.

人们想知道间隔时间的密度函数. 看起来该密度应该有两个峰. 正如前面提到过的, 最简单的方法是用直方图. 图 9.2 是用不同数目的分割区间所画的老忠实间歇温泉的间隔时间的直方图. 容易看出, 当区间变细时, 这些直方图看起来的确象个密度. 然而, 如果数据不够多, 分割区间太多会使得个别点太突出而看不出总体形状. 因此, 选择区间的数目和大小是画好直方图的关键. 一般的软件都有对此的缺省值. 当然, 计算机软件所提供的缺省值不一定就是最优的. 直方图有时仅被认为是很初等的非参数密度估计, 并且往往划归到描述性统计的范畴. 下面介绍一些非参数密度估计方法.

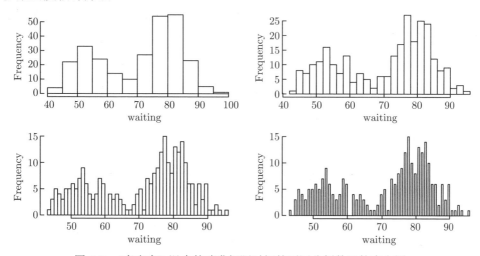

图 9.2 "老忠实" 温泉的喷发间隔时间的不同分割数目的直方图.

一、 一元密度估计

直方图记录了在每个区间中点的个数或频率, 使得图中的矩形条的高度随着数值个数的多少而变化. 但是直方图很难给出较为精确的密度估计.

核密度估计. 下面引进核估计 (Kernel estimation). 核估计是一种加权平均, 对于近处的点考虑权重多一些, 对于远处的点考虑权重少一些 (或者甚至不考虑). 具体来说, 如果数据为 $x_1, x_2, \cdots, x_n$, 在任意点 x 处的一种核密度估计为

$$\tilde{f}(x) = \frac{1}{nh} \sum_{i=1}^{n} K\left(\frac{x - x_i}{h}\right),$$

这里 $K(\cdot)$ 称为核函数 (kernel function), 它通常满足对称性及 $\int K(x)dx = 1$. 可以看出, 核函数是一种权函数, 该估计利用数据点 x_i 到 x 的距离 $(x - x_i)$ 来决定 x_i 在估计点 x 的密度时所起的作用. 如果核函数取标准正态密度函数 $\phi(\cdot)$, 则离 x 点越近的样本点, 加的权也越大. 上面积分等于 1 的条件是使得 $\tilde{f}(\cdot)$ 是一个积分为 1

的密度. 表示式中的 h 称为带宽 (bandwidth). 一般来说, 带宽取得越大, 估计的密度函数就越平滑, 但偏差可能会较大. 如果选的 h 太小, 估计的密度曲线和样本拟合得较好, 但可能很不光滑. 一般选择的原则为使得均方误差最小为宜. 有许多方法选择 h, 比如交叉验证法 (cross-validation), 直接插入法 (direct plug-in), 在各个局部取不同的带宽, 或者估计出一个光滑的带宽函数 $\hat{h}(x)$ 等等.

图 9.3 为对老忠实温泉的间隔时间所作的核估计. 其中 h 取了四个不同的值: $h = 0.3, 0.5, 1$ 和 2. 从图上可以清楚地看出带宽对图形的影响. 这里的核函数为标准正态密度函数.

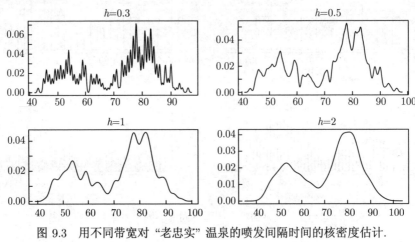

图 9.3 用不同带宽对 "老忠实" 温泉的喷发间隔时间的核密度估计.

下表列出了常用的核函数.

核函数名称	核函数 $K(u)$
均匀 (Uniform)	$\frac{1}{2}I(|u| \leqslant 1)$
三角 (Triangle)	$(1 - |u|)I(|u| \leqslant 1)$
Epanechikov	$\frac{3}{4}(1 - u^2)I(|u| \leqslant 1)$
四次 (Quartic)	$\frac{15}{16}(1 - u^2)^2 I(|u| \leqslant 1)$
三权 (Triweight)	$\frac{35}{32}(1 - u^2)^3 I(|u| \leqslant 1)$
高斯 (Gauss)	$\frac{1}{\sqrt{2\pi}} \exp\left(-\frac{1}{2}u^2\right)$
余弦 (Cosinus)	$\frac{\pi}{4} \cos\left(\frac{\pi}{2}u\right) I(|u| \leqslant 1)$

局部多项式密度估计. 局部多项式密度估计是目前最流行的, 效果很好的密度估计方法. 它对每个点 x 拟合一个局部多项式来估计在该点的密度. 图 9.4 为对 "老忠实" 温泉的间隔时间所作的核估计 (实线) 和局部多项式估计 (虚线). 从图上可以看出核密度估计和局部多项式估计在边界上的区别, 后者在边界上的估计效果更好.

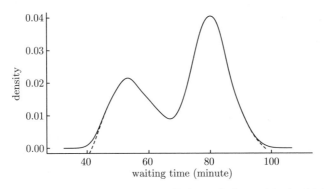

图 9.4 对 "老忠实" 温泉的间隔时间所作的核估计 (实线) 和局部多项式估计 (虚线).

k 近邻估计. 上一节的密度核估计是以和 x 的欧氏距离为基准来决定加权的多少. 本节所介绍的 $k-$ 近邻估计是无论欧氏距离多少, 只要是 x 点的最近的 k 个点之一就可参与加权. 一种具体的 k 近邻密度估计 (k-nearest neighbor estimation) 为

$$\tilde{f}(x) = \frac{k-1}{2nd_k(x)},$$

令 $d_1(x) \leqslant d_2(x) \leqslant \cdots \leqslant d_n(x)$ 表示按升幂排列的 x 到所有 n 个样本点的欧氏距离. 显然, k 的取值决定了估计密度曲线的光滑程度. k 越大则越光滑. 还可以与核估计结合起来定义广义 k 近邻估计

$$\tilde{f}(x) = \frac{1}{nd_k(x)} \sum_{i=1}^{n} K\left(\frac{x-x_i}{d_k(x)}\right).$$

二、多元密度估计

多元密度估计可以是一元的推广. 对于二元数据, 可以画二维直方图. 同样可以有多元的核估计. 假定 $\mathbf{x}$ 为 d 维向量, 则多元密度估计可以为

$$\tilde{f}(\mathbf{x}) = \frac{1}{nh^d} \sum_{i=1}^{n} K\left(\frac{\mathbf{x}-\mathbf{x}_i}{h}\right).$$

当然, 这里的 h 不一定对所有的元都一样, 每一元都可以而且往往有必要选择自己的 h. 这里的核函数应满足

$$\int_{R^d} K(\mathbf{x})d\mathbf{x} = 1.$$

和一元情况一样, 可以选择多元正态或其它多元分布密度函数作为核函数.

图 9.5 显示了 "老忠实" 间歇温泉的喷发持续时间及间隔时间的二元密度函数核估计的等高线图和三维图.

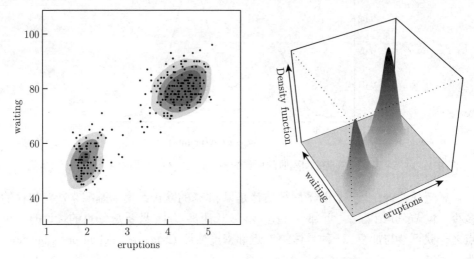

图 9.5 对 "老忠实" 的喷发持续时间及间隔时间做二元密度函数核估计的等高线和三维图.

本节软件的注

有关非参数密度估计的 R 程序. 我们仅介绍文中三个图的画图程序. 其中, 图 9.3 的四个图的程序为:

```
par(mfrow=c(2,2));x=faithful$waiting;library(KernSmooth);
w=bkde(x,band=0.3);plot(w,type="l",main="h=0.3",xlab="",ylab="");
w=bkde(x,band=0.5);plot(w,type="l",main="h=0.5",xlab="",ylab="");
w=bkde(x,band=1);plot(w,type="l",main="h=1",xlab="",ylab="");
w=bkde(x, band=2);plot(w,type="l",main="h=2",xlab="",ylab="")
```

而图 9.4 的程序为:

```
par(mfrow=c(1,1));x=faithful$waiting;library(KernSmooth)
plot(x=c(30,110),y=c(0,0.04),type ="n",bty="l", xlab="waiting time
```

```
(minute)",ylab ="density") lines(bkde(x,bandwidth=dpik(x)))
lines(locpoly(x,bandwidth=dpik(x)),lty=3)
```
图 9.5 的程序为:
```
library(ks);par(mfrow=c(1,2));fhat<- kde(faithful) plot(fhat,
display="filled.contour2") points(faithful, cex=0.5, pch=16)
plot(fhat, display="persp")
```

第二节　非参数回归

回归是指给了一组数据 $(x_1, y_1), (x_2, y_2), \cdots, (x_n, y_n)$ 之后, 希望找到一个 X 变量和 Y 变量的一个关系

$$y_i = m(x_i) + \epsilon_i, \quad i = 1, 2, \cdots, n.$$

主要目的是对 $m(x)$ 进行估计. 先来看另一个著名的例子.

例 **9.2**(数据: mcycle.txt, mcycle.sav) 图 9.6 是在研究摩托车碰撞模拟的 133 个数据的散点图. 变量 times(X) 为在模拟的和摩托车相撞之后的时间 (单位为百万分之一秒). 而变量 accel(Y) 是头部的加速度 (单位为重力加速度 g). X 和 Y 之间看来是有某种函数关系, 但是很难用参数方法进行回归. 回归实际上就是把原始数据点光滑化, 太光滑了, 拟合就不一定好; 而过分拟合, 有可能不光滑, 以至于无法有效地作进一步的推断. 在非参数回归中, 主要考虑的是局部加权回归方法, 与核密度估计类似, 也有核光滑, 局部多项式回归, k 近邻光滑, 样条光滑等方法, 也有选择带宽或 k 个邻近点 (或者其它参数) 以调节光滑度的问题.

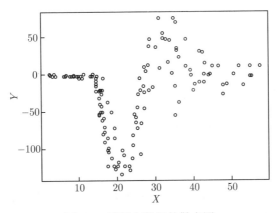

图 9.6　摩托车数据的散点图.

k 近邻光滑. 为了说明方便, 不妨考虑平面上的 n 个点 $(x_i, y_i), i = 1, 2, \cdots, n$. 所谓 k 近邻光滑是把自变量横坐标上一点 x 所对应的 y 值, 用这 n 个点中横坐标与该 x 最近的 k 个点的 y 值的平均来估计, 这里邻近程度仅用自变量度量, 而计算平均用的是 k 个因变量数值. 对于多维自变量, 可以定义高维距离, 如欧式距离等.

令 J_x^k 表示和 x 最近的 k 个点的集合, $\{x_i, i \in J_x^k\}$, 这时

$$\hat{m}_k(x) = \frac{1}{k} \sum_{i=1}^{n} W_k(x, x_i) y_i,$$

这里权 $W_k(x, x_i)$ 定义为

$$W_k(x, x_i) = \begin{cases} 1 & x_i \in J_x^k; \\ 0 & x_i \notin J_x^k. \end{cases}$$

图 9.7 中的四个小图分别为对摩托车碰撞模拟数据的 $3, 5, 7, 9$ 近邻光滑, 即 $3, 5, 7, 9$ 滑动平均图. 平均的点数越多, 就越光滑.

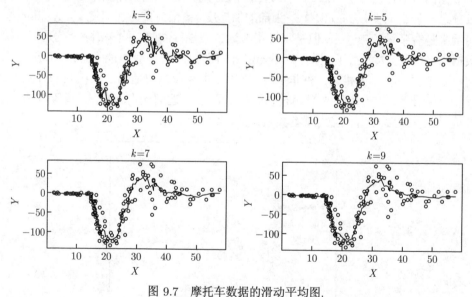

图 9.7 摩托车数据的滑动平均图.

核回归光滑. 核回归光滑的基本思路和 k 近邻点平均光滑类似. 只不过作平均时是按照核函数进行加权平均. 估计的公式和核密度估计有相似之处. 一种所谓

的 Nadaraya-Watson 形式的核估计为

$$\hat{m}(x) = \frac{\dfrac{1}{nh}\sum_{i=1}^{n} K\left(\dfrac{x-x_i}{h}\right) y_i}{\dfrac{1}{nh}\sum_{i=1}^{n} K\left(\dfrac{x-x_i}{h}\right)}$$

这里和以前一样, 核函数 $K(\cdot)$ 是一个积分为 1 的函数. 在上式中, 可以马上看出分母就是前面的对密度函数 $f(x)$ 的一个核估计, 而分子为对 $\int yf(x)dx$ 的一个估计. 和核密度估计一样, 选择带宽 h 是很重要的. 通常也是用交叉证实法来选择. 除了 Nadaraya-Watson 核之外, 还有其它形式的核, 比如 Gausser-Müller 核估计

$$\hat{m}(x) = \sum_{i=1}^{n} \int_{s_{i-1}}^{s_i} K\left(\frac{u-x}{h}\right) du\, y_i,$$

这里 $s_i = (x_i + x_{i+1})/2, x_0 = -\infty, x_{n+1} = +\infty.$ Nadaraya-Watson 估计和 Gausser-Müller 估计各有各的优点.

图 9.8 为对前面摩托车模拟碰撞一例的 Nadaraya-Watson 核回归光滑. 为了说明 h 的作用, 这里的 h 分别取 1, 2, 3 和 5.

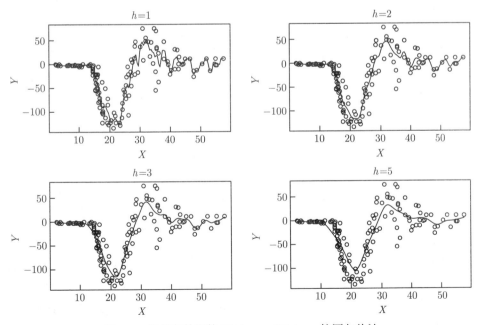

图 9.8　摩托车数据的 Nadaraya-Watson 核回归估计.

局部多项式回归. 前面介绍的核光滑和 k 近邻光滑是在局部用常数加权. 这里首先要介绍的是近年来发展的局部多项式拟合 (local polynomial fit). 假定在局部上, 回归函数 $m(\cdot)$ 在 x 的邻域点 z 可以由 Taylor 展开来近似:

$$m(z) \approx \sum_{j=0}^{p} \frac{m^{(j)}(x)}{j!}(z-x)^j \equiv \sum_{j=0}^{p} \beta_j (z-x)^j.$$

因此, 需要估计出 $m^{(j)}, j = 0, 1, \cdots, p$. 再加权, 这归结到所谓的局部的加权多项式回归, 它要选择 $\beta_j, j = 0, 1, \cdots, p$, 使得下式最小

$$\sum_{i=1}^{n} \{y_i - \sum_{j=0}^{p} \beta_j (x_i - x)^j\}^2 K\left(\frac{x - x_i}{h}\right).$$

记这样的对 β_j 的估计为 $\hat{\beta}_j$. 由此得到 $m^{(\nu)}$ 的估计

$$\hat{m}_\nu(x) = \nu! \hat{\beta}_\nu.$$

也就是说在每一点 x 的附近运用估计

$$\hat{m}(z) = \sum_{j=0}^{p} \frac{\hat{m}_j(x)}{j!}(z-x)^j.$$

当 $p = 1$ 时称为局部线性估计. 局部多项式估计有很多优点, 比如它兼备有 Nadaraya-Watson 估计和 Gausser-Müller 估计二者的优点, 而且在边沿附近的性质又优于这二者. 当然, 局部多项式回归的方法有很多不同的形式和改进. 在带宽的选择上也有很多选择, 其中包括使用局部带宽以及使用光滑的带宽函数.

Loess 局部加权多项式回归. 它最初由 Cleveland (1979) 提出, 后又被 Cleveland 和 Devlin(1988) 及其他许多人发展. Loess (locally weighted polynomial regression), 可以理解为"LOcal regrESSion" 的缩写, 它是 Lowess(locally weighted scatter plot smoothing) 的推广. 其主要思想为: 在数据集合的每一点用低维多项式拟合数据点的一个子集, 并估计该点附近自变量数据点所对应的因变量值. 该多项式是用加权最小二乘法来拟合, 离该点越远, 权重越小. 该点的回归函数值就用这个局部多项式来得到. 而用于加权最小二乘回归的数据子集是由最近邻方法确定. 它的最大优点是不需要事先设定一个函数来对所有数据拟合一个模型. 此外, Loess 很灵活, 适用于很复杂的没有理论模型存在的情况. 再加上其简单的思想使得它很有吸引力. 数据越密集, Loess 的结果越好. 也有许多 Loess 的改进方法, 使得结果更好或者更稳健.

Lowess 方法也可以看作是 Loess 方法在局部多项式取做常数时的特殊情况. 与等权的 k 近邻光滑方法相比, Lowess 方法考虑的是 k 近邻加权平均, 越近的点, 权重越大.

光滑样条. 一种稍微不同一点的常用拟合称为光滑样条 (smoothing spline). 它的原理是调和拟合度和光滑程度. 选择的近似函数 $f(\cdot)$ 要使下式尽可能地小

$$\sum_{i=1}^{n}[y_i - f(x_i)]^2 + \lambda \int (f''(x))^2 dx.$$

显然, 当 $\lambda(> 0)$ 大时, 二阶导数要很小才行, 这样就使得拟合很光滑, 但是第一项代表的偏差就可能很大. 如果 λ 很小, 效果正相反, 即拟合很好, 光滑度则不好. 这也要用交叉证实法来确定到底 λ 取什么值合适.

Friedman 超光滑法 (Supersmoother). 这种方法会使得带宽随着 x 变化. 对每个点有三个带宽来自动选取, 这依该点每边的邻域中的点数而定 (由交叉验证来确定). 它不用迭代. 该方法是源于斯坦福大学的 Friedman (1984) 用 FORTRAN 程序来实现的. 这是一个非常自动的方法.

R 软件有许多现成的光滑程序. 图 9.9 为对摩托车模拟碰撞一例的 Lowess, Loess, Friedman 超光滑, 以及光滑样条等方法所做的回归.

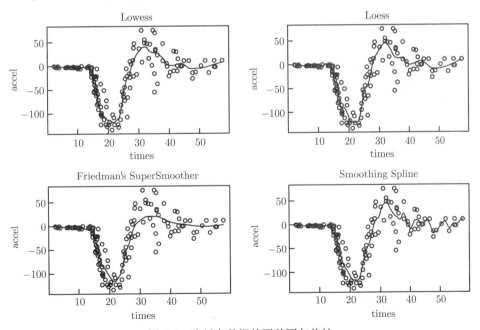

图 9.9 摩托车数据的四种回归估计.

对于本章内容感兴趣的读者可看 Härdle(1980, 1990), Silverman(1986), Müller (1980), Fan(1992), Fan 和 Gijbels(1996), Simonoff(1996), Wand and Jones (1995) 等文献.

本节软件的注

有关非参数回归的 R 程序. 我们仅介绍文中三个图的画图程序. 其中, 图 9.7 的程序为:

```
library(spatstat);library(MASS)
X=mcycle[,1];Y=mcycle[,2];m=nnwhich(X,k=1:8); z3=z5=z7=z9=Y; for
(j in 1:2) z3=cbind(z3,Y[m[,j]]) for (j in 1:4)
z5=cbind(z5,Y[m[,j]]) for (j in 1:6) z7=cbind(z7,Y[m[,j]]) for (j
in 1:8) z9=cbind(z9,Y[m[,j]])
par(mfrow=c(2,2));mtx=list("k=3","k=5","k=7","k=9")
plot(X,Y,main=mtx[[1]]);points(X,apply(z3,1,mean),type="l")
plot(X,Y,main=mtx[[2]]);points(X,apply(z5,1,mean),type="l")
plot(X,Y,main=mtx[[3]]);points(X,apply(z7,1,mean),type="l")
plot(X,Y,main=mtx[[4]]);points(X,apply(z9,1,mean),type="l")
```

图 9.8 的四个图的程序为:

```
library(MASS);par(mfrow=c(2,2));X=mcycle[,1];Y=mcycle[,2]
bw=list("h=1", "h=2", "h=3", "h=5")
plot(X,Y,main=bw[[1]]);lines(ksmooth(X,Y,"normal",bandwidth=1))
plot(X,Y,main=bw[[2]]);lines(ksmooth(X,Y,"normal",bandwidth=2))
plot(X,Y,main=bw[[3]]);lines(ksmooth(X,Y,"normal",bandwidth=3))
plot(X,Y,main=bw[[4]]);lines(ksmooth(X,Y,"normal",bandwidth=5))
```

而图 9.9 的程序为:

```
library(MASS);attach(mcycle);par(mfrow=c(2,2));
plot(accel~times,mcycle,main="Lowess");
lines(lowess(mcycle,f=.1));
fit1=loess(accel~times,mcycle,span=.15);
pred1=predict(fit1,data.frame(times=seq(0,60,length=160)),se=TRUE);
plot(accel~times,mcycle,main="Loess");
```

```
lines(seq(0,60,length=160),pred1$fit);
plot(accel~times,mcycle,main="Friedman's SuperSmoother");
lines(supsmu(times,accel)) plot(accel~times,mcycle,main="Smoothing
Spline"); lines(ksmooth(times,accel,"normal",bandwidth=2))
```

附　表

附表 1.　组合数表: $\dbinom{N}{n} = C_N^n = \dfrac{N!}{(N-n)!n!}$

N	n							
	2	3	4	5	6	7	8	9
2	1							
3	3	1						
4	6	4	1					
5	10	10	5	1				
6	15	20	15	6	1			
7	21	35	35	21	7	1		
8	28	56	70	56	28	8	1	
9	36	84	126	126	84	36	9	1
10	45	120	210	252	210	120	45	10
11	55	165	330	462	462	330	165	55
12	66	220	495	792	924	792	495	220
13	78	286	715	1287	1716	1716	1287	715
14	91	364	1001	2002	3003	3432	3003	2002
15	105	455	1365	3003	5005	6435	6435	5005
16	120	560	1820	4368	8008	11440	12870	11440
17	136	680	2380	6188	12376	19448	24310	24310
18	153	816	3060	8568	18564	31824	43758	48620
19	171	969	3876	11628	27132	50388	75582	92378
20	190	1140	4845	15504	38760	77520	125970	167960
21	210	1330	5985	20349	54264	116280	203490	293930
22	231	1540	7315	26334	74613	170544	319770	497420
23	253	1771	8855	33649	100947	245157	490314	817190
24	276	2024	10626	42504	134596	346104	735471	1307504
25	300	2300	12650	53130	177100	480700	1081575	2042975

附表 2.　标准正态分布右尾概率 $P(Z > z_0) = 1 - \Phi(z_0)$

z_0	z_0 后面的小数									
	.00	.01	.02	.03	.04	.05	.06	.07	.08	.09
.0	.500	.496	.492	.488	.484	.480	.476	.472	.468	.464
.1	.460	.456	.452	.448	.444	.440	.436	.433	.429	.425
.2	.421	.417	.413	.409	.405	.401	.397	.394	.390	.386
.3	.382	.378	.374	.371	.367	.363	.359	.356	.352	.348
.4	.345	.341	.337	.334	.330	.326	.323	.319	.316	.312
.5	.309	.305	.302	.298	.295	.291	.288	.284	.281	.278
.6	.274	.271	.268	.264	.261	.258	.255	.251	.248	.245
.7	.242	.239	.236	.233	.230	.227	.224	.221	.218	.215
.8	.212	.209	.206	.203	.200	.198	.195	.192	.189	.187
.9	.184	.181	.179	.176	.174	.171	.169	.166	.164	.161
1.0	.159	.156	.154	.152	.149	.147	.145	.142	.140	.138
1.1	.136	.133	.131	.129	.127	.125	.123	.121	.119	.117
1.2	.115	.113	.111	.109	.107	.106	.104	.102	.100	.099
1.3	.097	.095	.093	.092	.090	.089	.087	.085	.084	.082
1.4	.081	.079	.078	.076	.075	.074	.072	.071	.069	.068
1.5	.067	.066	.064	.063	.062	.061	.059	.058	.057	.056
1.6	.055	.054	.053	.052	.051	.049	.048	.047	.046	.046
1.7	.045	.044	.043	.042	.041	.040	.039	.038	.038	.037
1.8	.036	.035	.034	.034	.033	.032	.031	.031	.030	.029
1.9	.029	.028	.027	.027	.026	.026	.025	.024	.024	.023
2.0	.023	.022	.022	.021	.021	.020	.020	.019	.019	.018
2.1	.018	.017	.017	.017	.016	.016	.015	.015	.015	.014
2.2	.014	.014	.013	.013	.013	.012	.012	.012	.011	.011
2.3	.011	.010	.010	.010	.010	.009	.009	.009	.009	.008
2.4	.008	.008	.008	.008	.007	.007	.007	.007	.007	.006
2.5	.006	.006	.006	.006	.006	.005	.005	.005	.005	.005
2.6	.005	.005	.004	.004	.004	.004	.004	.004	.004	.004
2.7	.003	.003	.003	.003	.003	.003	.003	.003	.003	.003
2.8	.003	.002	.002	.002	.002	.002	.002	.002	.002	.002
2.9	.002	.002	.002	.002	.002	.002	.002	.001	.001	.001

附表 3. Wilcoxon 符号秩统计量左尾概率表: $p = P(W \leqslant w)$

w	p	w	p	w	p	w	p	w	p	w	p
n = 5		n = 8		n = 10		n = 11		n = 12		n = 13	
0	.0313	0	.0039	0	.0010	0	.0005	0	.0002	0	.0001
1	.0625	1	.0078	1	.0020	1	.0010	1	.0005	1	.0002
2	.0938	2	.0117	2	.0029	2	.0015	2	.0007	2	.0004
3	.1563	3	.0195	3	.0049	3	.0024	3	.0012	3	.0006
4	.2188	4	.0273	4	.0068	4	.0034	4	.0017	4	.0009
5	.3125	5	.0391	5	.0098	5	.0049	5	.0024	5	.0012
6	.4063	6	.0547	6	.0137	6	.0068	6	.0034	6	.0017
7	.5000	7	.0742	7	.0186	7	.0093	7	.0046	7	.0023
		8	.0977	8	.0244	8	.0122	8	.0061	8	.0031
n = 6		9	.1250	9	.0322	9	.0161	9	.0081	9	.0040
0	.0156	10	.1563	10	.0420	10	.0210	10	.0105	10	.0052
1	.0313	11	.1914	11	.0527	11	.0269	11	.0134	11	.0067
2	.0469	12	.2305	12	.0654	12	.0337	12	.0171	12	.0085
3	.0781	13	.2734	13	.0801	13	.0415	13	.0212	13	.0107
4	.1094	14	.3203	14	.0967	14	.0508	14	.0261	14	.0133
5	.1563	15	.3711	15	.1162	15	.0615	15	.0320	15	.0164
6	.2188	16	.4219	16	.1377	16	.0737	16	.0386	16	.0199
7	.2813	17	.4727	17	.1611	17	.0874	17	.0461	17	.0239
8	.3438	18	.5273	18	.1875	18	.1030	18	.0549	18	.0287
9	.4219			19	.2158	19	.1201	19	.0647	19	.0341
10	.5000	n = 9		20	.2461	20	.1392	20	.0757	20	.0402
		0	.0020	21	.2783	21	.1602	21	.0881	21	.0471
n = 7		1	.0039	22	.3125	22	.1826	22	.1018	22	.0549
0	.0078	2	.0059	23	.3477	23	.2065	23	.1167	23	.0636
1	.0156	3	.0098	24	.3848	24	.2324	24	.1331	24	.0732
2	.0234	4	.0137	25	.4229	25	.2598	25	.1506	25	.0839
3	.0391	5	.0195	26	.4609	26	.2886	26	.1697	26	.0955
4	.0547	6	.0273	27	.5000	27	.3188	27	.1902	27	.1082
5	.0781	7	.0371			28	.3501	28	.2119	28	.1219
6	.1094	8	.0488			29	.3823	29	.2349	29	.1367
7	.1484	9	.0645			30	.4155	30	.2593	30	.1527
8	.1875	10	.0820			31	.4492	31	.2847	31	.1698
9	.2344	11	.1016			32	.4829	32	.3110	32	.1879
10	.2891	12	.1250			33	.5171	33	.3386	33	.2072
11	.3438	13	.1504					34	.3667	34	.2274
12	.4061	14	.1797					35	.3955	35	.2487
13	.4688	15	.2129					36	.4250	36	.2709
14	.5313	16	.2481					37	.4548	37	.2939

附表 3 续一．　Wilcoxon 符号秩统计量左尾概率表: $p = P(W \leqslant w)$

w	p	w	p	w	p	w	p	w	p
$n = 14$		$n = 15$		$n = 16$		$n = 17$		$n = 18$	
0	.0001	1	.0001	3	.0001	4	.0001	6	.0001
1	.0001	2	.0001	4	.0001	5	.0001	7	.0001
2	.0002	3	.0002	5	.0002	6	.0001	8	.0001
3	.0003	4	.0002	6	.0002	7	.0001	9	.0001
4	.0004	5	.0003	7	.0003	8	.0002	10	.0002
5	.0006	6	.0004	8	.0004	9	.0003	11	.0002
6	.0009	7	.0006	9	.0005	10	.0003	12	.0003
7	.0012	8	.0008	10	.0007	11	.0004	13	.0003
8	.0015	9	.0010	11	.0008	12	.0005	14	.0004
9	.0020	10	.0013	12	.0011	13	.0007	15	.0005
10	.0026	11	.0017	13	.0013	14	.0008	16	.0006
11	.0034	12	.0021	14	.0017	15	.0010	17	.0008
12	.0043	13	.0027	15	.0021	16	.0013	18	.0010
13	.0054	14	.0034	16	.0026	17	.0016	19	.0012
14	.0067	15	.0042	17	.0031	18	.0019	20	.0014
15	.0083	16	.0051	18	.0038	19	.0023	21	.0017
16	.0101	17	.0062	19	.0046	20	.0028	22	.0020
17	.0123	18	.0075	20	.0055	21	.0033	23	.0024
18	.0148	19	.0090	21	.0065	22	.0040	24	.0028
19	.0176	20	.0108	22	.0078	23	.0047	25	.0033
20	.0209	21	.0128	23	.0091	24	.0055	26	.0038
21	.0247	22	.0151	24	.0107	25	.0064	27	.0045
22	.0290	23	.0177	25	.0125	26	.0075	28	.0052
23	.0338	24	.0206	26	.0145	27	.0087	29	.0060
24	.0392	25	.0240	27	.0168	28	.0101	30	.0069
25	.0453	26	.0277	28	.0193	29	.0116	31	.0080
26	.0520	27	.0319	29	.0222	30	.0133	32	.0091
27	.0594	28	.0365	30	.0253	31	.0153	33	.0104
28	.0676	29	.0416	31	.0288	32	.0174	34	.0118
29	.0765	30	.0473	32	.0327	33	.0198	35	.0134
30	.0863	31	.0535	33	.0370	34	.0224	36	.0152
31	.0969	32	.0603	34	.0416	35	.0253	37	.0171
32	.1083	33	.0677	35	.0467	36	.0284	38	.0192
33	.1206	34	.0757	36	.0523	37	.0319	39	.0216
34	.1338	35	.0844	37	.0583	38	.0357	40	.0241
35	.1479	36	.0938	38	.0649	39	.0398	41	.0269
36	.1629	37	.1039	39	.0719	40	.0443	42	.0300
37	.1788	38	.1147	40	.0795	41	.0492	43	.0333
38	.1955	39	.1262	41	.0877	42	.0544	44	.0368

附表 3 续二. Wilcoxon 符号秩统计量左尾概率表: $p = P(W \leqslant w)$

w	p	w	p	w	p	w	p	w	p	w	p
n = 18		n = 19		n = 19		n = 20		n = 20		n = 21	
45	0.0407	16	.0003	65	.1206	27	.0012	76	.1471	31	.0011
46	.0449	17	.0004	66	.1290	28	.0014	77	.1559	32	.0012
47	.0494	18	.0005	67	.1377	29	.0016	78	.1650	33	.0014
48	.0542	19	.0006	68	.1467	30	.0018	79	.1744	34	.0016
49	.0594	20	.0007	69	.1562	31	.0021	80	.1841	35	.0019
50	.0649	21	.0008	70	.1660	32	.0024	81	.1942	36	.0021
51	.0708	22	.0010	71	.1762	33	.0028	82	.2045	37	.0024
52	.0770	23	.0012	72	.1868	34	.0032	83	.2152	38	.0028
53	.0837	24	.0014	73	.1977	35	.0036	84	.2262	39	.0031
54	.0907	25	.0017	74	.2090	36	.0042	85	.2375	40	.0036
55	.0982	26	.0020	75	.2207	37	.0047	86	.2490	41	.0040
56	.1061	27	.0023	76	.2327	38	.0053	87	.2608	42	.0045
57	.1144	28	.0027	77	.2450	39	.0060	88	.2729	43	.0051
58	.1231	29	.0031	78	.2576	40	.0068	89	.2853	44	.0057
59	.1323	30	.0036	79	.2706	41	.0077	90	.2979	45	.0063
60	.1419	31	.0041	80	.2839	42	.0086	91	.3108	46	.0071
61	.1519	32	.0047	81	.2974	43	.0096	92	.3238	47	.0079
62	.1624	33	.0054	82	.3113	44	.0107	93	.3371	48	.0088
63	.1733	34	.0062	83	.3254	45	.0120	94	.3506	49	.0097
64	.1846	35	.0070	84	.3397	46	.0133	95	.3643	50	.0108
65	.1964	36	.0080	85	.3543	47	.0148	96	.3781	51	.0119
66	.2086	37	.0090	86	.3690	48	.0164	97	.3921	52	.0132
67	.2211	38	.0102	87	.3840	49	.0181	98	.4062	53	.0145
68	.2341	39	.0115	88	.3991	50	.0200	99	.4204	54	.0160
69	.2475	40	.0129	89	.4144	51	.0220	100	.4347	55	.0175
70	.2613	41	.0145	90	.4298	52	.0242	101	.4492	56	.0192
71	.2754	42	.0162	91	.4453	53	.0266	102	.4636	57	.0210
72	.2899	43	.0180	92	.4609	54	.0291	103	.4782	58	.0230
73	.3047	44	.0201	93	.4765	55	.0319	104	.4927	59	.0251
74	.3198	45	.0223	94	.4922	56	.0348	105	.5073	60	.0273
75	.3353	46	.0247	95	.5078	57	.0379	n = 21		61	.0298
76	.3509	47	.0273	n = 20		58	.0413	14	.0001	62	.0323
77	.3669	48	.0301	11	.0001	59	.0448	15	.0001	63	.0351
78	.3830	49	.0331	12	.0001	60	.0487	16	.0001	64	.0380
79	.3994	50	.0364	13	.0001	61	.0527	17	.0001	65	.0411
80	.4159	51	.0399	14	.0001	62	.0570	18	.0001	66	.0444
81	.4325	52	.0437	15	.0001	63	.0615	19	.0001	67	.0479
82	.4493	53	.0478	16	.0002	64	.0664	20	.0002	68	.0516
83	.4661	54	.0521	17	.0002	65	.0715	21	.0002	69	.0555
84	.4831	55	.0567	18	.0002	66	.0768	22	.0003	70	.0597
85	.5000	56	.0616	19	.0003	67	.0825	23	.0003	71	.0640
n = 19		57	.0668	20	.0004	68	.0884	24	.0004	72	.0686
9	.0001	58	.0723	21	.0004	69	.0947	25	.0004	73	.0735
10	.0001	59	.0782	22	.0005	70	.1012	26	.0005	74	.0786
11	.0001	60	.0844	23	.0006	71	.1081	27	.0006	75	.0839
12	.0001	61	.0909	24	.0007	72	.1153	28	.0007	76	.0895
13	.0002	62	.0978	25	.0008	73	.1227	29	.0008	77	.0953
14	.0002	63	.1051	26	.0010	74	.1305	30	.0009	78	.1015
15	.0003	64	.1127			75	.1387			79	.1078

附表 4. Wilcoxon(Mann-Whitney) 秩和统计量左尾概率表 $P(W \leqslant w|m,n)$

					$m = 3$					
w	$n=3$	$n=4$	$n=5$	$n=6$	$n=7$	$n=8$	$n=9$	$n=10$	$n=11$	$n=12$
0	.05	.0286	.0179	.0119	.0083	.0061	.0045	.0035	.0027	.0022
1	.10	.0571	.0357	.0238	.0167	.0121	.0091	.0070	.0055	.0044
2	.20	.1143	.0714	.0476	.0333	.0242	.0182	.0140	.0110	.0088
3	.35	.2000	.1250	.0833	.0583	.0424	.0318	.0245	.0192	.0154
4	.50	.3143	.1964	.1310	.0917	.0667	.0500	.0385	.0302	.0242
5	.65	.4286	.2857	.1905	.1333	.0970	.0727	.0559	.0440	.0352
6	.80	.5714	.3929	.2738	.1917	.1394	.1045	.0804	.0632	.0505
7	.90	.6857	.5000	.3571	.2583	.1879	.1409	.1084	.0852	.0681
8	.95	.8000	.6071	.4524	.3333	.2485	.1864	.1434	.1126	.0901
9	1	.8857	.7143	.5476	.4167	.3152	.2409	.1853	.1456	.1165
10		.9429	.8036	.6429	.5000	.3879	.3000	.2343	.1841	.1473
11		.9714	.8750	.7262	.5833	.4606	.3636	.2867	.2280	.1824
12		1	.9286	.8095	.6667	.5394	.4318	.3462	.2775	.2242
13			.9643	.8690	.7417	.6121	.5000	.4056	.3297	.2681
14			.9821	.9167	.8083	.6848	.5682	.4685	.3846	.3165
15			.0000	.9524	.8667	.7515	.6364	.5315	.4423	.3670
16			1	.9762	.9083	.8121	.7000	.5944	.5000	.4198
17				.9881	.9417	.8606	.7591	.6538	.5577	.4725
18				.0000	.9667	.9030	.8136	.7133	.6154	.5275

					$m = 4$					
w		$n=4$	$n=5$	$n=6$	$n=7$	$n=8$	$n=9$	$n=10$	$n=11$	$n=12$
0		.0143	.0079	.0048	.0030	.0020	.0014	.0010	.0007	.0005
1		.0286	.0159	.0095	.0061	.0040	.0028	.0020	.0015	.0011
2		.0571	.0317	.0190	.0121	.0081	.0056	.0040	.0029	.0022
3		.1000	.0556	.0333	.0212	.0141	.0098	.0070	.0051	.0038
4		.1714	.0952	.0571	.0364	.0242	.0168	.0120	.0088	.0066
5		.2429	.1429	.0857	.0545	.0364	.0252	.0180	.0132	.0099
6		.3429	.2063	.1286	.0818	.0545	.0378	.0270	.0198	.0148
7		.4429	.2778	.1762	.1152	.0768	.0531	.0380	.0278	.0209
8		.5571	.3651	.2381	.1576	.1071	.0741	.0529	.0388	.0291
9		.6571	.4524	.3048	.2061	.1414	.0993	.0709	.0520	.0390
10		.7571	.5476	.3810	.2636	.1838	.1301	.0939	.0689	.0516
11		.8286	.6349	.4571	.3242	.2303	.1650	.1199	.0886	.0665
12		.9000	.7222	.5429	.3939	.2848	.2070	.1518	.1128	.0852
13		.9429	.7937	.6190	.4636	.3414	.2517	.1868	.1399	.1060
14		.9714	.8571	.6952	.5364	.4040	.3021	.2268	.1714	.1308
15		.9857	.9048	.7619	.6061	.4667	.3552	.2697	.2059	.1582
16		1	.9444	.8238	.6758	.5333	.4126	.3177	.2447	.1896
17			.9683	.8714	.7364	.5960	.4699	.3666	.2857	.2231
18			.9841	.9143	.7939	.6586	.5301	.4196	.3304	.2604
19			.9921	.9429	.8424	.7152	.5874	.4725	.3766	.2995
20			1	.9667	.8848	.7697	.6448	.5275	.4256	.3418
21				.9810	.9182	.8162	.6979	.5804	.4747	.3852
22				.9905	.9455	.8586	.7483	.6334	.5253	.4308
23				.9952	.9636	.8929	.7930	.6823	.5744	.4764
24				1	.9788	.9232	.8350	.7303	.6234	.5236

附表 4 续一．　Wilcoxon(Mann-Whitney) 秩和统计量左尾概率表 $P(W \leqslant w|m, n)$

			$m = 5$						$m = 7$		
w	$n = 5$	$n = 6$	$n = 7$	$n = 8$	$n = 9$	$n = 10$	w	$n = 7$	$n = 8$	$n = 9$	$n = 10$
0	.0040	.0022	.0013	.0008	.0005	.0003	0	.0003	.0002	.0001	.0001
1	.0079	.0043	.0025	.0016	.0010	.0007	1	.0006	.0003	.0002	.0001
2	.0159	.0087	.0051	.0031	.0020	.0013	2	.0012	.0006	.0003	.0002
3	.0278	.0152	.0088	.0054	.0035	.0023	3	.0020	.0011	.0006	.0004
4	.0476	.0260	.0152	.0093	.0060	.0040	4	.0035	.0019	.0010	.0006
5	.0754	.0411	.0240	.0148	.0095	.0063	5	.0055	.0030	.0017	.0010
6	.1111	.0628	.0366	.0225	.0145	.0097	6	.0087	.0047	.0026	.0015
7	.1548	.0887	.0530	.0326	.0210	.0140	7	.0131	.0070	.0039	.0023
8	.2103	.1234	.0745	.0466	.0300	.0200	8	.0189	.0103	.0058	.0034
9	.2738	.1645	.1010	.0637	.0415	.0276	9	.0265	.0145	.0082	.0048
10	.3452	.2143	.1338	.0855	.0559	.0376	10	.0364	.0200	.0115	.0068
11	.4206	.2684	.1717	.1111	.0734	.0496	11	.0487	.0270	.0156	.0093
12	.5000	.3312	.2159	.1422	.0949	.0646	12	.0641	.0361	.0209	.0125
13	.5794	.3961	.2652	.1772	.1199	.0823	13	.0825	.0469	.0274	.0165
14	.6548	.4654	.3194	.2176	.1489	.1032	14	.1043	.0603	.0356	.0215
15	.7262	.5346	.3775	.2618	.1818	.1272	15	.1297	.0760	.0454	.0277
16	.7897	.6039	.4381	.3108	.2188	.1548	16	.1588	.0946	.0571	.0351
17	.8452	.6688	.5000	.3621	.2592	.1855	17	.1914	.1159	.0708	.0439
18	.8889	.7316	.5619	.4165	.3032	.2198	18	.2279	.1405	.0869	.0544
19	.9246	.7857	.6225	.4716	.3497	.2567	19	.2675	.1678	.1052	.0665
20	.9524	.8355	.6806	.5284	.3986	.2970	20	.3100	.1984	.1261	.0806
21	.9722	.8766	.7348	.5835	.4491	.3393	21	.3552	.2317	.1496	.0966
22	.9841	.9113	.7841	.6379	.5000	.3839	22	.4024	.2679	.1755	.1148
23	.9921	.9372	.8283	.6892	.5509	.4296	23	.4508	.3063	.2039	.1349
24	.9960	.9589	.8662	.7382	.6014	.4765	24	.5000	.3472	.2349	.1574
25	1	.9740	.8990	.7824	.6503	.5235	25	.5492	.3894	.2680	.1819

			$m = 6$				26	.5976	.4333	.3032	.2087
w	$n = 6$	$n = 7$	$n = 8$	$n = 9$	$n = 10$		27	.6448	.4775	.3403	.2374
0	.0011	.0006	.0003	.0002	.0001		28	.6900	.5225	.3788	.2681
1	.0022	.0012	.0007	.0004	.0002		29	.7325	.5667	.4185	.3004
2	.0043	.0023	.0013	.0008	.0005		30	.7721	.6106	.4591	.3345
3	.0076	.0041	.0023	.0014	.0009		31	.8086	.6528	.5000	.3698
4	.0130	.0070	.0040	.0024	.0015		32	.8412	.6937	.5409	.4063
5	.0206	.0111	.0063	.0038	.0024		33	.8703	.7321	.5815	.4434
6	.0325	.0175	.0100	.0060	.0037		34	.8957	.7683	.6212	.4811
7	.0465	.0256	.0147	.0088	.0055		35	.9175	.8016	.6597	.5189
8	.0660	.0367	.0213	.0128	.0080						
9	.0898	.0507	.0296	.0180	.0112						
10	.1201	.0688	.0406	.0248	.0156						
11	.1548	.0903	.0539	.0332	.0210						
12	.1970	.1171	.0709	.0440	.0280						
13	.2424	.1474	.0906	.0567	.0363						
14	.2944	.1830	.1142	.0723	.0467						
15	.3496	.2226	.1412	.0905	.0589						
16	.4091	.2669	.1725	.1119	.0736						
17	.4686	.3141	.2068	.1361	.0903						
18	.5314	.3654	.2454	.1638	.1099						
19	.5909	.4178	.2864	.1942	.1317						
20	.6504	.4726	.3310	.2280	.1566						
21	.7056	.5274	.3773	.2643	.1838						
22	.7576	.5822	.4259	.3035	.2139						
23	.8030	.6346	.4749	.3445	.2461						
24	.8452	.6859	.5251	.3878	.2811						
25	.8799	.7331	.5741	.4320	.3177						

附表 4 续二. **Wilcoxon(Mann-Whitney) 秩和统计量分布左尾概率表** $P(W \leqslant w|m,n)$

	$m=8$				$m=9$			$m=10$
w	$n=8$	$n=9$	$n=10$	w	$n=9$	$n=10$	w	$n=10$
0	.0001	.0000	.0000	0	.0000	.0000	0	.0000
1	.0002	.0001	.0000	1	.0000	.0000	1	.0000
2	.0003	.0002	.0001	2	.0001	.0000	2	.0000
3	.0005	.0003	.0002	3	.0001	.0001	3	.0000
4	.0009	.0005	.0003	4	.0002	.0001	4	.0001
5	.0015	.0008	.0004	5	.0004	.0002	5	.0001
6	.0023	.0012	.0007	6	.0006	.0003	6	.0002
7	.0035	.0019	.0010	7	.0009	.0005	7	.0002
8	.0052	.0028	.0015	8	.0014	.0007	8	.0004
9	.0074	.0039	.0022	9	.0020	.0011	9	.0005
10	.0103	.0056	.0031	10	.0028	.0015	10	.0008
11	.0141	.0076	.0043	11	.0039	.0021	11	.0010
12	.0190	.0103	.0058	12	.0053	.0028	12	.0014
13	.0249	.0137	.0078	13	.0071	.0038	13	.0019
14	.0325	.0180	.0103	14	.0094	.0051	14	.0026
15	.0415	.0232	.0133	15	.0122	.0066	15	.0034
16	.0524	.0296	.0171	16	.0157	.0086	16	.0045
17	.0652	.0372	.0217	17	.0200	.0110	17	.0057
18	.0803	.0464	.0273	18	.0252	.0140	18	.0073
19	.0974	.0570	.0338	19	.0313	.0175	19	.0093
20	.1172	.0694	.0416	20	.0385	.0217	20	.0116
21	.1393	.0836	.0506	21	.0470	.0267	21	.0144
22	.1641	.0998	.0610	22	.0567	.0326	22	.0177
23	.1911	.1179	.0729	23	.0680	.0394	23	.0216
24	.2209	.1383	.0864	24	.0807	.0474	24	.0262
25	.2527	.1606	.1015	25	.0951	.0564	25	.0315
26	.2869	.1852	.1185	26	.1112	.0667	26	.0376
27	.3227	.2117	.1371	27	.1290	.0782	27	.0446
28	.3605	.2404	.1577	28	.1487	.0912	28	.0526
29	.3992	.2707	.1800	29	.1701	.1055	29	.0615
30	.4392	.3029	.2041	30	.1933	.1214	30	.0716
31	.4796	.3365	.2299	31	.2181	.1388	31	.0827
32	.5204	.3715	.2574	32	.2447	.1577	32	.0952
33	.5608	.4074	.2863	33	.2729	.1781	33	.1088
34	.6008	.4442	.3167	34	.3024	.2001	34	.1237
35	.6395	.4813	.3482	35	.3332	.2235	35	.1399
36	.6773	.5187	.3809	36	.3652	.2483	36	.1575
37	.7131	.5558	.4143	37	.3981	.2745	37	.1763
38	.7473	.5926	.4484	38	.4317	.3019	38	.1965
39	.7791	.6285	.4827	39	.4657	.3304	39	.2179
40	.8089	.6635	.5173	40	.5000	.3598	40	.2406

附表 5.　Kruskal-Wallis 检验临界值 h_α 表: $P(H \geqslant h_\alpha) \leqslant \alpha$

n_1, n_2, n_3	$\alpha=.1$	$\alpha=.05$	$\alpha=.025$	$\alpha=.010$	$\alpha=.005$	$\alpha=.001$
2, 2, 2	3.71(.2000)	4.57(.0667)				
	4.57(.0667)					
2, 2, 3	4.46(.1048)	4.50(.0667)	5.36(.0286)			
	4.50(.0667)	4.71(.0476)				
2, 2, 4	4.17(.1048)	5.12(.0524)	5.33(.0333)	6(.0143)		
	4.46(.1000)	5.33(.0333)	5.50(.0238)			
2, 2, 5	4.29(.1217)	5.04(.0556)	5.69(.0291)	6.13(.0132)	6.53(.0079)	
	4.37(.0900)	5.16(.0344)	6.00(.0185)	6.53(.0079)		
2, 2, 6	4.44(.1079)	5.02(.0508)	5.53(.0302)	6.55(.0111)	6.65(.0079)	6.98(.0048)
	4.55(.0889)	5.35(.0381)	5.75(.0206)	6.65(.0079)	6.98(.0048)	
2, 3, 3	4.25(.1214)	5.14(.0607)	5.56(.0250)	6.25(.0107)		
	4.56(.1000)	5.36(.0321)	6.25(.0107)			
2, 3, 4	4.44(.1016)	5.40(.0508)	5.80(.0302)	6.30(.0111)	6.44(.0079)	7.00(.0048)
	4.51(.0984)	5.44(.0460)	6.00(.0238)	6.44(.0079)	7.00(.0048)	
2, 3, 5	4.49(.1008)	5.11(.0516)	5.95(.0262)	6.82(.0103)	6.95(.0056)	7.64(.0024)
	4.65(.0913)	5.25(.0492)	6.00(.0246)	6.91(.0087)	7.18(.0040)	
2, 3, 6	4.55(.1009)	5.23(.0519)	6.06(.0255)	6.73(.0113)	7.50(.0056)	8.18(.0013)
	4.68(.0853)	5.35(.0463)	6.13(.0229)	6.97(.0091)	7.52(.0048)	
2, 4, 4	4.45(.1029)	5.24(.0521)	6.08(.0254)	6.87(.0108)	7.04(.0057)	7.85(.0019)
	4.55(.0978)	5.45(.0457)	6.33(.0241)	7.04(.0057)	7.28(.0044)	
2, 4, 5	4.52(.1007)	5.27(.0505)	6.04(.0254)	7.12(.0101)	7.57(.0061)	8.11(.0014)
	4.54(.0984)	5.27(.0488)	6.07(.0248)	7.20(.0089)	7.57(.0049)	8.59(.0009)
2, 4, 6	4.44(.1036)	5.26(.0502)	6.11(.0251)	7.21(.0108)	7.82(.0052)	8.67(.0010)
	4.49(.0999)	5.34(.0491)	6.19(.0245)	7.34(.0097)	7.85(.0045)	8.83(.0007)
2, 5, 5	4.51(.100)	5.25(.0511)	6.23(.0261)	7.27(.0103)	8.08(.0055)	8.68(.0011)
	4.62(.097)	5.34(.0473)	6.35(.0249)	7.34(.0096)	8.13(.0048)	8.94(.0008)
2, 5, 6	4.47(.100)	5.32(.0506)	6.19(.0257)	7.30(.0102)	8.19(.0051)	9.18(.0012)
	4.60(.098)	5.34(.0473)	6.20(.0248)	7.38(.0098)	8.20(.0049)	9.19(.0010)
3, 3, 3	4.36(.1321)	5.60(.0500)	5.96(.0250)	6.49(.0107)	6.49(.0107)	7.20(.0036)
	4.62(.1000)	5.69(.0286)	6.49(.0107)	7.20(.0036)	7.20(.0036)	
3, 3, 4	4.70(.1010)	5.73(.0505)	6.02(.0267)	6.75(.0100)	7.00(.0062)	8.02(.0014)
	4.71(.0924)	5.79(.0457)	6.15(.0248)	7.00(.0062)	7.32(.0043)	
3, 3, 5	4.41(.109)	5.52(.0506)	6.30(.0255)	6.98(.0113)	7.52(.0054)	8.24(.0011)
	4.53(.097)	5.65(.0489)	6.32(.0212)	7.08(.0087)	7.64(.0041)	8.73(.0006)
3, 3, 6	4.54(.1034)	5.55(.0512)	6.38(.0253)	7.19(.0102)	7.62(.0061)	8.63(.0014)
	4.59(.0977)	5.62(.0497)	6.44(.0223)	7.41(.0078)	7.87(.0043)	8.69(.0010)
3, 4, 4	4.48(.1022)	5.58(.0507)	6.386(.0261)	7.136(.0107)	7.48(.0062)	8.33(.0012)
	4.55(.0990)	5.60(.0487)	6.394(.0248)	7.144(.0097)	7.60(.0042)	8.91(.0005)

附表 5 续一． **Kruskal-Wallis 检验临界值 h_α 表:** $P(H \geqslant h_\alpha) \leqslant \alpha$

n_1, n_2, n_3	$\alpha=.1$	$\alpha=.05$	$\alpha=.025$	$\alpha=.010$	$\alpha=.005$	$\alpha=.001$
3, 4, 5	4.52(.10)	5.63(.0504)	6.39(.0260)	7.39(.0109)	7.91(.0051)	8.63(.00123)
	4.55(.10)	5.66(.0486)	6.41(.0250)	7.44(.0097)	7.93(.0050)	8.79(.00094)
3, 4, 6	4.60(.102)	5.60(.0504)	6.50(.0253)	7.47(.0101)	8.03(.0052)	9.15(.00126)
	4.60(.100)	5.61(.0486)	6.54(.0250)	7.50(.0097)	8.03(.0050)	9.17(.00100)
3, 5, 5	4.54(.102)	5.63(.0508)	6.49(.0254)	7.54(.0102)	8.26(.0051)	9.05(.00111)
	4.55(.100)	5.71(.0461)	6.55(.0244)	7.58(.0097)	8.32(.0049)	9.28(.00100)
3, 5, 6	4.50(.100)	5.60(.0500)	6.62(.0256)	7.56(.0102)	8.30(.0052)	9.62(.00112)
	4.54(.099)	5.60(.0496)	6.67(.0245)	7.59(.0100)	8.31(.0048)	9.67(.00100)
4, 4, 4	4.50(.104)	5.65(.0545)	6.58(.0263)	7.54(.0107)	7.73(.0066)	8.77(.00121)
	4.65(.097)	5.69(.0487)	6.62(.0242)	7.65(.0076)	8.00(.0048)	9.27(.00052)
4, 4, 5	4.62(.100)	5.62(.0503)	6.60(.0256)	7.74(.0107)	8.16(.0052)	9.13(.00102)
	4.67(.098)	5.66(.0491)	6.67(.0243)	7.72(.0095)	8.19(.0050)	9.17(.00093)
4, 4, 6	4.52(.103)	5.67(.0505)	6.60(.0260)	7.72(.0101)	8.32(.0052)	9.63(.00103)
	4.60(.098)	5.68(.0488)	6.67(.0249)	7.80(.0099)	8.38(.0048)	9.68(.00089)
4, 5, 5	4.52(.101)	5.64(.0502)	6.67(.0254)	7.79(.0102)	8.46(.0050)	9.51(.00103)
	4.52(.099)	5.67(.0493)	6.76(.0249)	7.82(.0098)	8.52(.0048)	9.61(.00098)
5, 5, 5	4.50(.102)	5.66(.0509)	6.72(.0259)	7.98(.0105)	8.72(.0052)	9.78(.00122)
	4.56(.100)	5.78(.0488)	6.74(.0248)	8.00(.0095)	8.78(.0050)	9.92(.00100)
n_1, n_2, n_3	$\alpha=.1$	$\alpha=.05$	$\alpha=.025$	$\alpha=.010$	$\alpha=.005$	$\alpha =.001$
2, 2, 2, 2	5.50(.114)	6.00(.0667)	6.17(.0381)	6.17(.0381)	6.67(.0095)	
	5.67(.076)	6.17(.0381)	6.67(.0095)	6.67(.0095)		
2, 2, 2, 3	5.58(.106)	6.24(.0540)	6.64(.0270)	7.00(.0127)	7.13(.0079)	7.53(.00317)
	5.64(.100)	6.33(.0476)	6.98(.0175)	7.13(.0079)	7.53(.0032)	
2, 2, 2, 4	5.67(.102)	6.44(.0524)	6.98(.0289)	7.31(.0140)	7.85(.0051)	8.29(.00127)
	5.75(.093)	6.55(.0492)	7.06(.0222)	7.39(.0089)	7.96(.0032)	
2, 2, 2, 5	5.62(.100)	6.53(.0501)	7.15(.0267)	7.66(.0107)	8.02(.0058)	8.68(.00144)
	5.64(.098)	6.56(.0483)	7.21(.0250)	7.77(.0095)	8.11(.0046)	8.95(.00058)
2, 2, 3, 4	5.71(.101)	6.61(.0515)	7.32(.0251)	7.85(.0113)	8.25(.0053)	8.89(.00104)
	5.75(.100)	6.62(.0495)	7.33(.0250)	7.87(.0100)	8.27(.0043)	8.91(.00069)
2, 2, 3, 5	5.75(.101)	6.66(.0511)	7.46(.0253)	8.2(.0106)	8.63(.0052)	9.42(.00108)
	5.77(.098)	6.66(.0500)	7.47(.0250)	8.2(.0097)	8.65(.0047)	9.43(.00094)
2, 2, 4, 4	5.77(.102)	6.69(.0519)	7.52(.0250)	8.31(.0102)	8.67(.0051)	9.44(.00106)
	5.81(.099)	6.73(.0487)	7.54(.0245)	8.35(.0094)	8.69(.0049)	9.46(.00098)
2, 3, 3, 2	5.73(.100)	6.47(.0524)	7.00(.0292)	7.64(.0100)	7.73(.0081)	8.13(.00143)
	5.75(.099)	6.53(.0492)	7.05(.0232)	7.73(.0081)	7.87(.0043)	8.45(.00095)
2, 3, 3, 3	5.82(.102)	6.68(.0508)	7.47(.0258)	7.95(.0112)	8.32(.0055)	8.92(.00104)
	5.88(.100)	6.73(.0495)	7.52(.0239)	8.02(.0096)	8.38(.0038)	9.03(.00065)
2, 3, 3, 4	5.86(.100)	6.78(.0501)	7.56(.0250)	8.32(.0106)	8.72(.0050)	9.40(.00105)
	5.87(.099)	6.79(.0492)	7.56(.0249)	8.33(.0098)	8.74(.0048)	9.46(.00094)
2, 3, 3, 5	5.86(.101)	6.82(.0500)	7.65(.0253)	8.59(.0100)	9.06(.0053)	9.85(.00102)
	5.87(.100)	6.82(.0496)	7.66(.0248)	8.61(.0099)	9.06(.0049)	9.89(.00097)
2, 3, 4, 4	5.89(.101)	6.86(.0507)	7.74(.0254)	8.61(.0100)	9.15(.0050)	9.91(.00101)
	5.90(.100)	6.87(.0498)	7.75(.0250)	8.62(.0100)	9.16(.0048)	9.95(.00099)
2, 3, 4, 5	5.89(.100)	6.92(.0501)	7.80(.0250)	8.80(.0100)	9.40(.0050)	10.4(.00104)
	5.90(.099)	6.93(.0499)	7.80(.0247)	8.80(.0100)	9.40(.0050)	10.4(.00099)

附表 6.　Jonckheere-Terpstra 检验临界值 J_α 表: $P(J \geqslant J_\alpha) \leqslant \alpha$

n_1, n_2, n_3	$\alpha = .1$	$\alpha = .05$	$\alpha = .025$	$\alpha = .010$	$\alpha = .005$	$\alpha = .001$
2, 2, 2	9(.167)	10(.089)	11(.033)	12(.011)	12(.011)	12(.011)
	10(.089)	11(.033)	12(.011)	-	-	-
2, 2, 3	12(.1381)	13(.0762)	14(.0381)	15(.0143)	15(.0143)	16(.0048)
	13(.0762)	14(.0381)	15(.0143)	16(.0048)	16(.0048)	-
2, 2, 4	15(.1167)	16(.0714)	17(.0381)	18(.0190)	19(.0071)	20(.0024)
	16(.0714)	17(.0381)	18(.0190)	19(.0071)	20(.0024)	-
2, 2, 5	18(.1045)	19(.0661)	20(.0397)	22(.0106)	22(.0106)	24(.0013)
	19(.0660)	20(.0400)	21(.0210)	23(.0040)	23(.0040)	-
2, 3, 3	15(.1518)	17(.0571)	18(.0304)	19(.0143)	20(.0054)	21(.0018)
	16(.0964)	18(.0304)	19(.0143)	20(.0054)	21(.0018)	-
2, 3, 4	19(.1119)	20(.0738)	22(.0262)	23(.0135)	24(.0063)	25(.0024)
	20(.0738)	21(.0452)	23(.0135)	24(.0063)	25(.0024)	26(.0008)
2, 3, 5	22(.1242)	24(.0591)	25(.0381)	27(.0131)	28(.0067)	30(.0012)
	23(.0877)	25(.0381)	26(.0230)	28(.0067)	29(.0032)	31(.0004)
2, 3, 6	25(.1340)	27(.0714)	29(.0329)	31(.0126)	32(.0071)	34(.0017)
	26(.0996)	28(.0496)	30(.0210)	32(.0071)	33(.0037)	35(.0007)
2, 4, 4	23(.1079)	25(.0502)	26(.0321)	28(.0108)	29(.0054)	30(.0025)
	24(.0756)	26(.0321)	27(.0191)	29(.0054)	30(.0025)	31(.00095)
2, 4, 5	27(.1049)	29(.0540)	30(.0368)	32(.0150)	33(.0088)	36(.0012)
	28(.0766)	30(.0368)	31(.0240)	33(.0088)	34(.0049)	37(.0004)
2, 4, 6	31(.1025)	33(.0569)	35(.0282)	37(.0122)	38(.0076)	41(.0012)
	32(.0774)	34(.0408)	36(.0190)	38(.0076)	39(.0044)	42(.0006)
2, 4, 7	35(.1005)	37(.0592)	39(.0319)	42(.0103)	43(.0066)	46(.0013)
	36(.0780)	38(.0441)	40(.0226)	43(.0066)	44(.0041)	47(.0007)
2, 5, 5	31(.1193)	34(.0501)	35(.0357)	38(.0105)	39(.0064)	42(.0010)
	32(.0916)	35(.0356)	36(.0245)	39(.0064)	40(.0037)	43(.0005)
2, 5, 6	36(.1046)	38(.0628)	40(.0347)	43(.0118)	44(.0078)	47(.0017)
	37(.0818)	39(.0472)	41(.0249)	44(.0078)	45(.0049)	48(.0009)
2, 5, 7	40(.1159)	43(.0582)	46(.0251)	48(.0129)	50(.0060)	53(.0015)
	41(.0936)	44(.0448)	47(.0182)	49(.0089)	51(.0039)	54(.0009)
2, 6, 6	41(.1061)	44(.0526)	46(.0303)	49(.0114)	51(.0053)	54(.0013)
	42(.0853)	45(.0403)	47(.0224)	50(.0079)	52(.0034)	55(.0007)
2, 6, 7	46(.1072)	49(.0572)	52(.0270)	55(.0110)	57(.0055)	61(.0010)
	47(.0880)	50(.0452)	53(.0204)	56(.0079)	58(.0038)	62(.0006)
3, 3, 3	19(.1387)	21(.0613)	22(.0369)	24(.0107)	24(.0107)	26(.0018)
	20(.0946)	22(.0369)	23(.0208)	25(.0048)	25(.0048)	27(.0006)
3, 3, 4	23(.1300)	25(.0640)	27(.0264)	28(.0155)	29(.0086)	31(.0019)
	24(.0931)	26(.0421)	28(.0155)	29(.0086)	30(.0043)	32(.0007)
3, 3, 5	27(.1235)	29(.0662)	31(.0311)	33(.0123)	34(.0071)	36(.0019)
	28(.0918)	30(.0462)	32(.0200)	34(.0071)	35(.0039)	37(.0009)
3, 3, 6	31(.1185)	33(.0679)	35(.0351)	38(.0102)	39(.0062)	41(.0019)
	32(.0908)	34(.0495)	36(.0241)	39(.0062)	40(.0036)	42(.0010)
3, 3, 7	35(.1145)	38(.0522)	40(.0277)	42(.0132)	44(.0055)	47(.0010)
	36(.0899)	39(.0385)	41(.0194)	43(.0087)	45(.0034)	48(.0005)

附表 6 续一．　**Jonckheere-Terpstra** 检验临界值 J_α 表: $P(J \geqslant J_\alpha) \leqslant \alpha$

n_1, n_2, n_3	$\alpha = .1$	$\alpha = .05$	$\alpha = .025$	$\alpha = .010$	$\alpha = .005$	$\alpha = .001$
3, 4, 4	28(.1093)	30(.0576)	32(.0265)	34(.0103)	35(.0059)	37(.0016)
	29(.0804)	31(.0397)	33(.0169)	35(.0059)	36(.0032)	38(.0007)
3, 4, 5	32(.1227)	35(.0528)	37(.0265)	39(.0117)	40(.0073)	43(.0013)
	33(.0948)	36(.0379)	38(.0179)	40(.0073)	41(.0044)	44(.0007)
3, 4, 6	37(.1072)	39(.0651)	42(.0264)	44(.0128)	46(.0055)	49(.0011)
	38(.0843)	40(.0492)	43(.0187)	45(.0086)	47(.0034)	50(.0006)
3, 4, 7	41(.1181)	44(.0600)	47(.0263)	49(.0138)	51(.0066)	55(.0010)
	42(.0957)	45(.0464)	48(.0193)	50(.0096)	52(.0044)	56(.0006)
3, 5, 5	37(.1220)	40(.0582)	42(.0323)	45(.0112)	46(.0074)	49(.0017)
	38(.0971)	41(.0438)	43(.0232)	46(.0074)	47(.0048)	50(.00097)
3, 5, 6	42(.1214)	45(.0628)	48(.0282)	51(.0107)	53(.0050)	56(.0013)
	43(.0988)	46(.0489)	49(.0209)	52(.0074)	54(.0033)	57(.00075)
3, 5, 7	48(.1002)	51(.0533)	54(.0252)	57(.0103)	59(.0052)	62(.0016)
	49(.0822)	52(.0421)	55(.0190)	58(.0074)	60(.0036)	63(.00098)
3, 6, 6	48(.1116)	51(.0609)	54(.0297)	57(.0126)	59(.0066)	63(.0014)
	49(.0923)	52(.0486)	55(.0227)	58(.0092)	60(.0046)	64(.00085)
3, 6, 7	54(.1039)	57(.0593)	60(.0308)	64(.0108)	66(.0059)	70(.0014)
	55(.0870)	58(.0482)	61(.0242)	65(.0081)	67(.0043)	71(.0009)
4, 4, 4	33(.1099)	35(.0632)	37(.0330)	39(.0153)	41(.0061)	44(.0011)
	34(.0844)	36(.0463)	38(.0229)	40(.0099)	42(.0037)	45(.0005)
4, 4, 5	38(.1105)	41(.0518)	43(.0283)	45(.0141)	47(.0063)	50(.0014)
	39(.0874)	42(.0387)	44(.0203)	46(.0096)	48(.0040)	51(.0008)
4, 4, 6	43(.1109)	46(.0565)	48(.0334)	51(.0132)	53(.0064)	57(.0011)
	44(.0898)	47(.0438)	49(.0250)	52(.0093)	54(.0043)	58(.0006)
4, 4, 7	48(.1112)	51(.0605)	54(.0294)	57(.0125)	59(.0065)	63(.0013)
	49(.0918)	52(.0482)	55(.0224)	58(.0091)	60(.0045)	64(.0008)
4, 5, 5	44(.1014)	47(.0509)	49(.0298)	52(.0116)	54(.0056)	57(.0015)
	45(.0818)	48(.0393)	50(.0222)	53(.0081)	55(.0037)	58(.0009)
4, 5, 6	49(.1138)	53(.0502)	55(.0310)	58(.0135)	61(.0050)	64(.0015)
	50(.0944)	54(.0397)	56(.0238)	59(.0099)	62(.0035)	65(.00099)
4, 5, 7	55(.1057)	58(.0608)	62(.0252)	65(.0115)	67(.0063)	72(.0011)
	56(.0888)	59(.0496)	63(.0196)	66(.0086)	68(.0046)	73(.0007)
4, 6, 6	55(.1161)	59(.0559)	62(.0291)	66(.0103)	68(.0056)	72(.0014)
	56(.0981)	60(.0455)	63(.0229)	67(.0077)	69(.0041)	73(.0009)
4, 6, 7	62(.1013)	66(.0507)	69(.0276)	73(.0107)	75(.0062)	80(.0013)
	63(.0862)	67(.0417)	70(.0221)	74(.0082)	76(.0046)	81(.00087)
5, 5, 5	50(.1049)	53(.0572)	56(.0279)	59(.0120)	61(.0063)	65(.0013)
	51(.0867)	54(.0456)	57(.0214)	60(.0087)	62(.0044)	66(.0009)
5, 5, 6	56(.1078)	60(.0512)	63(.0264)	66(.0122)	69(.0050)	73(.0012)
	57(.0908)	61(.0415)	64(.0207)	67(.0092)	70(.0036)	74(.0008)
5, 5, 7	62(.1103)	66(.0563)	70(.0251)	73(.0124)	76(.0055)	81(.0011)
	63(.0943)	67(.0467)	71(.0201)	74(.0096)	77(.0041)	82(.0008)
5, 6, 6	63(.1030)	67(.0521)	70(.0286)	74(.0113)	76(.0066)	81(.0014)
	64(.0879)	68(.0430)	71(.0230)	75(.0087)	77(.0050)	82(.0010)
6, 6, 6	70(.1072)	74(.0580)	78(.0282)	82(.0121)	85(.0058)	91(.0010)
	71(.0929)	75(.0490)	79(.0231)	83(.0095)	86(.0045)	92(.0007)

附表 7.　Kendall 协同系数 (W) 函数 (右尾概率) 表

$p = P(W \geqslant w)$ $(k = 2, 3,\ b = 2, \cdots, 10)$ (Friedman 统计量 $Q = Wb(k-1)$)

w	p	w	p	w	p	w	p	w	p
$(k,b)=(2,2)$		$(k,b)=(3,2)$		$(k,b)=(3,6)$		$(k,b)=(3,8)$		$(k,b)=(3,10)$	
0	1.0	.00	1.00	.5278	.0521	.5625	.00990	.07	.6013
1	0.5	.25	.8333	.5833	.0289	.5781	.00797	.09	.4362
$(k,b)=(2,3)$		.75	.5000	.6944	.0120	.6094	.00477	.12	.3675
0.11	1.00	1.00	.1667	.7500	.0081	.6719	.00237	.13	.3159
1.00	0.25	$(k,b)=(3,3)$		.7778	.0055	.7500	.00111	.16	.2223
$(k,b)=(2,4)$		.00	1.00	.8611	.0017	.7656	.00086	.19	.1873
0.00	1.000	.111	.9444	1.00	.0001	.8125	.00026	.21	.1352
0.25	.625	.333	.5278	$(k,b)=(3,7)$		.8906	.00006	.25	.0924
1.00	.125	.444	.3611	.0000	1.00	1.00	.000004	.27	.0781
$(k,b)=(2,5)$		.778	.1944	.0204	.9640	$(k,b)=(3,9)$		.28	.0665
0.04	1.000	1.00	.02778	.0612	.7682	.00000	.0000	.31	.0456
0.36	.3750	$(k,b)=(3,4)$		.0816	.6197	.01234	.9712	.36	.0303
1.00	.0625	.000	1.00	.1429	.6861	.03703	.8135	.37	.0259
$(k,b)=(2,6)$		.0625	.9306	.1837	.3046	.04938	.6854	.39	.0179
0.00	1.000	.1875	.6528	.2449	.2366	.08642	.5690	.43	.0115
0.11	.6875	.2500	.4306	.2653	.1916	.11111	.3977	.48	.0075
0.44	.2188	.4375	.2732	.3265	.1118	.14815	.3285	.49	.0063
1.00	.0312	.5625	.1250	.3878	.0854	.16049	.2781	.52	.0034
$(k,b)=(2,7)$		.7500	.0694	.4286	.0515	.19753	.1870	.57	.0020
0.02	1.000	.8125	.0417	.5102	.0272	.23457	.1540	.61	.0013
0.18	.4531	1.00	.0046	.5510	.0207	.25926	.1066	.63	.0008
0.51	.1250	$(k,b)=(3,5)$		.5714	.0162	.30864	.0689	.64	.0005
1.00	.0156	.00	1.00	.6327	.0084	.33333	.0570	.67	.0004
$(k,b)=(2,8)$		.04	.9537	.7347	.0036	.34568	.0476	.73	.0002
0.000	1.0000	.12	.6914	.7551	.0027	.38272	.0307	.75	.0001
0.062	.7266	.16	.5216	.7959	.0012	.44444	.0190	.76	.00009
0.250	.2891	.28	.3673	.8776	.0003	.45679	.0158	.79	.00004
0.562	.0703	.36	.1821	1.00	.00002	.48148	.0103	.81	.00002
1.000	.0078	.48	.1242	$(k,b)=(3,8)$		.53086	.0060	.84	.00001
$(k,b)=(2,9)$		.52	.0934	.0000	.0000	.59259	.0035	.91	.00000
0.012	1.0000	.64	.0394	.0156	.96737	.60494	.0029	1.00	.00000
0.111	.5078	.76	.0239	.0469	.79433	.64198	.0013		
0.309	.1797	.84	.0085	.0625	.65430	.70370	.0007		
0.605	.0391	1.00	.0008	.1094	.53057	.75309	.0003		
1.000	.0039	$(k,b)=(3,6)$		.1406	.35533	.77778	.0002		
$(k,b)=(2,10)$		.000	1.00	.1875	.28511	.79012	.0001		
0.00	1.000	.0278	.9563	.2031	.23590	.82716	.00005		
0.04	.7539	.0833	.7402	.2500	.14948	.90123	.00001		
0.16	.3438	.1111	.5705	.2969	.11972	1.00	.00000		
0.36	.1094	.1944	.4297	.3281	.07891	$(k,b)=(3,10)$			
0.64	.0215	.2500	.2522	.3906	.04691	.00	.0000		
1.00	.0020	.3333	.1840	.4219	.03751	.01	.9737		
		.3611	.1416	.4375	.03030	.03	.8302		
		.4444	.0721	.4844	.01790	.04	.7103		

附表 7 续一． Kendall 协同系数 (W) 函数（右尾概率）表

$$p = P(W \geqslant w) \ (k = 4, 5, 6, \ b = 2, \cdots, 5)(\text{Friedman 统计量 } Q = Wb(k-1))$$

w	p	w	p	w	p	w	p	w	p
$(k,b)=(4,2)$		$(k,b)=(4,4)$		$(k,b)=(4,5)$		$(k,b)=(5,2)$		$(k,b)=(5,3)$	
.0	1.000	.375	.2417	0.456	.0755	0.95	0.0417	0.911	.0028
.1	.9583	.400	.2000	0.472	.0666	1.00	0.0083	0.956	.0009
.2	.8333	.425	.1897	0.488	.0548	$(k,b)=(5,3)$		1.000	.00007
.3	.7917	.450	.1585	0.520	.0443	0.000	1.000	$(k,b)=(6,2)$	
.4	.6250	.475	.1411	0.536	.0336	0.022	.9996	.0000	1.000
.5	.5417	.500	.1053	0.552	.0314	0.044	.9883	.0286	.9986
.6	.4583	.525	.0944	0.584	.0226	0.067	.9717	.0571	.9917
.7	.3750	.550	.0770	0.600	.0196	0.089	.9408	.0857	.9833
.8	.2083	.575	.0678	0.616	.0167	0.111	.9137	.1143	.9708
.9	.1667	.600	.0539	0.648	.0120	0.133	.8448	.1429	.9486
1.0	.0417	.625	.0517	0.664	.0087	0.156	.8312	.1714	.9319
$(k,b)=(4,3)$		.650	.0364	0.680	.0067	0.178	.7678	.2000	.9125
.022	1.000	.675	.0329	0.712	.0055	0.200	.7199	.2286	.8792
.067	.9583	.700	.0190	0.728	.0031	0.222	.6825	.2571	.8514
.111	.9097	.725	.0141	0.744	.0023	0.244	.6492	.2857	.8222
.200	.7274	.775	.0115	0.776	.0018	0.267	.5946	.3143	.7903
.244	.6076	.800	.0069	0.792	.0016	0.289	.5587	.3429	.7514
.289	.5243	.825	.0062	0.808	.0012	0.311	.4927	.3714	.7181
.378	.4462	.850	.0027	0.840	.0006	0.333	.4752	.4000	.6708
.422	.3420	.900	.0016	0.856	.0003	0.356	.4323	.4286	.6431
.467	.3003	.925	.0009	0.872	.0002	0.378	.4056	.4571	.5986
.556	.2066	1.00	.00007	0.904	.0001	0.400	.3469	.4857	.5403
.600	.1753	$(k,b)=(4,5)$		0.936	.00005	0.422	.3260	.5143	.5000
.644	.1476	0.008	1.000	1.000	.000003	0.444	.2906	.5429	.4597
.733	.0747	0.024	.9746	$(k,b)=(5,2)$		0.467	.2531	.5714	.4014
.778	.0538	0.040	.9438	0.00	1.0000	0.489	.2360	.6000	.3569
.822	.0330	0.072	.8566	0.05	0.9917	0.511	.2127	.6286	.3292
.911	.0174	0.088	.7709	0.10	0.9583	0.533	.1723	.6571	.2819
1.0	.0017	0.104	.7090	0.15	0.9333	0.556	.1626	.6857	.2486
$(k,b)=(4,4)$		0.136	.6522	0.20	0.8833	0.578	.1272	.7143	.2097
.000	1.0000	0.152	.5612	0.25	0.8250	0.600	.1172	.7429	.1778
.025	.9924	0.168	.5206	0.30	0.7750	0.622	.0959	.7714	.1486
.050	.9282	0.200	.4446	0.35	0.7417	0.644	.0801	.8000	.1208
.075	.9004	0.216	.4076	0.40	0.6583	0.667	.0634	.8286	.0875
.100	.7997	0.232	.3720	0.45	0.6083	0.689	.0559	.8571	.0681
.125	.7539	0.264	.2982	0.50	0.5250	0.711	.0455	.8857	.0514
.150	.6766	0.280	.2603	0.55	0.4750	0.733	.0376	.9143	.0292
.175	.6489	0.296	.2261	0.60	0.3917	0.756	.0284	.9429	.0167
.200	.5239	0.328	.2096	0.65	0.3417	0.778	.0259	.9714	.0083
.225	.5076	0.344	.1616	0.70	0.2583	0.800	.0172	1.000	.0014
.250	.4321	0.360	.1514	0.75	0.2250	0.822	.0151		
.275	.3893	0.392	.1232	0.80	0.1750	0.844	.0078		
.300	.3545	0.408	.1066	0.85	0.1167	0.867	.0053		
.325	.3241	0.424	.0933	0.90	0.0667	0.889	.0040		

附表 8.　**Page 检验 (右尾概率) 表** $p = P(L \geq l)$ $(k = 2, 3,\ b = 2, \cdots, 10)$

l	p	l	p	l	p	l	p	l	p	l	p
$(k,b)=(2,2)$		$(k,b)=(2,8)$		$(k,b)=(3,3)$		$(k,b)=(3,6)$		$(k,b)=(3,7)$		$(k,b)=(3,9)$	
8	1.00	38	.1445	38	.2778	60	1.000	89	.1173	90	1.000
9	.75	39	.0352	39	.1528	61	1.000	90	.0716	91	1.000
10	.25	40	.0039	40	.0880	62	.9997	91	.0409	92	1.000
$(k,b)=(2,3)$		$(k,b)=(2,9)$		41	.0324	63	.9984	92	.0211	93	1.000
12	1.000	36	1.0000	42	.0046	64	.9947	93	.0097	94	.9999
13	.875	37	.9980	$(k,b)=(3,4)$		65	.9869	94	.0040	95	.9997
14	.500	38	.9805	40	1.000	66	.9712	95	.0014	96	.9991
15	.125	39	.9102	41	.9992	67	.9428	96	.0004	97	.9976
$(k,b)=(2,4)$		40	.7461	42	.9931	68	.9004	97	.00005	98	.9946
16	1.000	41	.5000	43	.9745	69	.8404	98	.00000	99	.9887
17	.9375	42	.2539	44	.9437	70	.7583	$(k,b)=(3,8)$		100	.9785
18	.6875	43	.0898	45	.8912	71	.6631	80	1.000	101	.9619
19	.3125	44	.0195	46	.7986	72	.5577	81	1.000	102	.9367
20	.0625	45	.0020	47	.6937	73	.4423	82	1.000	103	.9010
$(k,b)=(2,5)$		$(k,b)=(2,10)$		48	.5764	74	.3369	83	.9999	104	.8528
20	1.000	40	1.000	49	.4236	75	.2417	84	.9996	105	.7918
21	.9688	41	.9990	50	.3063	76	.1596	85	.9988	106	.7190
22	.8125	42	.9893	51	.2014	77	.0996	86	.9969	107	.6358
23	.5000	43	.9453	52	.1088	78	.0572	87	.9927	108	.5458
24	.1875	44	.8281	53	.0563	79	.0288	88	.9846	109	.4542
25	.0313	45	.6230	54	.0255	80	.0131	89	.9705	110	.3642
$(k,b)=(2,6)$		46	.3770	55	.0069	81	.0053	90	.9479	111	.2810
24	1.000	47	.1719	56	.0008	82	.0016	91	.9138	112	.2082
25	.9844	48	.0547	$(k,b)=(3,5)$		83	.0003	92	.8669	113	.1472
26	.8906	49	.0107	50	1.0000	84	.00002	93	.8058	114	.0990
27	.6562	50	.0010	51	.9999	$(k,b)=(3,7)$		94	.7299	115	.0633
28	.3438	$(k,b)=(3,2)$		52	.9986	70	1.000	95	.6433	116	.0381
29	.1094	20	1.000	53	.9934	71	1.000	96	.5491	117	.0215
30	.0156	21	.9722	54	.9819	72	.9999	97	.4509	118	.0113
$(k,b)=(2,7)$		22	.8611	55	.9606	73	.9996	98	.3567	119	.0054
28	1.000	23	.7500	56	.9205	74	.9986	99	.2701	120	.0023
29	.9922	24	.6389	57	.8588	75	.9960	100	.1942	121	.0009
30	.9375	25	.3611	58	.7816	76	.9903	101	.1331	122	.0003
31	.7734	26	.2500	59	.6775	77	.9789	102	.0862	123	.00008
32	.5000	27	.1389	60	.5566	78	.9591	103	.0520	124	.00002
33	.2266	28	.0278	61	.4434	79	.9284	104	.0295	125	.00000
34	.0625	$(k,b)=(3,3)$		62	.3225	80	.8827	105	.0154	126	.00000
35	.0078	30	1.000	63	.2184	81	.8205	106	.0073		
$(k,b)=(2,8)$		31	.9954	64	.1412	82	.7442	107	.0031		
32	1.000	32	.9676	65	.0795	83	.6524	108	.0012		
33	.9961	33	.9120	66	.0394	84	.5510	109	.0004		
34	.9648	34	.8472	67	.0181	85	.4490	110	.00008		
35	.8555	35	.7222	68	.0066	86	.3476	111	.00001		
36	.6367	36	.5556	69	.0014	87	.2558	112	.00000		
37	.3633	37	.4444	70	.0001	88	.1795				

附表 8 续一.　**Page 检验 (右尾概率) 表** $p = P(L \geqslant l)$ $(k = 4, 5,\ b = 2, \cdots, 5)$

l	p	l	p	l	p	l	p	l	p	l	p
$(k,b)=(4,2)$		$(k,b)=(4,3)$		$(k,b)=(4,4)$		$(k,b)=(4,5)$		$(k,b)=(5,2)$		$(k,b)=(5,3)$	
40	1.000	83	.0702	116	.0017	139	.0167	102	.0545	140	.3085
41	.9983	84	.0446	117	.0007	140	.0106	103	.0381	141	.2699
42	.9878	85	.0281	118	.0002	141	.0065	104	.0261	142	.2341
43	.9688	86	.0148	119	.00004	142	.0037	105	.0168	143	.2004
44	.9444	87	.0070	120	.00000	143	.0020	106	.0096	144	.1701
45	.8941	88	.0029	$(k,b)=(4,5)$		144	.0010	107	.0046	145	.1422
46	.8524	89	.0007	100	1.000	145	.0004	108	.0022	146	.1177
47	.7899	90	.00007	101	1.000	146	.0002	109	.0006	147	.0960
48	.7205	$(k,b)=(4,4)$		102	1.000	147	.00006	110	.00007	148	.0773
49	.6337	80	1.000	103	1.000	148	.00001	$(k,b)=(5,3)$		149	.0611
50	.5573	81	1.000	104	.9999	149	.00000	105	1.000	150	.0476
51	.4427	82	1.000	105	.9998	150	.00000	106	1.000	151	.0363
52	.3663	83	.9998	106	.9996	$(k,b)=(5,2)$		107	1.000	152	.0272
53	.2795	84	.9993	107	.9990	70	1.000	108	1.000	153	.0198
54	.2101	85	.9983	108	.9980	71	.9999	109	.9999	154	.0141
55	.1476	86	.9961	109	.9963	72	.9994	110	.9997	155	.0097
56	.1059	87	.9925	110	.9935	73	.9978	111	.9993	156	.0065
57	.0556	88	.9870	111	.9894	74	.9953	112	.9986	157	.0041
58	.0313	89	.9783	112	.9833	75	.9904	113	.9975	158	.0025
59	.0121	90	.9663	113	.9747	76	.9832	114	.9959	159	.0014
60	.0017	91	.9496	114	.9630	77	.9739	115	.9935	160	.0007
$(k,b)=(4,3)$		92	.9276	115	.9476	78	.9619	116	.9903	161	.0003
60	1.000	93	.8992	116	.9278	79	.9455	117	.9859	162	.0001
61	.9999	94	.8650	117	.9034	80	.9274	118	.9802	163	.00004
62	.9993	95	.8228	118	.8735	81	.9038	119	.9729	164	.00001
63	.9971	96	.7756	119	.8384	82	.8769	120	.9637	165	.00000
64	.9930	97	.7212	120	.7977	83	.8444	121	.9524		
65	.9852	98	.6625	121	.7520	84	.8102	122	.9389		
66	.9719	99	.5987	122	.7012	85	.7688	123	.9227		
67	.9554	100	.5340	123	.6470	86	.7280	124	.9040		
68	.9298	101	.4660	124	.5892	87	.6798	125	.8823		
69	.8983	102	.4013	125	.5301	88	.6323	126	.8578		
70	.8574	103	.3375	126	.4699	89	.5792	127	.8299		
71	.8088	104	.2788	127	.4108	90	.5290	128	.7996		
72	.7470	105	.2244	128	.3530	91	.4710	129	.7659		
73	.6852	106	.1772	129	.2988	92	.4208	130	.7301		
74	.6103	107	.1350	130	.2480	93	.3677	131	.6915		
75	.5380	108	.1008	131	.2023	94	.3202	132	.6515		
76	.4620	109	.0724	132	.1616	95	.2720	133	.6091		
77	.3897	110	.0504	133	.1265	96	.2312	134	.5663		
78	.3148	111	.0337	134	.0966	97	.1898	135	.5219		
79	.2530	112	.0217	135	.0722	98	.1556	136	.4781		
80	.1912	113	.0130	136	.0524	99	.1231	137	.4337		
81	.1426	114	.0075	137	.0370	100	.0962	138	.3909		
82	.1017	115	.0039	138	.0253	101	.0726	139	.3485		

附表 9. χ^2 分布临界值 c 表: $P(\chi^2 \leqslant c) = \alpha$

自由度	左尾概率 α									
d.f.	.005	.01	.025	.05	.10	.90	.95	.975	.99	.995
1	0.0000393	0.000157	0.000982	0.00393	0.0158	2.706	3.841	5.024	6.635	7.879
2	0.0100	0.0201	0.0506	0.103	0.211	4.605	5.992	7.378	9.210	10.597
3	0.0717	0.115	0.216	0.584	0.584	6.251	7.815	9.348	11.345	12.838
4	0.207	0.297	0.484	1.064	1.064	7.779	9.488	11.143	13.277	14.860
5	0.412	0.554	0.831	1.610	1.610	9.236	11.070	12.833	15.086	16.750
6	0.676	0.872	1.237	2.204	2.204	10.645	12.592	14.449	16.812	18.548
7	0.989	1.239	1.690	2.833	2.833	12.017	14.067	16.013	18.475	20.278
8	1.344	1.646	2.180	3.490	3.490	13.362	15.507	17.535	20.090	21.955
9	1.735	2.088	2.700	4.168	4.168	14.684	16.919	19.023	21.666	23.589
10	2.156	2.558	3.247	4.865	4.865	15.987	18.307	20.483	23.209	25.188
11	2.603	3.053	3.816	5.578	5.578	17.275	19.675	21.920	24.725	26.757
12	3.074	3.571	4.404	6.304	6.304	18.549	21.026	23.337	26.217	28.300
13	3.565	4.107	5.009	7.042	7.042	19.812	22.362	24.736	27.688	29.819
14	4.075	4.660	5.629	7.790	7.790	21.064	23.685	26.119	29.141	31.319
15	4.601	5.229	6.262	8.547	8.547	22.307	24.996	27.488	30.578	32.801
16	5.142	5.812	6.908	9.312	9.312	23.542	26.296	28.845	32.000	34.267
17	5.697	6.408	7.564	10.085	10.085	24.769	27.587	30.191	33.409	35.718
18	6.265	7.015	8.231	10.865	10.865	25.989	28.869	31.526	34.805	37.156
19	6.844	7.633	8.907	11.651	11.651	27.204	30.144	32.852	36.191	38.582
20	7.434	8.260	9.591	12.443	12.443	28.412	31.410	34.170	37.566	39.997
21	8.034	8.897	10.283	13.240	13.240	29.615	32.671	35.479	38.932	41.401
22	8.643	9.542	10.982	14.041	14.041	30.813	33.924	36.781	40.289	42.796
23	9.260	10.196	11.689	14.848	14.848	32.007	35.172	38.076	41.638	44.181
24	9.886	10.856	12.401	15.659	15.659	33.196	36.415	39.364	42.980	45.559
25	10.520	11.524	13.120	16.473	16.473	34.382	37.652	40.646	44.314	46.928
26	11.160	12.198	13.844	17.292	17.292	35.563	38.885	41.923	45.642	48.290
27	11.808	12.879	14.573	18.114	18.114	36.741	40.113	43.195	46.963	49.645
28	12.461	13.565	15.308	18.939	18.939	37.916	41.337	44.461	48.278	50.993
29	13.121	14.256	16.047	19.768	19.768	39.087	42.557	45.722	49.588	52.336
30	13.787	14.953	16.791	20.599	20.599	40.256	43.773	46.979	50.892	53.672
35	17.192	18.509	20.569	24.797	24.797	46.059	49.802	53.203	57.342	60.275
40	20.707	22.164	24.433	29.051	29.051	51.805	55.758	59.342	63.691	66.766
45	24.311	25.901	28.366	33.350	33.350	57.505	61.656	65.410	69.957	73.166
50	27.991	29.707	32.357	37.689	37.689	63.167	67.505	71.420	76.154	79.490
60	35.534	37.485	40.482	46.459	46.459	74.397	79.082	83.298	88.379	91.952
70	43.275	45.442	48.758	55.329	55.329	85.527	90.531	95.023	100.425	104.215
80	51.172	53.540	57.153	64.278	64.278	96.578	101.879	106.629	112.329	116.321
90	59.196	61.754	65.647	73.291	73.291	107.565	113.145	118.136	124.116	128.299
100	67.328	70.065	74.222	82.358	82.358	118.498	124.342	129.561	135.807	140.169